普通高等教育土建学科专业“十五”规划教材

高校工程管理专业指导委员会规划推荐教材

建筑安装与市政工程估价

刘长滨　李芊　编著

中国建筑工业出版社

图书在版编目（CIP）数据

建筑安装与市政工程估价/刘长滨，李芊编著. —北京：中国建筑工业出版社，2005

普通高等教育土建学科专业“十五”规划教材. 高校工程管理专业指导委员会规划推荐教材
ISBN 978-7-112-07580-5

Ⅰ. 建… Ⅱ. ①刘… ②李… Ⅲ. ①工程装修-工程造价-高等学校-教材②市政工程-工程造价-高等学校-教材③园林-绿化-工程造价-高等学校-教材 Ⅳ. ①TU723.3 ②TU986.3

中国版本图书馆 CIP 数据核字（2005）第 147561 号

普通高等教育土建学科专业“十五”规划教材

高校工程管理专业指导委员会规划推荐教材

建筑安装与市政工程估价

刘长滨　李芊　编著

*

中国建筑工业出版社出版、发行（北京西郊百万庄）

各地新华书店、建筑书店经销

北京红光制版公司制版

廊坊市海涛印刷有限公司印刷

*

开本：787×960 毫米 1/16 印张：15½ 字数：320 千字

2006 年 1 月第一版　2019 年 11 月第七次印刷

定价：**23.00** 元

ISBN 978-7-112-07580-5

（13534）

本社网址：http://www.cabp.com.cn

网上书店：http://www.china-building.com.cn

本书以建筑安装、市政及园林绿化工程为对象，系统地介绍了工程估价理论与实务。主要内容包括工程造价的构成与确定方法、工程消耗定额、工程量清单计价规范，工程量计算规则及计算示例、工程招标底价及投标报价的编制，以及工程造价管理工作中的信息技术应用状况。

本书为全国高校工程管理专业指导委员会审定的工程管理、房地产经营管理本科专业教材，亦适合设置房地产专业方向的土地管理、经济管理等相关专业作为教材，还可供从事工程造价管理工作的相关人员参考。

* * *

责任编辑：张　晶　向建国
责任设计：赵　力
责任校对：关　健　张　虹

前　言

定额计价模式作为我国传统的工程造价管理体制，在国家经济建设中发挥了重要作用。同时，其自身也随着社会主义市场经济体制建立的过程而不断变化，并试图通过“控制量、指导价、竞争费”的工程造价动态管理思想的贯彻以逐步适应市场经济发展的需要。但是，随着市场经济的发展，这种传统计价模式的弊端越来越明显地暴露出来，主要表现在难以体现企业技术装备水平、管理水平和劳动生产率等自身竞争力的真实情况；由此造成难以充分依照公平竞争的原则，满足招投标竞争定价的要求。另一方面，随着中国成为世界贸易组织的正式成员国，国际资本进入建筑市场和国内建筑企业走向国际市场，也使得我国现行的政府指导价为主的建筑产品价格形成机制受到挑战。为此，建设部于 2003 年 2 月 17 日颁布了《建设工程工程量清单计价规范》，并于同年 7 月 1 日起实施。从而建立了以工程量清单为平台的工程计价模式，开始了对现行计价依据和计价方法同国际接轨的进程。

为适应工程造价管理体制改革的要求，满足大专院校工程管理专业的教学需要，全国高等教育工程管理专业指导委员会决定推荐本书作为高等学校重点试用教材出版。根据上述情况，结合高等教育工程管理专业评估标准，依据《建设工程工程量清单计价规范》和有关的建设工程定额，在多年工程造价管理课程的教学经验及工程造价管理实践的基础上我们编写了《建筑安装与市政工程估价》一书。

本书共分 10 章，围绕建筑安装工程、市政工程及园林绿化工程造价的确定，从工程造价管理的基本概念出发，系统阐述了工程造价的构成与计算方法、建设工程工程量清单计价规范的内容与基本规定和建设工程消耗量定额的制定；针对建筑安装、市政及园林绿化工程造价的确定，介绍了其工程量计算规则和相关问题，并以示例说明工程造价的计算过程；同时，为了保持本书的完整和更加实用，在最后两章分别讲述了与工程估价密切相关的工程招标投标、工程造价管理工作中信息技术的应用等内容。

本书内容丰实，结构严谨，重点突出，具有较强的理论性、系统性和实用性。可作为大专院校工程管理专业及其他相关专业的教材或教学参考书，也可作为有关单位从事工程造价管理工作人员的业务参考用书。

本书由北京建筑工程学院刘长滨教授、西安建筑科技大学李芊副教授共同编著。其中，刘长滨执笔第一、二、三、四章，李芊执笔第五、六、七、八、九、十章。另外，刘伟、刘琦、徐超、王洪波参与了教材部分内容的整理工作，在此表示衷心的感谢。

在教材编写过程中，我们参考或引用了已公开出版的相关书籍及文献资料，在此谨对所有书籍、文献资料的作者表示深深的谢意。

由于时间紧迫，加之作者水平所限，书中难免出现不当之处，恳请广大读者和专家及时给予批评指正。

目　　录

第一章　概　　述

第一节　工程造价与工程造价管理

一、我国的工程项目建设程序

在整个工程项目建设过程中，各项工作必须遵循一定的顺序，即建设程序进行，它既是对工程建设工作的总结，也是建设过程所固有的客观规律性的集中体现。我国的工程项目建设程序包括项目建议书、可行性研究、设计、建设准备、建设实施和竣工验收等阶段。其具体内容如下：

1. 项目建议书阶段

项目建议书是对拟建项目的设想，是投资决策前的建议性文件。项目建议书的主要作用是对拟建项目的初步说明，论述项目建设的必要性、可行性和获利的可能性，供基本建设管理部门选择，并确定是否进行下一步工作。

项目建议书的内容一般包括以下几个方面：①建设项目提出的必要性和依据。引进技术和进口设备的项目，还应说明国内外技术差距及引进理由。②拟建规模、产品方案、建设地点的初步设想。③资源条件、建设条件、协作关系的初步分析。④建设项目投资估算和筹资方法。对于利用外资或国外贷款的建设项目，还应对项目还贷能力进行测算。⑤建设项目经济效益和社会效益的初步估计。

项目建议书的提出，必须符合国民经济和社会发展的长远规划、行业规划、地区规划等要求。项目建议书按要求编制完成后，按照建设总规模和限额划分的审批权限报批。根据现行规定，凡属于大中型建设项目或限额以上的工程建设项目的项目建议书，首先要报送行业归口主管部门，同时抄送国家发改委。行业归口主管部门要根据国家中长期规划的要求，着重从资金来源、建设布局、资源合理利用、经济合理性和技术政策等方面进行初审。行业归口主管部门初审通过后报国家发改委，由国家发改委再从建设总规模、生产力布局、资源优化配置及资金供应可能性、外部协作条件等方面进行综合平衡，还要委托有资格的工程咨询单位评估后审批。凡行业归口主管部门初审未通过的项目，国家发改委不予审批。凡属小型建设项目或限额以下的建设项目的项目建议书，按项目隶属关系由部门或地方发改委审批。

2. 可行性研究阶段

(1) 可行性研究

建设项目的可行性研究，是对建设项目技术可行性和经济合理性的分析。对于建设项目可行性研究的结果，编制可行性研究报告。可行性研究报告的内容因不同行业的特点而略有区别。

(2) 可行性研究报告的审批

根据我国有关规定，属于中央投资、中央和地方合资的大中型和限额以上项目的可行性研究报告要报送国家发改委审批。国家发改委在审批过程中要征求行业主管部门和国家专业投资公司的意见。同时，要委托有资格的工程咨询公司进行评估。总投资2亿元以上的项目，不论是中央项目还是地方项目，都要经过国家发改委审查后报国务院批准，中央各部门所属小型和限额以下的项目，由各部门审批。地方投资2亿元以下的项目，由地方发改委审批。

可行性研究报告经批准后，不得随意修改和变更。如果在建设规模、产品方案、建设地区、主要协作关系等方面有变动及突破投资控制数额时，应经原批准机关同意。经过批准的可行性研究报告，是确定建设项目、编制设计文件的依据。

3. 设计阶段

设计是对建设工程实施的计划与安排，决定建设工程的功能。设计是根据报批的可行性研究报告进行的，除方案设计外，一般分为初步设计和施工图设计两个阶段。

初步设计是根据有关设计基础资料，拟定工程建设实施的初步方案，阐明工程在拟定的时间、地点以及投资数额内在技术上的可行性和经济上的合理性，并编制项目的总概算。初步设计文件由设计说明书、设计图纸、主要设备原材料表和工程概算书等四部分组成。

初步设计的审批权限是：大型项目由主管部委、省、自治区、直辖市组织审查提出意见，报国家发改委审批，其中重大项目的初步设计，由国家发改委组织，聘请有关部门的工程技术和经济管理专家参加审查，报国务院审批；中小型建设项目，按隶属关系由主管部委、省、自治区发改委自行审批，其中中型项目要报国家发改委备案。

经审查批准的初步设计，一般不得随意修改变更，凡涉及总平面布置、主要工艺流程、主要设备、建筑面积、建筑标准、总定员和总概算等方面的修改，需报经原设计审批机关批准。

施工图设计是根据批准的初步设计文件，对于工程建设方案进一步具体化、明确化，通过详细的计算和安排，绘制出正确、完整的建筑安装图纸，并编制施工图预算。

4. 建设准备阶段

建设准备阶段要进行工程开工的各项准备工作，其内容如下：

(1) 征地拆迁。征用土地工作是根据我国的土地管理法规和城市规划进行的。通常由用地单位支付一定的土地补偿费和安置补助费。

(2) 五通一平。包括工程施工现场的通路、通电、通水、通讯、通气和场地平整工作。

(3) 组织建设施工招投标工作，择优选定施工单位。

(4) 搭建工程临时设施。临时设施又称临建，是指为保证建筑安装工程的顺利进行，在施工现场搭设的生产及生活用的建筑物、构筑物和其他设施。包括以下几个方面：①施工用的各种临时房屋或构筑物；②临时仓库；③交通运输工程及附属构筑物；④临时通讯设施；⑤给排水工程；⑥供电、供热工程；⑦临时围墙；⑧施工人员的临时宿舍及文化福利、公用事业设施。

(5) 办理工程开工手续。

(6) 施工单位的进场准备工作。

5. 建设实施阶段

(1) 施工顺序

施工顺序是根据建筑安装工程的结构特点、施工方法，合理地安排施工各主要环节的先后次序。合理的施工顺序，使工程具有工期短、效益好的特点。

一般工业与民用建筑的施工顺序通常应遵守下列原则：

1) 主要建筑物开竣工的先后顺序，应满足生产工艺流程配套生产的要求。

2) 先地下，后地上，即先进行地下管网、地下室、基础等施工，然后再进行地面以上的工程施工。

3) 先土建，后安装。一般工程以土建为主，先进行施工，然后安装。在土建施工中，要预留安装用槽、调试预埋管件等。

4) 先结构，后装饰。多层建筑采用立体交叉作业时，应保证已完工程和后建工程不受损坏和污染。

5) 装饰工程先上后下。

6) 管道、沟渠先上游，后下游进行工程施工。

(2) 施工依据

为了达到建筑功能的要求，建设施工应严格按照以下内容进行：

1) 施工图纸。

2) 施工验收规范，这是国家根据建筑技术政策、施工技术水平、建筑材料及施工工艺的发展，统一制定的建筑施工法规。法规中规定了建筑施工中各分项工程的施工关键、技术要求、质量标准，是衡量建筑施工水平和工程质量的基本依据。

3) 施工质量验收规范，是对工程质量进行检查的依据。

4) 施工技术操作规程，是对建筑安装工程的施工技术、质量标准、材料要求、操作方法、设备和工具的使用、施工安全技术以及冬期施工技术等的规定。

5）施工组织设计，是建筑施工企业根据施工任务和建筑对象，针对建筑物的特点和要求，结合本企业施工的技术水平和条件，对施工过程的安排。

6）各种定额，是在正常施工条件下完成单位合格产品所消耗的资金、劳动力、材料、机械设备的数量，是衡量成本费用、进行经济效益考核的主要依据。

7）有关的工程合同文件，这是对工程项目的质量、进度等目标进行有效控制的依据。

(3) 生产准备

在工程建设实施完成后，进行生产准备工作，以确保工程顺利进入生产阶段。生产准备的主要内容有：

1）招收和培训人员。

2）生产组织准备。包括生产管理机构的设置、管理制度的制订、生产人员的配置等方面内容。

3）生产技术准备。主要包括国内装置设计资料的汇总，有关的国外技术资料的翻译、编辑，各种机械操作规程的编制，各种工程控制软件的调试等。

4）生产物资准备。主要是落实生产原材料、半成品、燃料、动力、水、气等的来源和其他协作条件，组织工器具、备品、备件的生产和购置。

6. 竣工验收阶段

竣工验收是建设全过程的最后一个环节，是全面考核建设项目成果、检验设计和工程质量的必要步骤，也是建设项目转入生产或使用的标志。

(1) 竣工验收的范围

凡新建、改建、扩建、迁建的项目，按批准的设计文件所规定的内容建成，具备投产和使用条件，即工业项目负荷试运转合格，形成生产能力，并能正常生产合格产品的；非工业项目符合设计要求，能够正常使用的，都要及时组织验收，办理固定资产移交手续。

(2) 竣工验收的依据

1）审批机关批准的设计任务书、可行性研究报告、初步设计以及上级机关的有关项目建设文件。

2）工程施工图纸及说明、设备技术说明、施工过程中的设计变更等文件。

3）国家颁发的现行“工程施工质量验收规范”、“工程质量统一验收标准”等。

4）国家规定的基本建设项目竣工验收标准。

(3) 竣工验收的条件

根据国家规定，建设项目竣工验收、交付使用，应具备以下条件：

1）完成建设工程设计和合同约定的各项内容；

2）有完整的技术档案和施工管理资料；

3）有工程使用的主要建筑材料、建筑构配件和设备的进场试验报告；

4）有勘察、设计、施工、工程监理等单位分别签署的质量合格文件；

5）有施工单位签署的工程保修书。

有的建设项目基本符合竣工验收条件，只有少数非主要设备及零星工程未建成，但不影响正常使用，可以办理竣工验收手续，并要求施工单位在竣工验收后的限定时间内完成剩余工程。

(4) 竣工验收的组织

按我国现行规定，建设项目的竣工验收由建设单位组织。

(5) 竣工验收报告

工程项目的竣工验收报告一般包括建设项目概况、投资完成情况、工程项目完成情况、工程设计和施工情况、主要材料用量、生产准备及试生产情况、项目总评价、竣工图和档案资料、遗留问题、经验和教训等内容。

按照国家规定，工程项目质量验收合格后，建设单位应在规定的时间内将工程竣工验收报告和有关文件报建设行政管理部门备案。

二、工程项目的划分

建设工程一般可划分为建设项目、单项工程、单位工程三级。单位工程由若干个分部工程组成，每一个分部工程又由各个分项工程组成。

1. 建设项目

建设项目是指在一个场地上或几个场地上按一个总体设计进行施工的各个工程项目的总和。每一个建设项目，都编有计划任务书和独立的总体设计。一个建设项目可以只有一个单项工程，也可以由若干个单项工程组成。

2. 单项工程

单项工程是建设项目的组成部分，是具有独立的设计文件，建成后可以独立发挥生产能力或效益的工程。生产性建设项目的单项工程，一般指能独立生产的车间；非生产性建设项目的单项工程，如学校的教学楼、办公楼、图书馆、食堂、宿舍等。

3. 单位工程

单位工程是单项工程的组成部分，一般是指不能独立发挥生产能力或使用效益，但具有相应的设计图纸和独立的施工条件，并可单独作为计算成本的对象的工程。任何一个单项工程都是由若干个不同专业的单位工程组成的。民用项目主要包括一般土建、给水排水、采暖、通风、电气照明等单位工程；工业项目由于工程内容复杂，且有时出现交叉，因此单位工程的划分比较困难，以一个车间为例，其中土建工程、机电设备安装、工艺设备安装、工业管道安装、给水排水、采暖、通风、电气安装、自动仪表安装等可各为一个单位工程。除土建工程之外，其余的单位工程均可称为安装工程。

4. 分部工程

分部工程是单位工程的组成部分，是按照单位工程的不同部位、不同施工方式或不同材料和设备种类，从单位工程中划分出来的中间产品。例如，给水排水工程是由管道、管道支架制作安装、管道附件、卫生器具制作安装等分部工程组成。

5. 分项工程

分项工程是分部工程的组成部分，是指通过简单的施工过程就能生产出来，并可以利用某种计量单位计算的最基本的中间产品，是按照不同施工方法或不同材料和规格，从分部工程中划分出来的。例如，给水排水管道分部工程按照使用材料可分为镀锌钢管、不锈钢管、塑料管等分项工程。

三、工程造价的概念及其分类

1. 工程造价

工程造价的含义一般有两种，一是指建设项目的建设成本，即一个建设项目从筹建到竣工验收所需费用的总和；另一种是指建设工程的承发包价格。前者是从工程项目建设全过程的角度对工程造价的理解，可以使我们从总体上了解工程造价的构成；后者是从市场交易的角度对工程造价的认识，是本教材研究工程造价确定或投标报价计算的出发点。

我国现行建设项目总投资是由固定资产投资和流动资产投资两部分构成的。对于建设项目而言，固定资产投资构成了工程造价。工程造价是由设备、工器具购置费用，建筑安装工程（市政工程、园林绿化工程）费用，工程建设其他费用，预备费，建设期贷款利息，固定资产投资方向调节税（现已暂停征收）构成。流动资产是指建设项目投产后，在生产和流通过程中参加循环周转，不断改变其物质形态的那些资产。如工业企业的原材料、燃料、库存现金、银行存款、应收款和预付款等。

2. 工程造价的分类

由于工程项目建设程序的复杂性和建筑产品的特点，工程造价按工程建设阶段可分为投资估算、设计概算、施工图预算、标底与投标报价、工程结算和竣工决算等。按工程项目的构成可分为建设项目总造价、单项工程造价和单位工程造价。

3. 建筑安装工程（市政工程、园林绿化工程）费用

在工程造价的各项组成内容中，本书以建筑安装工程（市政工程、园林绿化工程）费用为对象，重点研究其构成与计算方法。

建筑安装工程费用包括建筑工程费和设备安装工程费两部分。

建筑工程费，是指建设项目范围内的建设场地平整、竖向布置、土石方工程费；各类房屋建筑及附属于室内的供水、供热、卫生、电气、燃气、通风空调、

弱电、电梯等设备及管线工程费；各类设备基础、地沟、水池、冷却塔、烟囱烟道、水塔、栈桥、管架、挡土墙、围墙、厂区道路、绿化等工程费；铁路专用线、矿外道路、码头等工程费。

设备安装工程费，是指主要生产、辅助生产、公用等单项工程中需要安装的工艺、电气、自动控制、运输、供热、制冷等设备、装置安装工程费；各种工艺、管道安装及衬里、防腐、保温等工程费；供电、通信、自控等管线的安装工程费。

市政工程费，是指城市基础设施项目建设过程中土石方、道路、桥涵、护岸、隧道、市政管网、地铁、钢筋和拆除等工程所需费用。

园林绿化工程费，是指绿化、园路、园桥、假山和园林景观等工程建设所需费用。

建筑安装工程（市政工程、园林绿化工程）费由直接费（直接工程费、措施费）、间接费（规费、施工管理费）、利润和税金组成。具体内容见教材第二章。

四、工程造价管理的概念及其基本内容

1. 工程造价管理的概念

针对工程造价的两种含义，工程造价管理划分为两种类型，一是建设项目的建设成本管理，即建设工程投资费用的管理，这是为实现投资的预期目的，在拟定的规划、设计方案条件下，预测、计算、确定和监控工程造价及其变化的系统活动，包括对估算、概算、预算、标底、标价的全过程管理；二是建设工程承发包价格管理，即仅限于对建筑产品的市场交换价格的管理，是属于价格管理范畴。

2. 工程造价管理的基本内容

工程造价管理的实质是合理确定、有效控制工程造价，它是工程造价管理的两个方面。控制工程造价就要使项目投资不超过批准的造价限额，积极对比各种建设方案和设计方案，为估算、概算、预算的合理确定打下基础；再在设计、施工阶段采取有效措施，控制概算、预算、合同价、结算价不超过造价限额。另一方面，只有在估算、概算、预算等各个文件编制过程中，保证质量、完成各阶段的控制目标，才有助于工程造价的合理形成。

(1) 合理确定工程造价

合理确定工程造价，即在建设程序的各个阶段，合理确定投资估算、设计概算、预算造价、承包合同价格、工程结算和竣工决算。具体表现是：

在项目建议书阶段，编制初步投资估算，经有关部门批准后，作为拟建项目列入国家中长期计划和开展前期工作的控制造价；在可行性研究报告阶段，编制投资估算，经批准即成为该项目投资最高限额；在初步设计阶段，编制初步设计

总概算，经批准即为拟建项目的最高工程造价；在施工图设计阶段，编制施工图预算，用以核实施工图阶段预算造价是否超过批准的初步设计概算；在工程项目的招标投标阶段，在遵循建筑产品生产规律的基础上，运用市场经济规律，合理确定标底、投标报价及合同价格；在工程施工阶段，以合同价为基础，结合工程实际建设成本，合理确定结算价；在竣工验收阶段，合理确定汇总工程费用，编制竣工决算，确定工程实际造价。

(2) 工程造价的有效控制

工程造价的有效控制是指在优化建设方案、设计方案的基础上，在建设程序的各个阶段，采用一定的方法和措施把工程造价的实际发生值控制在合理的范围和核定的造价限额内。一般要坚持三个原则：

1) 以设计阶段为重点进行控制。因为投资决策阶段是项目造价控制的关键，有资料表明，在初步设计阶段，影响项目造价的可能性为75%～95%；在技术设计阶段，影响项目造价的可能性为35%～75%；在施工图设计阶段，影响项目投资的可能性是5%～35%。显然，工程造价控制的关键在施工以前的投资决策和设计阶段。

2) 发挥造价管理的能动性主动控制工程造价。即造价管理不仅要反映设计、发包和施工，还要能动地影响投资决策、设计、发包和施工各阶段的工作。

3) 将技术与经济方法相结合控制工程造价。主要改变目前在工程管理实践中技术与经济分离甚至对立的局面，在工程建设中把技术与经济有机地结合起来，力求技术先进条件下的经济合理，在经济合理基础上的技术先进。

第二节　工　程　估　价

一、工程估价的特点

工程项目作为产品虽然与其他工农业产品一样，具有商品的属性，但是，与其他产品相比，又具有自身的特点，如其固定性、生产的单件性、体积庞大、建设周期长、投资额巨大等。正是由于上述特点，工程造价的计价方法与其他工农业产品相比完全不同，其价格不能采取简单地规定统一价格的计价方法，而具有单件性计价、多层次性计价、造价的动态性等特点。

所谓单件性计价，是由工程项目的单件性特点所决定的。由于每项工程都有自己不同的结构、造型、功能、用途、规模等，所使用的设备、材料等也是不同的，即使采用同一套施工图的工程，由于建造地点和时间的不同，造价也是有差异的。

所谓多层次计价，是由工程项目的多层次性所决定的。一个建设项目往往含有多项能够独立发挥生产能力或效益的单项工程（车间、办公楼、食堂等）；一个单项工程又是由能够各自发挥专业效能的多个单位工程（电气照明、给排水、采暖等）组成。与此相应，工程造价也有三个层次，即建设项目总造价、单项工程造价和单位工程造价。为了便于计价，通常又将单位工程分解为分部工程，再分解为分项工程。因此，工程造价计价的层次性是非常突出的。

所谓工程造价的动态性，是指任何一项工程从决策阶段开始至竣工交付使用，都要经历一个较长的建设周期。在此期间，由于各种不确定性因素的影响，许多影响工程造价的因素，如工程设计、设备材料价格、投资额度、工资标准及费率、利率、汇率、建设期间等都会发生变化，这些变化都会引起工程造价的变化。正是由于这些原因，工程造价才根据建设工程决策阶段、设计阶段、发包阶段和实施阶段的条件，分别计算估算造价、概算造价、投标报价与合同价格、工程结算和竣工决算造价等，即在竣工决算后才能最终确定工程项目的实际造价。

二、工程估价的依据

为合理、准确地确定建筑安装工程（市政工程、园林绿化工程）费用，需要编制、收集、使用设计图纸、施工方案与施工组织设计、分项工程工程量、生产要素消耗量定额、各种生产要素的价格、工程合同文件等资料和数据。

1. 设计文件

设计文件提供了工程项目建设的自然条件，明确了工程项目建设的技术要求，是计算工程量、编制施工组织设计、确定施工方案、进行施工操作和工程验收的主要依据。

2. 施工组织设计及施工方案

施工组织设计主要考虑施工方法、施工机械设备及劳动力的配置、施工进度与质量保证措施、安全文明施工措施及工期保证措施，因此它是计算施工工程量的主要依据，其科学性与合理性直接影响工程的施工成本。

3.《建设工程工程量清单计价规范》

《建设工程工程量清单计价规范》是按照政府宏观调控、市场竞争形成价格的要求，结合我国的实际情况，考虑与国际惯例接轨而编制的。其对工程量清单的组成与编制、工程量清单计价等作出了规定。

工程量清单应由分部分项工程量清单、措施项目清单、其他项目清单组成。分部分项工程量清单包括项目编码、项目名称与工程内容、计量单位、工程数量等。

4. 分项工程工程量

工程量是用物理的或自然的计量单位表示的分项工程的数量，是进行工程计价的重要依据。工程量可以分为图纸工程量和施工工程量。前者按照工程量计算规则以设计图示尺寸或数量计算，是用来编制工程量清单的；后者是结合工程的施工组织设计和施工方案，在充分考虑施工的可行性与需要的条件下计算的，是确定工程造价的直接依据。

工程量的计算应依据设计图纸、《建设工程工程量清单计价规范》、施工组织设计及施工方案进行。

5. 生产要素消耗量定额

生产要素消耗量定额规定了完成单位合格建筑产品（分项工程）所需的人工、材料和施工机械设备的数量，是计算工程直接工程费的依据。

按照编制主体及适用范围的不同，生产要素消耗量定额可以分为全国或地区统一定额、企业定额。前者是各级造价管理部门按照社会平均水平制定的，如概算定额、预算定额等均属于此类；后者是各个企业参照全国或地区统一定额的项目划分、计量单位等根据自身情况确定的。

6. 生产要素价格

在确定了各分项工程生产要素消耗量之后，可以依据生产要素的市场信息价格或市场价格确定分项工程的直接工程费，进而计算单位工程直接工程费。

由于生产要素的种类繁多，因此其价格的收集、整理是工程造价管理日常工作的重要内容。

7. 费用指标

费用指标是计算除直接工程费之外各项费用的依据。费用指标可以按照规定的方法由企业根据自身实际情况自主确定，也可以由工程造价管理部门制定供企业参考使用。

8. 工程合同文件

工程合同文件明确规定了工程的承发包范围、工程造价的确定方式、工期与质量要求、工程付款方式、违约责任等工程建设中的主要问题，是编制施工组织设计及施工方案、分析工程建设风险、结算工程价款的依据，在工程招标投标过程中发挥着重要作用。

9. 其他

在进行工程估价过程中，还需要收集国家有关工程造价管理的法律法规，如《建筑法》、《合同法》、《价格法》、《招标投标法》、建设部令107号《建筑工程施工发包与承包计价管理办法》及直接涉及工程造价的有关工程造价指标（投资估算指标、概算指标等）等资料或数据，以确定或审核工程造价。

三、工程估价的方法

1. 概预算定额估价法

概预算定额估价法是利用国家或地区颁布的概预算定额、概预算单价进行工程造价计算的一种方法。其进行工程估价的基本环节包括：

(1) 计算工程量，是指依据设计图纸、施工方案与施工组织设计及工程量计算规则计算各分项工程的数量。

(2) 套定额，即用各分项工程的工程量乘以根据概预算定额和各个生产要素的预算价格确定的分项工程的预算单价，汇总后得出单位工程的人工费、材料费和施工机械使用费之和。

(3) 取费，在步骤 (2) 计算结果的基础上，按照既定的程序计算工程施工所需的其他各项费用、利润和税金，汇总后得出工程造价。

上述概预算定额、生产要素的预算价格、费用计算程序都是由造价管理部门制定的或规定的。因此，概预算定额估价法是我国计划经济时期使用的一种计价方法，在市场经济条件下需要对其进行改革。

2. 工程量清单计价法

工程量清单计价法是建设工程招标投标工作中，由招标人或其委托的有资质的中介机构按照国家统一的工程量计算规则提供反映工程实体数量和措施性消耗的工程量清单，并作为招标文件的一部分提供给投标人，由投标人根据企业定额合理确定人工、材料、施工机械等要素的投入与配置，合理安排、确定现场管理和施工技术措施，依据各生产要素的市场价格和企业自身的实际情况自主确定工程造价的计价方式。

工程量清单计价法是国际上较为通行的做法，改变了企业过分依赖国家或地区预算定额的状况，鼓励企业根据自身的条件编制企业定额，依据市场价格自主报价。它通过公开竞争形成价格的形式更加准确地反映工程成本和企业竞争能力，同时对从事工程量清单和报价编制的人员提出了更新和更高的要求，有利于提高我国的工程造价管理水平。

分项工程单价的计算方法有完全费用单价法、综合单价法和工料单价法。其中，工料单价法是基础，其确定分项工程的直接工程费，即人工费、材料费和机械费之和。综合单价法（不完全费用单价法）是在工料单价法确定的分项工程单价的基础上加上管理费、利润和风险费计算综合单价。完全费用单价法则在综合单价的基础上加上规费和税金。我国的《建设工程工程量清单计价规范》规定采用综合单价法计价。

上述两种方法虽有本质的区别，但是由于"概预算定额估价法"在我国的长期应用，故在推行使用"工程量清单计价法"时，考虑了两种方法的联系。这点可以从本教材对《建设工程工程量清单计价规范》的相关介绍及造价计算示例中得到体现。

复 习 思 考 题

1. 工程项目建设各阶段的主要工作内容是什么？
2. 工程项目建设各阶段工程造价管理的主要工作是什么？
3. 举例说明工程项目的划分。划分工程项目对工程估价的意义是什么？
4. 如何理解工程造价的概念？工程造价如何分类？

5. 如何理解工程造价管理的概念？工程造价管理工作的基本内容是什么？

6. 有效控制工程造价应坚持的原则是什么？

7. 工程估价具有哪些特点？其具体含义是什么？

8. 工程估价的依据包括哪些内容？如何获得这些资料？

9. 工程估价有哪两种方法？其区别是什么？

第二章　工程造价的构成与确定方法

我国的工程造价由建筑安装（市政、园林绿化）工程费用、设备及工器具购置费用、工程建设其他费、预备费、建设期贷款利息、固定资产投资方向调节税（目前此项税已暂停征收）等构成。

第一节　安装工程、市政工程及园林绿化工程工程费用构成

安装工程、市政工程及园林绿化工程工程费用由直接费、间接费、利润和税金组成。

一、直接费

直接费由直接工程费和措施费组成。

（一）直接工程费

直接工程费是指施工过程中耗费的构成工程实体的各项费用，包括人工费、材料费、施工机械使用费。

1. 人工费

人工费是指直接从事工程施工的生产工人开支的各项费用，内容包括：

（1）基本工资：是指发放给生产工人的基本工资。

（2）工资性补贴：是指按规定标准发放的物价补贴，煤、燃气补贴，交通补贴，住房补贴，流动施工津贴等。

（3）生产工人辅助工资：是指生产工人年有效施工天数以外非作业天数的工资。包括职工学习、培训期间的工资，调动工作、探亲、休假期间的工资，因气候影响的停工工资，女工哺乳时间的工资，病假在六个月以内的工资及产、婚、丧假期的工资。

（4）职工福利费：是指按规定标准计提的职工福利费。

（5）生产工人劳动保护费：是指按规定标准发放的劳动保护用品的购置费及修理费，徒工服装补贴，防暑降温费，在有碍身体健康环境中施工的保健费用等。

2. 材料费

材料费是指施工过程中耗费的构成工程实体的原材料、辅助材料、构配件、零件、半成品的费用。内容包括：

(1) 材料原价（或供应价格）。

(2) 材料运杂费：是指材料自来源地运至工地仓库或指定堆放地点所发生的全部费用。

(3) 运输损耗费：是指材料在运输装卸过程中不可避免的损耗。

(4) 采购及保管费：是指为组织采购、供应和保管材料过程中所需要的各项费用。包括：采购费、仓储费、工地保管费、仓储损耗。

(5) 检验试验费：是指对建筑材料、构件和建筑安装物进行一般鉴定、检查所发生的费用，包括自设试验室进行试验所耗用的材料和化学药品等费用。不包括新结构、新材料的试验费和建设单位对具有出厂合格证明的材料进行检验，对构件做破坏性试验及其他特殊要求检验试验的费用。

3. 施工机械使用费

施工机械使用费是指施工机械作业所发生的机械使用费以及机械安拆费和场外运费。施工机械台班单价应由下列七项费用组成：

(1) 折旧费：指施工机械在规定的使用年限内，陆续收回其原值及购置资金的时间价值。

(2) 大修理费：指施工机械按规定的大修理间隔台班进行必要的大修理，以恢复其正常功能所需的费用。

(3) 经常修理费：指施工机械除大修理以外的各级保养和临时故障排除所需的费用。包括为保障机械正常运转所需替换设备与随机配备工具附具的摊销和维护费用，机械运转中日常保养所需润滑与擦拭的材料费用及机械停用期间的维护和保养费用等。

(4) 安拆费及场外运费：安拆费指施工机械在现场进行安装与拆卸所需的人工、材料、机械和试运转费用以及机械辅助设施的折旧、搭设、拆除等费用；场外运费指施工机械整体或分体自停放地点运至施工现场或由一施工地点运至另一施工地点的运输、装卸、辅助材料及架线等费用。

(5) 人工费：指机上司机（司炉）和其他操作人员的工作日人工费及上述人员在施工机械规定的年工作台班以外的人工费。

(6) 燃料动力费：指施工机械在运转作业中所消耗的固体燃料（煤、木柴）、液体燃料（汽油、柴油）及水、电等。

(7) 养路费及车船使用税：指施工机械按照国家规定和有关部门规定应缴纳的养路费、车船使用税、保险费及年检费等。

(二) 措施费

措施费是指为完成工程项目施工，发生于该工程施工前和施工过程中非工程实体项目的费用。除通用措施费用项目外，还包括安装工程和市政工程专用的措施费用项目。

1. 通用措施项目费

（1）环境保护费：是指施工现场为达到环保部门要求所需要的各项费用。

（2）文明施工费：是指施工现场文明施工所需要的各项费用。

（3）安全施工费：是指施工现场安全施工所需要的各项费用。

（4）临时设施费：是指施工企业为进行建筑工程施工所必须搭设的生活和生产用的临时建筑物、构筑物和其他临时设施费用等。

临时设施包括：临时宿舍、文化福利及公用事业房屋与构筑物，仓库、办公室、加工厂以及规定范围内道路、水、电、管线等临时设施和小型临时设施。

临时设施费用包括：临时设施的搭设、维修、拆除费及摊销费。

（5）夜间施工费：是指因夜间施工所发生的夜班补助费、夜间施工降效、夜间施工照明设备摊销及照明用电等费用。

（6）二次搬运费：是指因施工场地狭小等特殊情况而发生的二次搬运费用。

（7）大型机械设备进出场及安拆费：是指机械整体或分体自停放场地运至施工现场或由一个施工地点运至另一个施工地点，所发生的机械进出场运输及转移费用及机械在施工现场进行安装、拆卸所需的人工费、材料费、机械费、试运转费和安装所需的辅助设施的费用。

（8）混凝土、钢筋混凝土模板及支架费：是指混凝土施工过程中需要的各种钢模板、木模板、支架等的支、拆、运输费用及模板、支架的摊销（或租赁）费用。

（9）脚手架费：是指施工需要的各种脚手架搭、拆、运输费用及脚手架的摊销（或租赁）费用。

（10）已完工程及设备保护费：是指竣工验收前，对已完工程及设备进行保护所需费用。

（11）施工排水、降水费：是指为确保工程在正常条件下施工，采取各种排水、降水措施所发生的各种费用。

2. 安装工程专用措施项目费

（1）组装平台费；

（2）设备、管道施工的安全、防冻和焊接保护措施费；

（3）压力容器和高压管道的检测费；

（4）焦炉施工大棚费；

（5）焦炉烘炉、热态工程费；

（6）管道安装后的充气保护措施费；

（7）隧道内施工的通风、供水、供气、供电、照明及通讯设施费；

（8）现场施工围栏费；

（9）长输管道临时水工保护措施费；

（10）长输管道施工便道费；

（11）长输管道跨越或穿越施工措施费；

(12) 长输管道地下穿越地上建筑物的保护措施费;

(13) 长输管道工程施工队伍调遣费;

(14) 格架式抱杆费。

3. 市政工程专用措施项目费

(1) 围堰费;

(2) 筑岛费;

(3) 现场施工围栏费;

(4) 便道费;

(5) 便桥费;

(6) 洞内施工的通风、供水、供气、供电、照明及通讯设施费;

(7) 驳岸块石清理费。

二、间接费

间接费由规费、企业管理费组成。

1. 规费

规费是指政府和有关权力部门规定必须缴纳的费用(简称规费)。其内容包括:

(1) 工程排污费:是指施工现场按规定缴纳的工程排污费。

(2) 工程定额测定费:是指按规定支付工程造价(定额)管理部门的定额测定费。

(3) 社会保障费

1) 养老保险费:是指企业按规定标准为职工缴纳的基本养老保险费。

2) 失业保险费:是指企业按照国家规定标准为职工缴纳的失业保险费。

3) 医疗保险费:是指企业按照规定标准为职工缴纳的基本医疗保险费。

(4) 住房公积金:是指企业按规定标准为职工缴纳的住房公积金。

(5) 危险作业意外伤害保险:是指按照建筑法规定,企业为从事危险作业的建筑安装施工人员支付的意外伤害保险费。

2. 企业管理费

企业管理费是指建筑安装企业组织施工生产和经营管理所需费用。其内容包括:

(1) 管理人员工资:是指管理人员的基本工资、工资性补贴、职工福利费、劳动保护费等。

(2) 办公费:是指企业管理办公用的文具、纸张、账表、印刷、邮电、书报、会议、水电、烧水和集体取暖(包括现场临时宿舍取暖)用煤等费用。

(3) 差旅交通费:是指职工因公出差、调动工作的差旅费,住勤补助费,市内交通费和误餐补助费,职工探亲路费,劳动力招募费,职工离退休、退职一次性路费，工伤人员就医路费，工地转移费以及管理部门使用的交通工具的油料、燃料、养路费及牌照费。

（4）固定资产使用费：是指管理和试验部门及附属生产单位使用的属于固定资产的房屋、设备仪器等的折旧、大修、维修或租赁费。

（5）工具用具使用费：是指管理使用的不属于固定资产的生产工具、器具、家具、交通工具和检验、试验、测绘、消防用具等的购置、维修和摊销费。

（6）劳动保险费：是指由企业支付离退休职工的易地安家补助费、职工退职金、六个月以上的病假人员工资、职工死亡丧葬补助费、抚恤费、按规定支付给离休干部的各项经费。

（7）工会经费：是指企业按职工工资总额计提的工会经费。

（8）职工教育经费：是指企业为职工学习先进技术和提高文化水平，按职工工资总额计提的费用。

（9）财产保险费：是指施工管理用财产、车辆保险。

（10）财务费：是指企业为筹集资金而发生的各种费用。

（11）税金：是指企业按规定缴纳的房产税、车船使用税、土地使用税、印花税等。

（12）其他：包括技术转让费、技术开发费、业务招待费、绿化费、广告费、公证费、法律顾问费、审计费、咨询费等。

三、利润

利润是指施工企业完成所承包工程获得的盈利。

四、税金

税金是指国家税法规定的应计入建筑安装工程造价内的营业税、城市维护建设税及教育费附加等。

五、工程量清单计价模式下的工程费用

工程量清单计价模式下安装工程（市政工程、园林绿化工程）费用内容并没有发生实质性变化，只是《建设工程工程量清单计价规范》对其进行了重新划分，分为分部分项工程费、措施项目费、其他项目费以及规费和税金。具体情况如下：

1. 分部分项工程费是指完成在工程量清单中列出的各分部分项工程所需的费用。包括人工费、材料费（消耗的实体材料总和）、机械使用费、管理费、利润以及风险费。

2. 措施项目费是由工程量清单中“措施项目一览表”确定的工程措施项目金额的总和。包括人工费、材料费、机械使用费、管理费、利润以及风险费。

3. 其他项目费是指预留金、材料购置费（仅指由招标人购置的材料费）、总承包服务费、零星工作项目费的估算金额的总和。

4. 规费是指政府和有关权力部门规定必须缴纳的费用。其内容同上。

5. 税金（同上）。

第二节 安装工程、市政工程及园林绿化工程工程费用计算方法

一、直接工程费的计算

直接工程费是指施工过程中耗费的构成工程实体的各项费用，包括人工费、材料费、施工机械使用费。直接工程费的计算可以利用现行的概、预算定额，也可以依据企业定额，根据市场和项目建设的实际情况进行动态计算。

1. 人工费的计算

(1) 利用现行的概、预算定额进行计算

即根据计算的工程量或工程量清单提供的清单工程量，利用现行的概、预算定额，计算出完成各个分部分项工程的人工费，然后根据企业的实力及投标策略对其进行调整，进而计算出整个工程的人工费。其计算公式为：

$$人工费=\Sigma\left[\Delta（概预算定额人工工日消耗量\times相应等级日工资综合单价）\right] \tag{2-1}$$

这种方法是我国当前大多数企业采用的人工费计算方法，具有简单、易操作、速度快等特点，其缺点是竞争力弱，不能充分发挥企业的特长。

其中日工资单价的计算方法如下：

$$日工资单价（G）=\sum_{i=1}^{5}G_i \tag{2-2}$$

1) 基本工资

$$基本工资（G_1）=\frac{生产工人平均月工资}{年平均每月法定工作日} \tag{2-3}$$

2) 工资性补贴

$$工资性补贴（G_2）=\frac{\Sigma年发放标准}{全年日历日-法定假日}+\frac{\Sigma月发放标准}{年平均每月法定工作日}+每工作日发放标准 \tag{2-4}$$

3) 生产工人辅助工资

$$生产工人辅助工资(G_3)=\frac{全年无效工作日\times(G_1+G_2)}{全年日历日-法定假日} \tag{2-5}$$

4) 职工福利费

$$职工福利费(G_4)=(G_1+G_2+G_3)\times福利费计提率(\%) \tag{2-6}$$

5）生产工人劳动保护费

$$\text{生产工人劳动保护费}(G_5)=\frac{\text{生产工人年平均支出劳动保护费}}{\text{全年日历日}-\text{法定假日}} \tag{2-7}$$

（2）动态的计算方法

即首先根据工程量清单提供的清单工程量，结合本企业的人工效率和企业定额，计算出工程消耗的工日数；其次根据现阶段企业的经济、人力、资源状况和工程所在地的实际生活水平以及工程的特点，计算工日单价；然后根据劳动力来源及人员比例计算综合工日单价；最后计算人工费。其计算公式为：

$$\text{人工费}=\Sigma（\text{人工工日消耗量}\times\text{综合工日单价}） \tag{2-8}$$

$$\text{综合工日单价}=\Sigma（\text{某专业综合工日单价}\times\text{权数}） \tag{2-9}$$

其中权数是根据各专业工日消耗量占总工日数的比重取定的，例如电气专业工日消耗量占总工日数的比重是8%，则其权数即为8%。

$$\text{某专业综合工日单价}=\Sigma（\text{本专业某种来源的人力资源人工单价}\times\text{构成比重}） \tag{2-10}$$

各专业劳动力的来源一般有三种途径，即来源于本企业、外聘技工、在当地劳务市场招聘力工。企业可以根据本企业现状、工程特点及对生产工人的要求和当地劳务市场的劳动力资源的充足程度、技能水平及工资水平综合评价后合理确定各专业劳动力资源的来源和构成比例。

其中人工工日消耗量的确定参见本教材第三章的相关内容。

2. 材料费的计算

材料费是指施工过程中耗费的构成工程实体的原材料、辅助材料、构配件、零件、半成品的费用。其计算公式如下：

$$\text{材料费}=\Sigma（\text{材料消耗量}\times\text{材料单价}）+\text{检验试验费} \tag{2-11}$$

其中材料单价的计算公式为：

$$\text{材料单价}=[(\text{供应价格}+\text{运杂费})\times(1+\text{运输损耗率}(\%))]\times(1+\text{采购保管费率}(\%)) \tag{2-12}$$

检验试验费的计算方法为：

$$\text{检验试验费}=\Sigma（\text{单位材料量检验试验费}\times\text{材料消耗量}） \tag{2-13}$$

其中材料消耗量的确定参见本教材第三章的相关内容。

3. 施工机械使用费

施工机械使用费是指施工机械作业所发生的机械使用费以及机械安拆费和场外运费。其计算方法为：

$$\text{施工机械使用费}=\Sigma（\text{施工机械台班消耗量}\times\text{机械台班单价}） \tag{2-14}$$

$$\text{机械台班单价}=\text{台班折旧费}+\text{台班大修费}+\text{台班经常修理费}+\text{台班安拆费及场外运费}+\text{台班人工费}+\text{台班燃料动力费}+\text{台班养路费及车船使用税} \tag{2-15}$$

其中施工机械台班消耗量的确定参见本教材第三章的相关内容。

二、措施费的计算

措施费是指为完成工程项目施工，发生于该工程施工前和施工过程中非工程实体项目的费用。各通用措施费项目的计算方法如下：

1. 环境保护费

$$\text{环境保护费} = \text{直接工程费} \times \text{环境保护费费率（\%）} \tag{2-16}$$

$$\text{环境保护费费率（\%）} = \frac{\text{本项费用年度平均支出}}{\text{全年建安产值} \times \text{直接工程费占总造价比例（\%）}} \tag{2-17}$$

2. 文明施工费

$$\text{文明施工费} = \text{直接工程费} \times \text{文明施工费费率（\%）} \tag{2-18}$$

$$\text{文明施工费费率（\%）} = \frac{\text{本项费用年度平均支出}}{\text{全年建安产值} \times \text{直接工程费占总造价比例（\%）}} \tag{2-19}$$

3. 安全施工费

$$\text{安全施工费} = \text{直接工程费} \times \text{安全施工费费率（\%）} \tag{2-20}$$

$$\text{安全施工费费率（\%）} = \frac{\text{本项费用年度平均支出}}{\text{全年建安产值} \times \text{直接工程费占总造价比例（\%）}} \tag{2-21}$$

4. 临时设施费

工程施工过程中使用的临时设施由周转使用临建（如活动房屋）、一次性使用临建（如简易建筑）、其他临时设施（如临时管线）等组成。临时设施费的参考计算方法如下：

$$\text{临时设施费} = (\text{周转使用临建费} + \text{一次性使用临建费}) \times (1 + \text{其他临时设施所占比例(\%)}) \tag{2-22}$$

其中：

（1）周转使用临建费

$$\text{周转使用临建费} = \Sigma\left[\frac{\text{临建面积} \times \text{每平方米造价}}{\text{使用年限} \times 365 \times \text{利用率（\%）}} \times \text{工期（天）}\right] + \text{一次性拆除费} \tag{2-23}$$

（2）一次性使用临建费

$$\text{一次性使用临建费} = \Sigma\ \text{临建面积} \times \text{每平方米造价} \times [1 - \text{残值率(\%)}] + \text{一次性拆除费} \tag{2-24}$$

（3）其他临时设施在临时设施费中所占比例，可由各地区造价管理部门依据典型施工企业的成本资料经分析后综合测定。

5. 夜间施工增加费

$$夜间施工增加费=\left(1-\frac{合同工期}{定额工期}\right)\times\frac{直接工程费中的人工费合计}{平均日工资单价}\times每工日夜间施工费开支 \quad (2-25)$$

6. 二次搬运费

$$二次搬运费=直接工程费\times二次搬运费费率(\%) \quad (2-26)$$

$$二次搬运费费率(\%)=\frac{年平均二次搬运费开支额}{全年建安产值\times直接工程费占总造价的比例(\%)} \quad (2-27)$$

7. 大型机械进出场及安拆费

$$大型机械进出场及安拆费=\frac{一次进出场及安拆费\times年平均安拆次数}{年工作台班} \quad (2-28)$$

8. 混凝土、钢筋混凝土模板及支架

（1）使用自购模板及支架

$$模板及支架费=模板摊销量\times模板价格+支、拆、运输费 \quad (2-29)$$

$$摊销量=一次使用量\times(1+施工损耗率)\times[1+(周转次数-1)\times补损率/周转次数-(1-补损率)50\%/周转次数] \quad (2-30)$$

（2）使用租赁模板及支架

$$租赁费=模板使用量\times使用日期\times租赁价格+支、拆、运输费 \quad (2-31)$$

9. 脚手架搭拆费

（1）使用自购脚手架

$$脚手架搭拆费=脚手架摊销量\times脚手架价格+搭、拆、运输费 \quad (2-32)$$

$$脚手架摊销量=\frac{单位一次使用量\times(1-残值率)}{耐用期\div一次使用期} \quad (2-33)$$

（2）使用租赁脚手架

$$租赁费=脚手架每日租金\times搭设周期+搭、拆、运输费 \quad (2-34)$$

10. 已完工程及设备保护费

$$已完工程及设备保护费=成品保护所需机械费+材料费+人工费 \quad (2-35)$$

11. 施工排水、降水费

$$排水降水费=\Sigma排水降水机械台班费\times排水降水周期+排水降水使用材料费、人工费 \quad (2-36)$$

三、间接费的计算

间接费的计算方法按计费基数的不同分为以下三种：

（1）以直接费为计算基础

$$间接费=直接费合计\times间接费费率(\%) \quad (2-37)$$

（2）以人工费和机械费合计为计算基础

$$间接费=人工费和机械费合计\times间接费费率(\%) \quad (2-38)$$

(3) 以人工费为计算基础

$$\text{间接费} = \text{人工费合计} \times \text{间接费费率（\%）} \tag{2-39}$$

其中：

$$\text{间接费费率（\%）} = \text{规费费率（\%）} + \text{企业管理费费率（\%）} \tag{2-40}$$

1. 规费费率的确定

规费费率根据各地区典型工程承发包价格的分析资料综合取定，规费计算中所需数据包括每万元发承包价中人工费含量和机械费含量、人工费占直接费的比例、每万元发承包价中所含规费缴纳标准的各项基数。

规费费率的计算公式如下：

(1) 以直接费为计算基础

$$\text{规费费率（\%）} = \frac{\Sigma\,\text{规费缴纳标准} \times \text{每万元发承包价计算基数}}{\text{每万元发承包价中的人工费含量}} \times \text{人工费占直接费的比例（\%）} \tag{2-41}$$

(2) 以人工费和机械费合计为计算基础

$$\text{规费费率（\%）} = \frac{\Sigma\,\text{规费缴纳标准} \times \text{每万元发承包价计算基数}}{\text{每万元发承包价中的人工费含量和机械费含量}} \times 100\% \tag{2-42}$$

(3) 以人工费为计算基础

$$\text{规费费率（\%）} = \frac{\Sigma\,\text{规费缴纳标准} \times \text{每万元发承包价计算基数}}{\text{每万元发承包价中的人工费含量}} \times 100\% \tag{2-43}$$

2. 企业管理费费率的确定

企业管理费费率计算公式如下：

(1) 以直接费为计算基础

$$\text{企业管理费费率（\%）} = \frac{\text{生产工人年平均管理费}}{\text{年有效施工天数} \times \text{人工单价}} \times \text{人工费占直接费比例（\%）} \tag{2-44}$$

(2) 以人工费和机械费合计为计算基础

企业管理费费率（%）

$$= \frac{\text{生产工人年平均管理费}}{\text{年有效施工天数} \times \text{（人工单价} + \text{每一工日机械使用费）}} \times 100\% \tag{2-45}$$

(3) 以人工费为计算基础

$$\text{企业管理费费率（\%）} = \frac{\text{生产工人年平均管理费}}{\text{年有效施工天数} \times \text{人工单价}} \times 100\% \tag{2-46}$$

四、利润的计算

利润的计算见第三节工程造价计算程序。

五、税金的计算

税金计算公式如下：

$$税金=(税前造价+利润)\times税率(\%) \tag{2-47}$$

其中税前造价是直接费、间接费之和。税率的计算有以下三种情况：

1. 纳税地点在市区的企业

$$税率(\%)=\frac{1}{1-3\%-(3\%\times7\%)-(3\%\times3\%)}-1 \tag{2-48}$$

2. 纳税地点在县城、镇的企业

$$税率(\%)=\frac{1}{1-3\%-(3\%\times5\%)-(3\%\times3\%)}-1 \tag{2-49}$$

3. 纳税地点不在市区、县城、镇的企业

$$税率(\%)=\frac{1}{1-3\%-(3\%\times1\%)-(3\%\times3\%)}-1 \tag{2-50}$$

第三节　安装工程、市政工程及园林绿化工程工程造价计算程序

根据建设部第107号部令《建筑工程施工发包与承包计价管理办法》的规定，发包与承包价格的计算方法分为工料单价法和综合单价法。

一、工料单价法计价程序

工料单价法是以分部分项工程量乘以单价后的合计为直接工程费，直接工程费以人工、材料、机械的消耗量及其相应价格确定。直接工程费汇总后另加间接费、利润、税金生成工程发承包价，其计算程序分为三种：

1. 以直接费为计算基础的计价程序如表2-1所示。

工料单价法计价程序（一）　　表2-1

序号	费用项目	计算方法	备注
1	直接工程费	按预算表	
2	措施费	按规定标准计算	
3	小计	(1)+(2)	
4	间接费	(3)×相应费率	
5	利润	[(3)+(4)]×相应利润率	
6	合计	(3)+(4)+(5)	
7	含税造价	(6)×(1+相应税率)	

2. 以人工费和机械费为计算基础的计价程序如表 2-2 所示。

工料单价法计价程序（二） **表 2-2**

序号	费用项目	计算方法	备注
1	直接工程费	按预算表	
2	其中人工费和机械费	按预算表	
3	措施费	按规定标准计算	
4	其中人工费和机械费	按规定标准计算	
5	小计	(1)+(3)	
6	人工费和机械费小计	(2)+(4)	
7	间接费	(6)×相应费率	
8	利润	(6)×相应利润率	
9	合计	(5)+(7)+(8)	
10	含税造价	(9)×(1+相应税率)	

3. 以人工费为计算基础的计价程序如表 2-3 所示。

工料单价法计价程序（三） **表 2-3**

序号	费用项目	计算方法	备注
1	直接工程费	按预算表	
2	直接工程费中人工资费	按预算表	
3	措施费	按规定标准计算	
4	措施费中人工费	按规定标准计算	
5	小计	(1)+(3)	
6	人工费小计	(2)+(4)	
7	间接费	(6)×相应费率	
8	利润	(6)×相应利润率	
9	合计	(5)+(7)+(8)	
10	含税造价	(9)×(1+相应税率)	

二、综合单价法计价程序

综合单价法是分部分项工程单价为全费用单价，全费用单价经综合计算后生成，其内容包括直接工程费、间接费、利润和税金（措施费也可按此方法生成全费用价格）。各分项工程量乘以综合单价的合价汇总后，生成工程发承包价。

由于各分部分项工程中的人工、材料、机械含量的比例不同，各分项工程可根据其材料费占人工费、材料费、机械费合计的比例（以字母“C”代表该项比值）在以下三种计算程序中选择一种计算其综合单价。

1. 当 $C > C_0$（C_0 为地区原费用定额测算所选典型工程材料费占人工费、材料费和机械费合计的比例）时，可采用以人工费、材料费、机械费合计为基数计算该分项的间接费和利润。以直接费为计算基础的计价程序如表 2-4 所示。

综合单价法计价程序（一）　　**表 2-4**

序号	费用项目	计算方法	备注
1	分项直接工程费	人工费＋材料费＋机械费	
2	间接费	(1)×相应费率	
3	利润	[(1)+(2)]×相应利润率	
4	合计	(1)+(2)+(3)	
5	含税造价	(4)×(1＋相应税率)	

2. 当 $C < C_0$ 值的下限时，可采用以人工费和机械费合计为基数计算该分项的间接费和利润。以人工费和机械费为计算基础的计价程序如表 2-5 所示。

综合单价法计价程序（二）　　**表 2-5**

序号	费用项目	计算方法	备注
1	分项直接工程费	人工费＋材料费＋机械费	
2	其中人工费和机械费	人工费＋机械费	
3	间接费	(2)×相应费率	
4	利润	(2)×相应利润率	
5	合计	(1)+(3)+(4)	
6	含税造价	(5)×(1＋相应税率)	

3. 如该分项的直接费仅为人工费，无材料费和机械费时，可采用以人工费为基数计算该分项的间接费和利润。以人工费为计算基础的计价程序如表 2-6 所示。

综合单价法计价程序（三）　　**表 2-6**

序号	费用项目	计算方法	备注
1	分项直接工程费	人工费＋材料费＋机械费	
2	直接工程费中人工费	人工费	
3	间接费	(2)×相应费率	
4	利润	(2)×相应利润率	
5	合计	(1)+(3)+(4)	
6	含税造价	(5)×(1＋相应税率)	

一般情况下，进行安装工程、市政工程和园林绿化工程管理费、利润、措施费用计算时，多以人工费或人工费与机械费之和作为计价基础。

第四节 设备、工器具费用的构成与确定

一、概述

设备、工器具费用是由设备购置费用和工器具及生产家具购置费用组成的。目前，工业建设项目中，设备费用约占项目投资的50%，甚至更高，并有逐步增加的趋势，因此，正确确定该费用，对于资金的合理使用和保证投资效果，具有十分重要的意义。

设备购置费是指为工程建设项目购置或自制的达到固定资产标准的设备、工器具及家具的费用。固定资产的标准依主管部门的具体规定。新建项目和扩建项目的新建车间购置或自制的全部设备、工器具，不论是否达到固定资产标准，均计入设备、工器具购置费用中。设备购置费一般按下式计算：

$$国产设备购置费 = 设备原价 + 设备运杂费 \tag{2-51}$$

$$进口设备购置费 = 进口设备抵岸价 + 进口设备国内运杂费 \tag{2-52}$$

工器具及生产家具购置费是指新建项目或扩建项目初步设计规定必须购置的不够固定资产标准的设备、仪器工具、生产家具和备品备件等的费用。其一般计算公式为：

$$工器具及生产家具购置费 = 设备购置费 \times 工器具及生产家具定额费率 \tag{2-53}$$

二、国产设备原价的构成与计算

1. 国产标准设备原价

国产标准设备是指按照国家主管部门颁布的标准图纸和技术规范，由我国设备生产厂批量生产的，且符合国家质量检验标准的设备。国产标准设备一般以设备制造厂的交货价，即出厂价为设备原价。如果设备由设备成套公司提供，则以订货合同价为设备原价。有的设备有两种出厂价，即带有备品备件的出厂价和不带备品备件的出厂价，在计算设备原价时，一般按带有备品备件的出厂价计算。

2. 国产非标准设备原价

非标准设备是指国家尚无定型标准，不能成批定点生产，使用单位通过贸易关系不易购到，而必须根据具体的设计图纸加工制造的设备。非标准设备原价的确定通常有以下几种方法：

(1) 成本计算估价法

$$非标准设备原价 = 制造成本 + 利润 + 增值税 + 设计费 \tag{2-54}$$

其中：1）制造成本 = 主要材料费 + 加工费 + 辅助材料费 + 专用工具费 + 废品损失费 + 外购配套件费 + 包装费

主要材料费 = 材料净重 ×（1 + 加工损耗系数）× 每吨材料综合价格

加工费 = 设备总重量 × 设备每吨加工费

辅助材料费 = 设备总重量 × 辅助材料费指标

专用工具费，按 1～3 项之和乘以一定百分比计算。

废品损失费，按 1～4 项之和乘以一定百分比计算。

外购配套件费，按设备设计图纸所列的外购配套件计算。

包装费，按以上 1～6 项之和乘以一定百分比计算。

2）利润按有关规定计算。

3）增值税 = 当期销项税额 − 进项税额 = 税率 × 当期销售额 − 进项税额。

4）非标准设备设计费，按国家规定的设计费收费标准计算。

（2）扩大定额估价法

非标准设备原价 = 材料费 + 加工费 + 其他费 + 设计费 （2-55）

其中：

材料费 = 设备净重 ×（1 + 加工损耗系数）× 每吨材料综合价格

$$加工费 = \frac{加工费比重}{材料费比重} \times 材料费$$

$$其他费 = \frac{其他费比重}{材料费比重} \times 材料费$$

设计费 =（材料费 + 加工费 + 其他费）× 设计费费率

（3）类似设备估价法

在类似或系列设备中，当只有一个或几个设备没有价格时，可根据其邻近已有设备价格按下式确定拟估设备的价格。

$$P = \frac{\frac{P_1}{Q_1} + \frac{P_2}{Q_2}}{2} Q \tag{2-56}$$

式中 P——拟估非标准设备原价；

Q——拟估非标准设备总重；

P_1、P_2——已生产的同类非标准设备价格；

Q_1、Q_2——已生产的同类非标准设备重量。

（4）概算指标估价法

根据各制造厂或其他有关部门收集的各种类型非标准设备的制造价或合同价资料，经过统计分析综合平均得出每吨设备的价格，再根据该价格进行非标准设备估价的方法，称为指标估价法。计算公式为：

$$P = Q \cdot M \tag{2-57}$$

式中 P——拟估非标准设备原价；

Q——拟估非标准设备净重；

M——该类设备每吨重的理论价格。

三、进口设备抵岸价的构成

我国进口设备采用最多的是装运港船上交货价。所谓装运港船上交货价，又称“离岸价格”，是指卖方在合同规定的装运港把货物装到买方指定的船上，并负责货物上船为止的一切费用和风险。其抵岸价格的构成可概括为：

$$\text{进口设备抵岸价} = \text{货价} + \text{国际运费} + \text{运输保险费} + \text{银行财务费} + \text{外贸手续费} + \text{关税} + \text{增值税} \tag{2-58}$$

1. 进口设备的货价，是指用人民币表示的某种进口设备的价格。计算公式为：

$$\text{进口设备的货价} = \text{原币货价} \times \text{外汇牌价率} \tag{2-59}$$

其中，原币货价是指以外国货币表示的某种设备的价格，一般指进口设备装运港船上交货价。

2. 进口设备的国际运费，是指从装运港站到我国抵达港站的运费。

3. 运输保险费，对外运输保险是由保险人与被保险人订立保险契约，在被保险人交付议定的保险费后，保险人根据保险契约的规定，对货物在运输过程中发生的承保责任范围内的损失予以经济上的补偿。中国人民保险公司承保进口货物的保险金额一般是按进口货物的到岸价格计算，具体可参照中国人民保险公司有关规定进行。

4. 银行财务费，指中国银行为办理进口商品业务而计取的手续费，一般可按下式简化计算：

$$\text{银行财务费} = \text{离岸货价} \times \text{财务费费率} \tag{2-60}$$

5. 外贸手续费，指我国的外贸部门为办理进口商品业务而计取的手续费，可按下式计算：

$$\text{外贸手续费} = \text{到岸价格小计} \times \text{外贸手续费费率} \tag{2-61}$$

6. 进口关税，指国家海关对引进的成套及附属设备、配件等征收的一种税费，按到岸价格计算，即：

$$\text{关税} = \text{到岸价格小计} \times \text{关税税率} \tag{2-62}$$

7. 增值税和消费税，增值税是我国政府对从事进口贸易的单位和个人，在进口商品报关进口后征收的税种。我国增值税条例规定，进口应税产品均按组成计税价格依税率直接计算应纳税额，不扣除任何项目的金额或已纳税额。即：

$$\text{进口产品增值税额} = \text{组成计税价格} \times \text{增值税税率} \tag{2-63}$$

其中

$$\text{组成计税价格} = \text{到岸价小计} + \text{关税} + \text{消费税} \tag{2-64}$$

消费税作为增值税的辅助税种，对部分进口设备征收，即：

$$消费税额 = 组成计税价格 \times 消费税税率 \tag{2-65}$$

上述公式中的到岸价小计为离岸价、国际运费和运输保险费之和。

四、设备运杂费

1. 国产设备运杂费的确定

国产设备运杂费是指由制造厂仓库或交货地点运至施工工地仓库或设备存放地点止，所发生的运输及杂项费用。内容包括：

(1) 运费，包括从交货地点到施工工地仓库所发生的运费及装卸费。

(2) 包装费，指对需要进行包装的设备在包装过程中所发生的人工费和材料费。该费用若已计入设备原价的则不再另计；没有计入设备原价又确需进行包装的，则应在运杂费内计算。

(3) 采购保管和保养费，指设备管理部门在组织采购、供应和保管设备过程中所需的各种费用。包括设备采购保管和保养人员的工资，职工福利费，办公费，差旅交通费，固定资产使用费，检验试验费等。

(4) 供销部门手续费，指设备供销部门为组织设备供应工作而支出的各项费用。该项费用只有那些从供销部门取得设备的才发生。供销部门手续费包括的内容与采购保管和保养费包括的内容相同。

国产设备运杂费计算方法是：

$$设备运杂费 = 设备总原价 \times 设备运杂费率 \tag{2-66}$$

设备运杂费率一般由各主管部门根据历年设备购置费统计资料，分别不同地区，按占设备总原价的百分比确定。

2. 进口设备国内运杂费的确定

进口设备国内运杂费是指进口设备由我国到岸港口或边境车站起到工地仓库止，所发生的运输及杂项费用。

进口设备国内运杂费的确定方法与国产设备运杂费的确定方法相同。

第五节　工程建设其他费用的构成与确定

工程建设其他费用是指按规定应在固定资产投资中支付，并列入建设项目总概算或单项工程综合概算内，除建筑安装工程费、设备工器具购置费以外的其他费用。其具体内容如下：

一、土地使用费

土地使用费是指建设项目通过划拨或土地使用权出让方式取得土地使用权，所需土地征用及迁移补偿费或土地使用权出让金。

1. 土地征用及迁移补偿费

土地征用及迁移补偿费，是指建设项目通过划拨方式取得无限期土地使用权后，依照《中华人民共和国土地管理法》等规定所支付的费用。其总和一般不得超过被征土地年产值的20倍，土地年产值则按该土地被征用前3年的平均产量和国家规定的价格计算。包括：

(1) 土地补偿费。是按《国家建设征用土地条例》规定征用耕地时的一种补偿标准。若征用的是耕地，则按该农业基本核算单位的同类土地前3年平均产值的4~6倍计算补偿费；征用园地、林场、牧场、宅基地等的补偿标准，由省、自治区、直辖市人民政府制定；征用无收益的土地，不予补偿。

(2) 青苗补偿费和被征用土地地上附着物赔偿费。青苗补偿费是指对被征用土地上种植的作物补偿的费用，其标准一般按当年计划产量的价值和生长阶段结合计算。被征土地地上附着物赔偿费是指被征用土地地上的房屋、树木、水井等附着物的拆迁、赔偿费用，按各省、自治区、直辖市人民政府的有关规定计算。

(3) 安置补助费。为了妥善安置被征地农民转移生产和生活，政府规定，用地单位除付给土地补偿费外，还应付给土地使用者安置补助费。需要安置的农业人口数，为被征用耕地数量除以征用土地前被征地单位平均每人占有耕地数量。每个需要安置的农业人口的安置补助费标准，为该耕地被征用前3年平均年产值的2~3倍，但每亩被征用耕地的安置补助费最高不超过被征用前3年平均产值的10倍。

(4) 缴纳的耕地占用税或城镇土地使用税、土地登记费及征地管理费等。县市土地管理机关从征地费中提取土地管理费的比率，需按征地工作量大小等不同情况，在1%~4%幅度内提取。

(5) 征地动迁费。包括征用土地上的房屋及附属构筑物、城市公共设施等的拆除、迁建补偿费，搬迁运输费，企业单位因搬迁造成的减产、停工损失补贴费，拆迁管理费等。

(6) 水利水电工程水库淹没处理补偿费。包括农村移民安置补偿费，城市迁建补偿费，库区工矿企业、交通、电力、通信、广播、管网、水利等的恢复、迁建补偿费，库底清理费，防护工程费，环境影响补偿费等。

2. 土地使用权出让金

土地使用权出让金，指建设项目通过土地使用权出让方式，取得有限期的土地使用权，按照《中华人民共和国城镇国有土地使用权出让和转让暂行条例》规定，支付的土地使用权出让金。

(1) 明确国家是城市土地的唯一所有者，并分层次、有偿、有限期地出让和转让城市土地。

(2) 城市土地的出让和转让可采用协议、招标、公开拍卖等方式。

(3) 在有偿出让和转让土地时，政府对地价不作统一规定，但应坚持：对目前的投资环境不产生大的影响；与当地的社会经济承受能力相适应；考虑已投入的土地开发费用、土地市场供求关系、土地用途和使用年限。

(4) 关于政府有偿出让土地使用权的年限，各地可根据时间、区位等各种条件作不同的规定，一般可在30~99年之间。

(5) 有偿出让和转让使用权的土地使用者和所有者要签约，明确使用者对土地享有的权利和土地所有者应承担的义务：有偿出让和转让使用权，要向土地受让者征收契税；转让土地如有增值，要向转让者征收土地增值税；在土地转让期间，国家要区别不同地段、不同用途向土地使用者收取土地占用费。

二、与项目建设有关的其他费用

1. 建设单位管理费

建设单位管理费是指对建设项目从立项、筹建、建设、联合试运转、竣工验收、交付使用到后评估等全过程进行管理所需的费用。

(1) 建设单位开办费指新建项目为保证筹建和建设工作正常进行所需办公设备、生活家具、用具、交通工具等购置费用。

(2) 建设单位经费包括工作人员的基本工资、工资性补贴、职工福利费、劳动保护费、劳动保险费、办公费、差旅交通费、工会经费、职工教育经费、固定资产使用费、工具用具使用费、技术图书资料费、生产人员招募费、工程招标费、合同契约公证费、工程质量监督检测费、工程咨询费、法律顾问费、审计费、业务招待费、排污费、竣工交付使用清理及竣工验收费、后评估等费用。不包括应计入设备、材料预算价格内的建设单位采购及保管设备和材料所需的费用。

建设单位管理费按照单项工程费之和（包括设备、工器具购置费和建筑安装工程费用）乘以建设单位管理费率计算。

建设单位管理费率按照建设项目的不同性质、不同规模确定。有的按照建设工期和规定的金额计算建设单位管理费。

2. 勘察设计费

是指委托勘察、设计单位为本建设项目进行勘察、设计工作，提供勘察、设计工作的成果，按规定支付勘察、设计费用；为本项目进行可行性研究和评价工作按规定支付的前期工作费用；在规定范围以内由建设单位自行完成的勘察、设计工作所需费用。

其数值按国家颁发的工程勘察设计收费标准和有关规定计算。

3. 研究试验费

是指为建设项目提供和验证设计参数、数据、资料等所进行的必要的试验费用以及设计规定在施工中必须进行试验、验证所需费用。包括自行或委托其他部门研究试验所需人工费、材料费、试验设备及仪器使用费等。该项费用按照设计单位根据本工程项目的需要提出的研究试验内容和要求计算。

4. 建设单位临时设施费

是指项目建设期间，建设单位所需临时设施的搭设、维修、摊销或租赁费用。临时设施包括职工临时宿舍、文化福利和公用事业房屋及构筑物、仓库、办公室、加工厂以及规定范围内的道路、水、电、管线等临时设施和小型临时设施。

5. 工程监理费

是指委托工程监理单位对工程实施监理工作所需的费用。按国家物价局、建设部《关于发布工程建设监理费用有关规定的通知》等文件的规定计算。

6. 工程保险费

是指建设项目在建设期间根据需要实施工程保险所需的费用。包括以各种建筑工程及其在施工过程中的物料、机器设备为保险标的的建筑工程一切险，以安装工程中的各种机器、机械设备为保险标的的安装工程一切险，以及机器损坏保险等。根据不同的工程类别，分别以其建筑、安装工程费乘以建筑、安装工程保险费率计算。民用建筑（住宅楼、综合性大楼、商场、旅馆、医院、学校）占建筑工程费的 2‰～4‰；其他建筑（工业厂房、仓库、道路码头、水坝、隧道、桥梁、管道等）占建筑工程费的 3‰～6‰；安装工程（农业、工业、机械、电子、电器、纺织、矿山、石油、化学、钢铁工业及钢结构桥梁）占建筑工程费的 3‰～6‰。

7. 供电贴费

是指按规定应支付本项目供电工程贴费和临时用电贴费，是解决电力建设资金不足的临时对策。供电贴费是用户申请用电时，由供电部门统一规划并负责建设的 110 kV 以下各级电压外部供电工程的建设、扩充、改建等费用的总称。供电贴费只能用于为增加或改善用户用电而必须新建、扩建和改善电网建设以及有关的业务支出，由建设银行监督使用，不得挪作他用。

编制方法是根据国家颁发的供电贴费标准进行计算。

8. 施工机构迁移费

是指施工机构根据建设任务的需要，经有关部门决定成建制地（指公司或公司所属工程处、工区）由原驻地迁移到另一个地区的一次性搬迁费用。费用内容包括：职工及随同家属的差旅费，调迁期间的工资和施工机械、设备、工具、用具、周转性材料的搬运费。这项费用按建安工程费的 0.5%～1%计算。

9. 引进技术和进口设备其他费用

是指为项目引进软件、硬件而应聘来华的外国工程技术人员的生活和接待费用；派出人员到国外培训，进行设计联络，以及设备、材料检验所需的差旅费、国外生活费、制装费用等；国外设计及技术专利费、技术保密费、延期付款或分期付款利息费；进口设备、材料检验费，引进设备投产前应支付的保险费用等。内容包括：

(1) 应聘来华外国工程技术人员（包括随同家属）来华期间的工资、生活补贴、往返旅费、交通费、医药费等。应按签订的合同或协议规定的人数、期限，依据国家标准计算。

(2) 国外设计、技术资料、技术专利及技术保密费等，包括国外设计及国内配合费用，国外图纸、资料翻译、复制、模型制作等费用；引进样机、备品备件测绘费用；按合同或协议规定支付的专利、技术保密费用等。

(3) 国外贷款、国内银行承担的经济担保费、银行手续费及保险费用等，应按中国人民银行、国家发改委、财政部、商务部及中国人民保险公司等有关部门的规定和标准计算。

10. 工程承包费

是指具有总承包条件的工程公司，对工程建设项目从开始建设至竣工投产全过程的总承包所需的管理费用。具体内容包括组织勘察设计、设备材料采购、非标准设备设计制造与销售、施工招标、发包、工程预决算、项目管理、施工质量监督、隐蔽工程检查、验收和试车，直至竣工投产的各种管理费用。该费用按国家主管部门或省、自治区、直辖市协调规定的工程总承包费取费标准计算。如无规定时，一般工业建设项目为投资估算的6%～8%，民用建筑（包括住宅建设）和市政项目为4%～6%。不实行工程总承包的项目不计算本费用。

三、与未来企业生产经营有关的其他费用

1. 联合试运转费

联合试运转费是指新建企业或新增加生产工艺过程的扩建企业在竣工验收前，按照设计规定的工程质量标准，进行整个车间的负荷或无负荷联合试运转发生的费用支出大于试运转收入的亏损部分。费用内容包括：试运转所需的原料、燃料、油料和动力的费用，机械使用费用，低值易耗品及其他物品的购置费用和施工单位参加联合试运转人员的工资等。试运转收入包括试运转产品销售和其他收入。不包括应由设备安装工程费项下开支的单台设备调试费及试车费用。联合试运转费一般根据不同性质的项目按需要试运转车间的工艺设备购置费的百分比计算。

2. 生产准备费

是指新建企业或新增生产能力的企业，为保证竣工交付使用进行必要的生产准备所发生的费用。费用内容包括：

(1) 生产人员培训费，包括自行培训、委托其他单位培训的人员工资、工资性补贴、职工福利费、差旅交通费、学习资料费、学习费、劳动保护费等。

(2) 生产单位提前进厂参加施工、设备安装、调试等，以及熟悉工艺流程及设备性能等人员的工资、工资性补贴、职工福利费、差旅交通费、劳动保护费等。

生产准备费一般根据需要培训和提前进厂人员的人数及培训时间按生产准备费指标进行估算。

3. 办公和生活家具购置费

是指为保证新建、改建、扩建项目初期正常生产、使用和管理所必需购置的办公和生活家具、用具的费用。改、扩建项目所需的办公和生活用具购置费，应低于新建项目。其范围包括办公室、会议室、资料档案室、阅览室、文娱室、食堂、浴室、理发室、单身宿舍和设计规定必须建设的托儿所、卫生所、招待所、中小学校等家具用具购置费。该项费用按照设计定员人数乘以综合指标计算。

四、预备费、建设期贷款利息、固定资产投资方向调节税

1. 预备费

按照我国现行规定，预备费包括基本预备费和涨价预备费。

(1) 基本预备费

是指在初步设计文件及概算中难以事先预料，而在建设期间可能发生的工程费用。包括：

1) 在技术设计、施工图设计和施工过程中，在批准的初步设计概算范围内所增加的工程和费用。

2) 由于一般性自然灾害造成的损失和预防自然灾害所采取的预防措施费用。

3) 竣工验收时，竣工验收组织为鉴定工程质量，必须开挖和修复隐蔽工程的费用。

基本预备费是按设备及工器具购置费、建筑安装工程费用和工程建设其他费用三者之和为基数，乘以基本预备费率进行计算。基本预备费率的取值应执行国家及部门的有关规定。

(2) 涨价预备费

涨价预备费是指建设项目在建设期内由于价格等变化引起工程造价变化的预测预留费用。费用内容包括人工、设备、材料、施工机械的价差费；建筑安装工程费及工程建设其他费用调整，利率、汇率调整等增加的费用。

涨价预备费的测算，一般根据国家规定的投资综合价格指数，依估算年份价格水平的投资额为基数，采用复利方法计算。公式为：

$$F = \sum_{t=1}^{n} I_t[(1+f)^t - 1] \tag{2-67}$$

式中　F——涨价预备费；

I_t——建设期中第 t 年的投资额，包括设备及工器具购置费、建筑安装工程费、工程建设其他费用及基本预备费；

n——建设期年份数；

f——年投资价格上涨率。

2. 建设期贷款利息

是指基本建设项目投资的资金来源，由国家预算拨款改为银行贷款后，建设期间贷款应付银行的利息。该项利息，按规定应列入建设项目投资之内。

项目投资贷款的利率，根据国家产业政策实行差别利率。应按建设项目概算和建设期各年度投资计划所列年度投资额并扣除自有资金及自筹资金部分，作为贷款额，以贷款时银行规定的适用利率计算。

3. 固定资产投资方向调节税

为贯彻国家产业政策，控制投资规模，引导投资方向，调整投资结构，加强重点建设，促进国民经济持续稳定协调发展，对在我国境内进行固定资产投资的单位和个人（不含中外合资经营企业、中外合作经营企业和外商独资企业）征收固定资产投资方向调节税（简称投资方向调节税）。

（1）税率

根据国家产业政策和项目经济规模实行差别税率，税率分为0、5%、10%、15%、30%共5个档次。差别税率按两大类设计，一是基本建设项目投资；二是更新改造项目投资。前者设计了0、5%、15%、30%共4档税率；后者设计了0、10%两档税率。

对于国家急需发展的基础产业和薄弱环节的部门项目投资，适用零税率；对国家鼓励发展，但受能源、交通等制约的项目投资，实行5%的税率；对城乡个人修建、购买住宅的投资实行零税率；对单位修建、购买一般性住宅投资，实行5%的低税率；对单位用公款修建、购买高标准独门独院、别墅式住宅投资，实行30%的高税率；对楼堂馆所以及国家严格限制发展的项目投资，课以重税，税率为30%；对不属以上的其他项目投资，实行中等税负政策，税率为15%。

对于更新改造项目，属急需发展的项目投资和对单纯工艺改造和设备更新的项目投资，适用零税率；对不属于上述内容的更新改造项目投资，一律按建筑工程投资适用10%的税率。

（2）计税依据

投资方向调节税以固定资产投资项目实际完成投资额为计税依据。实际完成投资额包括：设备及工器具购置费、建筑安装工程费、工程建设其他费用及预备费。但更新改造项目是以建筑工程实际完成的投资额为计税依据。

（3）计税方法

首先确定单位工程应税投资完成额；其次根据工程性质及划分的单位工程情况，确定单位工程的适用税率；最后计算各个单位工程应纳的投资方向调节税税额，并将各单位工程应纳税额汇总，即得出整个项目的应纳税额。

（4）缴纳办法

投资方向调节税按固定资产投资项目的单位工程年度计划投资额预缴，年度终了后，按年度实际完成投资额结算，多退少补。项目竣工后，按应征收投资方向调节税的项目及其单位工程的实际完成投资额进行清算，多退少补。

复习思考题、计算题

1. 建筑安装工程（市政工程）费用是如何构成的？

2. 建筑安装工程（市政工程）费用中的直接工程费具体包括哪些内容？如何确定？

3. 建筑安装工程（市政工程）费用中的措施费具体包括哪些内容？如何确定？

4. 建筑安装工程（市政工程）费用中的间接费具体包括哪些内容？如何确定？

5. 建筑安装工程（市政工程）费用中的税金具体包括哪些内容？税率如何确定？

6. 某项目施工过程中，完成某分项工程的时间为32天，动用劳动力54人。基本工资为20元/工日，工资性补助为4元/工日，生产工人辅助工资为6元/工日，职工福利费为2元/工日，生产工人劳动保护费为2元/工日。试计算该分项工程的人工费。

7. 某工程项目施工时，消耗某工程材料300吨。该材料的供应价格为1000元/吨，运杂费为15元/吨，运输损耗率为1%，采购保管费率为2.5%，每吨材料的检验试验费为30元/吨。试计算该材料的费用。

8. 某施工项目的直接费为1200万元，其中直接工程费为800万元，措施费400万元；直接工程费中的人工费为300万元。该项目的安全施工费费率为2%。试计算该施工项目的安全施工费。

9. 某施工项目的直接工程费为600万元，措施费为100万元。按直接费计算的间接费费率为15%，按直接费与间接费之和计算的利润率为2%。试计算该项目的不含税造价。

10. 某施工项目的直接费为800万元，其中人工费和机械费合计为300万元；措施费为150万元。按人工费和机械费之和计算的间接费费率为20%，利润率为5%。计算该项目的不含税造价。

第三章　建设工程工程量清单计价规范

第一节　概　　述

2003 年 2 月 17 日，建设部以 119 号公告批准颁布了国家标准《建设工程工程量清单计价规范》，这是我国进行工程造价管理改革的一个新的里程碑，必将推动工程造价管理改革的深入和管理体制的创新，最终建立由政府宏观调控、市场有序竞争形成工程造价的新机制。

工程量清单计价是建设工程招标投标工作中，由招标人按照国家统一的工程量计算规则提供工程数量，由投标人根据企业定额合理确定人工、材料、施工机械等要素的投入与配置，优化组合，合理控制现场费用和施工技术措施费用，确定投标报价，改变了过去过分依赖国家发布定额的状况，企业根据自身的条件编制出自己的企业定额及市场价格进行自主报价，并按照经专家评审低价中标的工程造价计价模式。

推行工程量清单计价，有利于我国工程造价管理政府职能的转变；有利于规范市场计价行为，促进建设市场有序竞争，规范建设市场秩序；有利于控制建设项目投资，合理利用资源；有利于促进技术进步，提高劳动生产率；有利于提高造价工程师的素质，使其成为懂技术、懂经济、懂管理的全面复合型人才；有利于适应我国加入世界贸易组织和与国际惯例接轨的要求，提高国内建设各方主体参与竞争的意识，全面提高我国工程造价管理水平。

一、实行工程量清单计价的目的、意义

1. 实行工程量清单计价，将改革以工程预算定额为计价依据的计价模式

长期以来，我国招标标底、投标报价以及工程结算均以工程预算定额作为主要依据。1992 年，为了使工程造价管理由静态管理模式逐步转变为动态管理模式以适应建设市场改革的要求，针对工程预算定额编制和使用中存在的问题，提出了“控制量、指导价、竞争费”的改革措施，其主要思路和原则是：将工程预算定额中的人工、材料、机械的消耗量和相应的单价分离，人、材、机的消耗量是国家根据有关规范、标准以及社会的平均水平来确定的，控制量的目的就是保证工程质量；指导价就是要逐步走向市场形成价格。这一措施在我国实行社会主义市场经济初期起到了积极的作用，但随着建设市场化进程的发展，这种做法仍

然难以改变工程预算定额中国家指令性的状况，难以进一步提高竞争意识，难以满足招标投标和评标的要求。因为控制的量反映的是社会平均消耗水平，不能准确地反映各个企业的实际消耗量，不能全面地体现企业技术装备水平、管理水平和劳动生产率，还不能充分体现市场公平竞争。工程量清单计价将改革以工程预算定额为计价依据的计价模式。

2. 实行工程量清单计价，有利于公开、公平、公正竞争

工程造价是工程建设的核心问题，也是建设市场运行的核心内容，建设市场上存在许多不规范行为，大多与工程造价有关。实现建设市场的良性发展除了法律法规和行政监管以外，发挥市场规律中"竞争"和"价格"的作用是治本之策。过去的工程预算定额在工程发包与承包工程计价中调节双方利益，反映市场价格等方面显得滞后，特别是在公开、公平、公正竞争方面，缺乏合理完善的机制。工程量清单计价是市场形成工程造价的主要形式，工程量清单计价有利于发挥企业自主报价的能力，实现政府定价到市场定价的转变；有利于改变招标单位在招标中盲目压价的行为，从而真正体现公开、公平、公正的原则，反映市场经济规律。

3. 实行工程量清单计价，有利于招投标双方合理承担风险，提高管理水平

采用工程量清单计价模式招标投标，对发包单位，由于工程量清单是招标文件的组成部分，招标单位必须编制出准确的工程量清单，并承担相应的风险，促进招标单位提高管理水平；由于工程量清单是公开的，将避免工程招标中的弄虚作假、暗箱操作等不规范行为。对承包企业，采用工程量清单报价，必须对单位工程成本、利润进行分析，统筹考虑，精心选择施工方案，并根据企业的定额合理确定人工、材料、施工机械等要素的投入与配置，优化组合，合理控制现场费用和施工技术措施费用，确定投标价并承担相应的风险。企业必须改变过去过分依赖国家发布定额的状况，根据自身的条件编制出自己的企业定额。

4. 实行工程量清单计价，有利于我国工程造价管理政府职能的转变

为使政府部门真正履行起"经济调节、市场监管、社会管理和公共服务"的职能，政府对工程造价管理的模式要进行相应改变，应推行政府宏观调控、企业自主报价、市场竞争形成价格、社会全面监督的工程造价管理思路。实行工程量清单计价，将有利于我国工程造价管理政府职能的转变，由过去根据政府控制的指令性定额编制工程预算转变为根据工程量清单计价的方法，由过去行政直接干预转变为对工程造价依法监管，有效地强化政府对工程造价的宏观调控。

5. 实行工程量清单计价，有利于我国建筑企业增强国际竞争能力

我国加入世界贸易组织（WTO）后，行业壁垒下降，建设市场将进一步对外开放，国外的建筑企业越来越多地进入我国市场，我国建筑企业走出国门在海外承包的工程项目也在增加。为增强我国建筑企业国际竞争能力，就必须与国际通行的计价方法接轨。工程量清单计价是国际通行的计价做法，只有在我国实行工

程量清单计价，为建设市场主体创造一个与国际惯例接轨的市场竞争环境，才能有利于提高国内建设各方主体参与国际化竞争的能力，有利于提高工程建设的管理水平。

二、《建设工程工程量清单计价规范》编制的指导思想和原则

《建设工程工程量清单计价规范》编制的指导思想是按照政府宏观调控、市场竞争形成价格的要求，创造公平、公正、公开竞争的环境，以建立全国统一的、有序的建筑市场，既要与国际惯例接轨，又考虑我国的实际国情。《建设工程工程量清单计价规范》编制中主要坚持以下原则：

1. 政府宏观调控、企业自主报价、市场竞争形成价格

(1) 政府宏观调控

1) 规定了全部使用国有资金或国有资金投资为主的大中型建设工程要严格执行“计价规范”的有关规定，与招标投标法规定的政府投资要进行公开招标是相适应的；

2) “计价规范”统一了分部分项工程项目名称、计量单位、工程量计算规则、项目编码，为建立全国统一建设市场和规范计价行为提供了依据；

3) “计价规范”，没有人、材、机的消耗量，必然促使企业提高管理水平，引导企业学会编制自己的消耗量定额，增强竞争能力。

(2) 市场竞争形成价格

为使企业自主报价、参与市场竞争，将属于企业能自主选择的施工方法、施工措施和人工、材料、机械的消耗量水平、取费等交由企业来确定，给企业留有充分选择的权利，以促进企业之间的自由竞争，提高企业生产力水平。

由于“计价规范”不规定人工、材料、机械消耗量，为企业报价提供了自主空间，投标企业可以结合自身的生产效率、消耗水平和管理能力与已储备的本企业报价资料，按照“计价规范”规定的原则和方法投标报价。工程造价的最终确定，由承发包双方在市场竞争中按价值规律通过合同确定。

2. 与现行预算定额既有机结合又有所区别的原则

由于预算定额是计划经济的产物，因此有许多方面不适应《建设工程工程量清单计价规范》编制指导思想，主要表现在：

(1) 施工工艺、施工方法是根据大多数企业的施工方法综合取定的；

(2) 工、料、机消耗量是根据“社会平均水平”综合测定的；

(3) 取费标准是根据不同地区平均测算的。

因此企业报价时就会表现为平均主义，企业不能结合自身技术管理水平自主报价，不能充分调动企业加强管理的积极性。

但预算定额是我国几十年工程实践的总结，在项目划分、计量单位、工程量计算规则等方面具有一定的科学性和实用性。《建设工程工程量清单计价规范》

在编制过程中，尽可能多地与定额衔接，但有些方面与工程预算定额还是有所区别的。

3. 既考虑我国工程造价管理的现状，又尽可能与国际惯例接轨的原则

《建设工程工程量清单计价规范》在编制中，既借鉴了世界银行、菲迪克(FIDIC)、英联邦国家以及香港等的一些做法，同时，也结合了我国现阶段的具体情况。如：实体项目的设置方面，就结合了当前按专业设置的一些情况，有关名词尽量沿用国内习惯，如措施项目就是国内的习惯叫法，国外叫开办项目，措施项目的内容就借鉴了部分国外的做法。《建设工程工程量清单计价规范》要根据我国当前工程建设市场发展的形势，逐步解决定额计价中与当前工程建设市场不相适应的因素，以适应我国社会主义市场经济发展的需要，适应与国际接轨的需要，积极稳妥地推行工程量清单计价。

三、《建设工程工程量清单计价规范》内容简介

《建设工程工程量清单计价规范》的主要内容包括：

1. 基本概念

(1) 工程量清单计价方法：是建设工程招标投标中，招标人按照国家统一的工程量计算规则提供工程数量，由投标人依据工程量清单自主报价，并按照经评审低价中标的工程造价计价方式。

(2) 工程量清单：是表现拟建工程的分部分项工程项目、措施项目、其他项目名称和相应数量的明细清单，由招标人按照"计价规范"附录中统一的项目编码、项目名称、计量单位和工程量计算规则进行编制，包括分部分项工程量清单、措施项目清单、其他项目清单。

(3) 工程量清单计价：是指投标人完成由招标人提供的工程量清单所需的全部费用，包括分部分项工程费、措施项目费、其他项目费和规费、税金。

(4) 工程量清单计价采用综合单价计价，综合单价是指完成规定计量单位项目所需的人工费、材料费、机械使用费、管理费、利润，并考虑风险因素。

2.《建设工程工程量清单计价规范》的各章内容

《建设工程工程量清单计价规范》包括正文和附录两大部分，二者具有同等效力。正文共五章，包括总则、术语、工程量清单编制、工程量清单计价、工程量清单及其计价格式等内容，分别就"计价规范"的适用范围、遵循的原则、编制工程量清单应遵循的规则、工程量清单计价活动的规则、工程量清单及其计价格式作了明确规定。

附录包括：附录A建筑工程工程量清单项目及计算规则，附录B装饰装修工程工程量清单项目及计算规则，附录C安装工程工程量清单项目及计算规则，附录D市政工程工程量清单项目及计算规则，附录E园林绿化工程工程量清单项目及计算规则。附录中包括项目编码、项目名称、项目特征、计量单位、工程

量计算规则和工程内容，其中项目编码、项目名称、计量单位、工程量计算规则等四方面内容，要求招标人在编制工程量清单时必须按照全国统一规定执行。

四、《建设工程工程量清单计价规范》的特点

1. 强制性

《建设工程工程量清单计价规范》是由建设主管部门按照强制性国家标准的要求批准颁布，规定全部使用国有资金或国有资金投资为主的大中型建设工程应按计价规范规定执行；同时，明确工程量清单是招标文件的组成部分，并规定了招标人在编制工程量清单时必须遵守的规则，做到四统一，即统一项目编码、统一项目名称、统一计量单位、统一工程量计算规则。

2. 实用性

附录中工程量清单项目及计算规则的项目名称表现的是工程实体项目，项目名称明确清晰，工程量计算规则简洁明了，特别还列有项目特征和工程内容，易于编制工程量清单时确定具体项目名称和投标报价。

3. 竞争性

《建设工程工程量清单计价规范》中的措施项目，在工程量清单中只列"措施项目"一栏，具体采用什么措施，如模板、脚手架、临时设施、施工排水等详细内容由投标人根据企业的施工组织设计，视具体情况报价，因为这些项目在各个企业的施工方案中各有不同，是企业竞争项目，是企业施展才华的空间。

《建设工程工程量清单计价规范》中人工、材料和施工机械没有具体的消耗量，投标企业可以依据企业的定额和市场价格信息，也可以参照建设行政主管部门发布的社会平均消耗量定额进行报价。

4. 通用性

采用工程量清单计价将与国际惯例接轨，实现了工程量计算方法标准化、工程量计算规则统一化、工程造价确定市场化的要求。

第二节　建设工程工程量清单的编制

一、一般规定

1. 工程量清单应由具有编制招标文件能力的招标人，或受其委托具有相应资质的中介机构进行编制。

2. 工程量清单应作为招标文件的组成部分。

3. 工程量清单应由分部分项工程量清单、措施项目清单、其他项目清单组成。

二、分部分项工程量清单的编制

分部分项工程量清单编制应依据 GB50500—2003《建设工程工程量清单计价规范》、招标文件、设计文件、有关的工程施工规范与工程验收规范及拟采用的施工组织设计和施工技术方案等。

分部分项工程量清单的编制应遵循以下规则：

1. 分部分项工程量清单应包括项目编码、项目名称、计量单位和工程数量。

2. 分部分项工程量清单应根据《建设工程工程量清单计价规范》中附录 A 建筑工程工程量清单项目及计算规则、附录 B 装饰装修工程工程量清单项目及计算规则、附录 C 安装工程工程量清单项目及计算规则、附录 D 市政工程工程量清单项目及计算规则、附录 E 园林绿化工程工程量清单项目及计算规则所规定的统一项目编码、项目名称、计量单位和工程量计算规则进行编制。

3. 分部分项工程清单的项目编码，一至九位应按附录 A、附录 B、附录 C、附录 D、附录 E 的规定设置；十至十二位应根据拟建工程的工程量清单项目名称由编制人设置，并应自 001 起顺序编制。

4. 分部分项工程量清单的项目名称应按下列规定确定：

(1) 项目名称应按附录 A、附录 B、附录 C、附录 D、附录 E 的项目名称与项目特征并结合拟建工程的实际确定。

(2) 编制工程量清单时，出现附录 A、附录 B、附录 C、附录 D、附录 E 中未包括的项目，编制人可作相应补充，并应报省、自治区、直辖市工程造价管理机构备案。

5. 分部分项工程清单的计量单位应按附录 A、附录 B、附录 C、附录 D、附录 E 中规定的计量单位确定。

6. 工程量应按下列规定进行计算：

(1) 工程数量应按附录 A、附录 B、附录 C、附录 D、附录 E 中规定的工程量计算规则计算。现摘录附录 D 中的挖土方工程（见表 3-1）。

(2) 工程数量的有效位数应遵守下列规定：

以“t”为单位，应保留小数点后三位数字，第四位四舍五入；

以“m^3”、“m^2”、“m”为单位，应保留小数点后两位数字，第三位四舍五入；

以“个”、“项”等为单位，应取整数。

三、措施项目清单的编制

措施项目清单的编制应依据拟建工程的施工组织设计、拟建工程的施工技术方案、与拟建工程相关的工程施工规范与工程验收规范、招标文件及设计文件等。

挖土方（表 D.1.1）（编码：040101） **表 3-1**

项目编码	项目名称	项目特征	计量单位	工程量计算规则	工程内容
040101001	挖一般土方	1. 土壤类别 2. 挖土深度	m^3	按设计图示开挖线以体积计算	1. 土方开挖 2. 围护、支撑 3. 场内运输 4. 平整、夯实
040101002	挖沟槽土方			原地面线以下按构筑物最大水平投影面积乘以挖土深度（原地面平均标高至槽坑底高度）以体积计算	
040101003	挖基坑土方			原地面线以下按构筑物最大水平投影面积乘以挖土深度（原地面平均标高至坑底高度）以体积计算	
040101004	竖井挖土方			按设计图示尺寸以体积计算	1. 土方开挖 2. 围护、支撑 3. 场内运输
040101005	暗挖土方	土的类别		按设计图示断面乘以长度以体积计算	1. 土方开挖 2. 围护、支撑 3. 洞内运输 4. 场内运输
040101006	挖淤泥	挖淤泥深度		按设计图示的位置及界限以体积计算	1. 挖淤泥 2. 场内运输

措施项目清单应根据拟建工程的具体情况，参照表 3-2 列项。措施项目清单的设置，首先要参考拟建工程的施工组织设计，以确定环境保护、文明安全施工、材料的二次搬运等项目。其次参阅施工技术方案，以确定夜间施工、大型机具进出场及安拆、混凝土模板与支架、脚手架、施工排水降水、垂直运输机械、组装平台、大型机具使用等项目。参阅相关的施工规范与工程验收规范，可以确定施工技术方案没有表述的，但是为了实现施工规范与工程验收规范要求而必须发生的技术措施。招标文件中提出的某些必须通过一定的技术措施才能实现的要求。设计文件中一些不足以写进技术方案的但是要通过一定的技术措施才能实现的内容。

编制措施项目清单，出现表 3-2 未列的项目，编制人可作补充。

措施项目一览表　　　**表 3-2**

序　号	项　　目　　名　　称
	1　通用项目
1.1	环境保护
1.2	文明施工
1.3	安全施工
1.4	临时设施
1.5	夜间施工
1.6	二次搬运
1.7	大型机械设备进出场及安拆
1.8	混凝土、钢筋混凝土模板及支架
1.9	脚手架
1.10	已完工程及设备保护
1.11	施工排水、降水
	2　建筑工程
2.1	垂直运输机械
	3　装饰装修工程
3.1	垂直运输机械
3.2	室内空气污染测试
	4　安装工程
4.1	组装平台
4.2	设备、管道施工的安全、防冻和焊接保护措施
4.3	压力容器和高压管道的检验
4.4	焦炉施工大棚
4.5	焦炉烘炉、热态工程
4.6	管道安装后的充气保护措施
4.7	隧道内施工的通风、供水、供气、供电、照明及通信设施
4.8	现场施工围栏
4.9	长输管道临时水工保护设施
4.10	长输管道施工便道
4.11	长输管道跨越或穿越施工措施
4.12	长输管道地下穿越地上建筑物的保护措施
4.13	长输管道工程施工队伍调遣
4.14	格架式抱杆
	5　市政工程
5.1	围堰
5.2	筑岛
5.3	现场施工围栏
5.4	便道
5.5	便桥
5.6	洞内施工的通风、供水、供气、供电、照明及通信设施
5.7	驳岸块石清理

四、其他项目清单的编制

根据拟建工程的具体情况，其他项目清单由招标人部分、投标人部分等两部分组成，其中招标人部分包括预留金、材料购置费；投标人部分包括总承包服务费、零星工作项目费等。

预留金，主要是为可能发生的工程量变更而预留的金额。这里的工程量的变更主要是指工程量清单漏项或有误而引起的工程量的增加以及施工中的设计变更引起的建设标准提高或工程量的增加等。材料购置费，是指在招标文件中规定的，由招标人采购的拟建工程材料的购置费。这两项费用均应由清单编制人根据业主意图和拟建工程实际情况计算出金额并填制表格。

招标人部分可增加新的列项。例如，由于某分项工程或单位工程专业性较强，必须由专业队伍施工，即可增加指定分包工程费，费用金额应通过向专业队伍询价（或招标）取得。

零星工作项目表应根据拟建工程的具体情况，详细列出人工、材料、机械的名称、计量单位和相应数量，并随工程量清单发至投标人。

零星工作项目中的工、料、机计量，要根据工程的复杂程度、工程设计质量的优劣，以及工程项目设计的成熟程度等因素来确定其数量。一般工程以人工计量为基础，按人工消耗总量的1%取值即可。材料消耗主要是辅助材料消耗，按不同专业工人消耗材料类别列项，按工人日消耗量计入。机械列项和计量，除了考虑人工因素外，还要参考各单位工程机械消耗的种类，可按机械消耗总量的1%取值。

五、工程量清单格式

1. 工程量清单应采用统一格式。工程量清单格式应由下列内容组成：

（1）封面；

（2）填表须知；

（3）总说明；

（4）分部分项工程量清单；

（5）措施项目清单；

（6）其他项目清单；

（7）零星工作项目表。

2. 工程量清单格式的填写规定如下：

（1）工程量清单应由招标人填写。

（2）填表须知除本规范内容外，招标人可根据具体情况进行补充。

（3）总说明应按下列内容填写：

1）工程概况：建设规模、工程特征、计划工期、施工现场实际情况、交通运输情况、自然地理条件、环境保护要求等；

2）工程招标和分包范围；

3）工程量清单编制依据；

4）工程质量、材料、施工等的特殊要求；

5）招标人自行采购材料的名称、规格型号、数量等；

6）预留金、自行采购材料的金额数量；

7）其他需说明的问题。

第三节　建设工程工程量清单计价

实行工程量清单计价招标投标的建设工程，其招标标底、投标报价的编制、合同价款确定与调整、工程结算均应按本规范执行。

一、一般规定

1. 工程量清单计价应包括按招标文件规定、完成工程量清单所列项目的全部费用，包括分部分项工程费、措施项目费、其他项目费和规费、税金。

2. 工程量清单应采用综合单价计价。综合单价包括除规费、税金以外的全部费用。

3. 分部分项工程量清单的综合单价，应根据本规范规定的综合单价组成，按设计文件或参照附录 A、附录 B、附录 C、附录 D、附录 E 中的“工程内容”确定。不得包括招标人自行采购材料的价款。

分部分项工程量清单为不可调整的闭口清单，投标人对招标文件提供的分部分项工程量清单必须逐一计价，对清单所列内容不允许作任何更改变动。投标人如果认为清单内容有不妥或遗漏，只能通过质疑的方式由清单编制人作统一的修改更正，并将修正后的工程量清单发往所有投标人。

4. 措施项目清单的金额，应根据拟建工程的施工方案或施工组织设计，参照本规范规定的综合单价组成确定。投标人可以根据本企业的实际情况增加措施项目内容并报价。

措施项目清单为可调整清单，投标人对招标文件中所列项目，可根据企业自身特点作适当的变更增减。投标人要对拟建工程可能发生的措施项目和措施费用作通盘考虑，清单计价一经报出，即被认为是包括了所有应该发生的措施项目的全部费用。如果报出的清单中没有列项，且施工中又必须发生的项目，业主有权认为，其已经综合在分部分项工程量清单的综合单价中。将来措施项目发生时投标人不得以任何借口提出索赔与调整。

5. 其他项目清单的金额应按下列规定确定：

(1) 招标人部分的金额可按估算金额确定。

预留金的计算，应根据设计文件的深度、设计质量的高低、拟建工程的成熟程度来确定其额度。设计深度深，设计质量高，已经成熟的工程设计，一般预留工程总造价的3%～5%即可。在初步设计阶段，工程设计不成熟的，最少要预留工程总造价的10%～15%。

材料购置费可按下式进行计算：

$$材料购置费 = \Sigma(业主供材料量 \times 到场价) + 采购保管费$$

(2) 投标人部分的总承包服务费应根据招标人提出要求所发生的费用确定，零星工作项目费应根据“零星工作项目计价表”确定。零星工作项目的综合单价应参照规范规定的综合单价组成填写。

其他项目清单中的预留金、材料购置费和零星工作项目费，均为估算、预测数量，虽在投标时计入投标人的报价中，但不应视为投标人所有。竣工结算时，应按承包人实际完成的工作内容结算，剩余部分仍归招标人所有。

其他项目清单中招标人填写的内容随招标文件发至投标人或标底编制人，其项目、数量、金额等投标人或标底编制人不得随意改动。由投标人填写部分的零星工作项目表中，招标人填写的项目与数量，投标人不得随意更改，且必须进行报价。如果不报价，招标人有权认为投标人就未报价内容要无偿为自己服务。当投标人认为招标人列项不全时，投标人可自行增加列项并确定本项目的工程数量及计价。

二、招标标底的编制

招标工程如设标底，标底应根据招标文件中的工程量清单和有关要求、施工现场实际情况、合理的施工方法以及按照省、自治区、直辖市建设行政主管部门制定的有关工程造价计价办法进行编制。

三、投标报价

应根据招标文件中的工程量清单和有关要求、施工现场实际情况及拟定的施工方案或施工组织设计，依据企业定额和市场价格信息，或参照建设行政主管部门发布的社会平均消耗量定额进行编制。

投标人的报价应在满足招标文件要求的前提下实行人工、材料、机械消耗量自定、价格费用自选、全面竞争、自主报价的方式。

四、工程量变更调整

1. 合同中综合单价因工程量变更需调整时，除合同另有约定外，应按照下列办法确定：

(1) 工程量清单漏项或设计变更引起新的工程量清单项目，其相应综合单价由承包人提出，经发包人确认后作为结算的依据。

(2) 由于工程量清单的工程数量有误或设计变更引起工程量增减，属合同约定幅度以内的，应执行原有的综合单价；属合同约定幅度以外的，其增加部分的工程量或减少后剩余部分的工程量的综合单价由承包人提出，经发包人确认后作为结算的依据。

2. 由于工程量的变更，且实际发生了除第1条规定以外的费用损失，承包人可提出索赔要求，与发包人协商确认后给予补偿。

五、工程量清单计价格式

工程量清单计价应采用统一格式。工程量清单计价格式应随招标文件发至投标人。工程量清单计价格式应由下列内容组成：

(1) 封面；

(2) 投标总价；

(3) 工程项目总价表；

(4) 单项工程费汇总表；

(5) 单位工程费汇总表；

(6) 分部分项工程量清单计价表；

(7) 措施项目清单计价表；

(8) 其他项目清单计价表；

(9) 零星工作项目计价表；

(10) 分部分项工程量清单综合单价分析表；

(11) 措施项目费分析表；

(12) 主要材料价格表。

工程量清单计价的示例参见本教材第八章。

复 习 思 考 题

1.《建设工程工程量清单计价规范》编制的指导思想和原则是什么？如何理解？

2.《建设工程工程量清单计价规范》的主要内容有哪些？

3.《建设工程工程量清单计价规范》具有什么特点？如何理解？

4. 编制分部分项工程量清单时应遵循什么规则？

5. 措施项目清单编制的依据包括哪些内容？如何应用？

6. 其他项目清单的内容是什么？编制时有哪些规定？

7. 什么是综合单价？它包括哪些内容？

8. 如何理解“分部分项工程量清单为不可调整的闭口清单”？

9. 如何理解“措施项目清单为可调整清单”？

10. 其他项目清单中的项目金额如何确定？

11. 使用工程量清单计价，当工程量出现变更时，如何进行调整？

第四章　建设工程消耗量定额

工程消耗量定额，是指完成单位合格建筑安装工程产品所消耗的工时、材料和机械台班的数量标准。定额水平与当时的生产力的水平有着密切的关系。它与一定时期工人操作技术水平，机械化程度，新材料、新技术的应用程度，企业的管理水平和职工的劳动积极性有关。定额水平不是一成不变，而是随着社会生产力的发展而提高的。定额的制定，是按当时的平均先进水平确定的。也就是说，在相同的生产条件下，大多数人员经过努力可以达到，部分人员可以超过，而少数人员则低于定额水平的标准。工程定额除了规定生产要素消耗的数量标准外，也对工作内容、质量标准、生产方式、安全要求和适用范围作出了规定。

第一节　建设工程定额概述

一、定额的由来

19世纪末，当时美国资本主义发展正处于上升时期，工业发展速度很快，但是企业管理仍然采用传统的凭经验管理的方法，因而劳动生产率很低，许多工厂的生产能力得不到充分的发挥（只有少数工厂能达到生产能力的60%）。在这种背景下，美国工程师泰罗（1856~1915），开始了企业管理的研究，目的主要是解决如何提高工人的劳动效率。

为了提高工人的劳动效率，泰罗把对工作时间的研究放在十分重要的地位。他着重从工人的操作上研究工时的科学利用。为此，他把工作时间分成若干组成部分，并利用马表来测定工人完成各组成部分所需要的时间，以便制定出工作定额作为衡量工人工作效率的尺度。

泰罗不仅对工作时间进行了科学研究，他还十分重视研究工人的操作方法。他对人在劳动中的机械动作，逐一地分析其合理性，以便消除那些多余的无效的动作，制定出最能节约工作时间的操作方法。为了减少工时消耗，泰罗还对工具和设备进行了研究。这样，就把制定工时定额建立在合理操作的基础上。

制定科学的工时定额，实行标准的操作方法，采用有差别的计件工资，这就是泰罗制的主要内容。所有这些给企业管理带来了根本的变革和深远的影响。因而泰罗被尊为“科学管理之父”。

继泰罗制之后，企业管理又有许多新的发展，对于定额的制定也有许多新的研究。1945年提出了所谓事前工时定额制定标准。采用这种事前工时定额制定标准，可以在新工艺投产之前，选择最好的工艺设计和最有效的操作方法；也可以在原有的基础上改进作业方法，提高操作技术，以达到降低单位产品工时消耗的目的。

20世纪40年代到60年代出现的管理科学，实际是泰罗制的继续和发展。一方面管理科学从操作方法、作业水平的研究向科学组织的研究上扩展；另一方面它利用了现代自然科学和技术科学的新成果，将运筹学、系统工程、电子计算机等科学技术手段应用于科学管理之中。与此同时，又出现了行为科学（包括工效学、工时学、方法研究、工作衡量等），它从社会学、心理学的角度研究管理，强调重视社会环境、人的相互关系对提高工效的影响。70年代产生的系统理论，把管理科学和行为科学结合起来，从事物的整体出发进行研究。它通过对企业中的人、物和环境等要素进行系统全面的分析研究，以实现管理的最优化。

尽管管理科学发展到现在的高度，但是它仍然离不开定额。因为定额给企业提供可靠的基本管理数据，也是科学管理企业的基础和必备条件，它在企业的现代化管理中一直占着重要的地位。无论是在研究工作中还是在实际工作中，都必须重视工作时间和操作方法的研究，都必须重视定额的制定。

建国以来，我国在国民经济各部门广泛地制定和利用了各种定额，它们在发展我国建设事业中已经发挥了应有的作用，建设工程定额就是其中的一个种类，它同其他定额一样，为加强建筑安装企业的经营管理，发挥了重要的作用。

二、工程定额的体系及分类

我国自建国以来，建筑安装行业发展很快，在经营生产管理中，各类标准工程定额是核算工程成本，确定工程造价的基本依据。这些工程定额经过多次修订，已经形成一个由全国统一定额、地方估价表、行业定额、企业定额等组成的较完整的定额体系，属于工程经济标准化范畴。

工程定额的种类很多，但不论何种定额，其包含的生产要素是共同的，即：人工、材料和机械三要素。

工程定额可按不同的标准进行划分。

1.按照生产要素分为劳动定额（也称工时定额或人工定额）、材料消耗定额、机械使用台班定额。

2.按照定额的测定对象和用途分为施工定额、预算定额、概算定额。

(1) 施工定额，以同一性质的施工过程为测定对象，表示某一施工过程中的人工、主要材料和机械消耗量。它以工序定额为基础综合而成，在施工企业中，用来编制班组作业计划，签发工程任务单，限额领料卡以及结算计件工资或超额奖励，材料节约奖等。施工定额是企业内部经济核算的依据，也是编制预算定额的基础。

施工定额中，只有劳动定额部分比较完整，目前还没有一套全国统一的包括人工、材料、机械的完整的施工定额。

(2) 预算定额，是以工程中的分项工程，即在施工图纸上和工程实体上都可以区分开的产品为测定对象，其内容包括人工、材料和机械台班使用量三个部分。经过计价后，可编制单位估价表。它是编制施工图预算（设计预算）的依据，也是编制概算定额、概算指标的基础。预算定额在施工企业被广泛用于编制施工准备计划，编制工程材料预算，确定工程造价，考核企业内部各类经济指标等。因此，预算定额是用途最广泛的一种定额。

(3) 概算定额，是预算定额的合并与归纳，用于在初步设计深度条件下，编制设计概算，控制设计项目总造价，评定投资效果和优化设计方案。

3. 按制定单位和执行范围分为：

(1) 全国统一定额，由国务院有关部门制定和颁发的定额。它不分地区，全国适用。

(2) 地方估价表，是由各省、自治区、直辖市在国家统一指导下，结合本地区特点编制的定额，只在本地区范围内执行。

(3) 行业定额，是由各行业结合本行业特点，在国家统一指导下编制的具有较强行业或专业特点的定额，一般只在本行业内部使用。

(4) 企业定额，是由企业自行编制，只限于本企业内部使用的定额，如施工企业及附属的加工厂、车间编制的用于企业内部管理、成本核算、投标报价的定额，以及对外实行独立经济核算的单位如预制混凝土和金属结构厂、大型机械化施工公司、机械租赁站等编制的不纳入建筑安装工程定额系列之内的定额标准、出厂价格、机械台班租赁价格等。

(5) 临时定额，也称一次性定额，它是因上述定额中缺项而又实际发生的新项目而编制的。一般由施工企业提出测定资料，与建设单位或设计单位协商议定，只作为一次使用，并同时报主管部门备查，以后陆续遇到此类项目时，经过总结和分析，往往成为补充或修订正式统一定额的基本资料。

上述各个定额之间的关系如图 4-1 所示。

三、定额的地位和作用

建国后，我国于 1957 年由原国家建委颁发了第一部建筑安装工程定额《全国统一建筑工程预算定额》。我国的建筑安装工程定额是社会主义计划经济下的产物，长期以来，在我国计划经济体制中发挥了重要作用。

1. 建筑安装工程定额是完成规定计量单位分项工程计价所需的人工、材料、施工机械台班的消耗量标准

由于经济实体受各自的生产条件包括企业的工人素质、技术装备、管理水平、经济实力的影响，其完成某项特定工程所消耗的人力、物力和财力资源存在着差别。企业技术装备低、工人素质低、管理水平差的企业，在特定工程上消耗

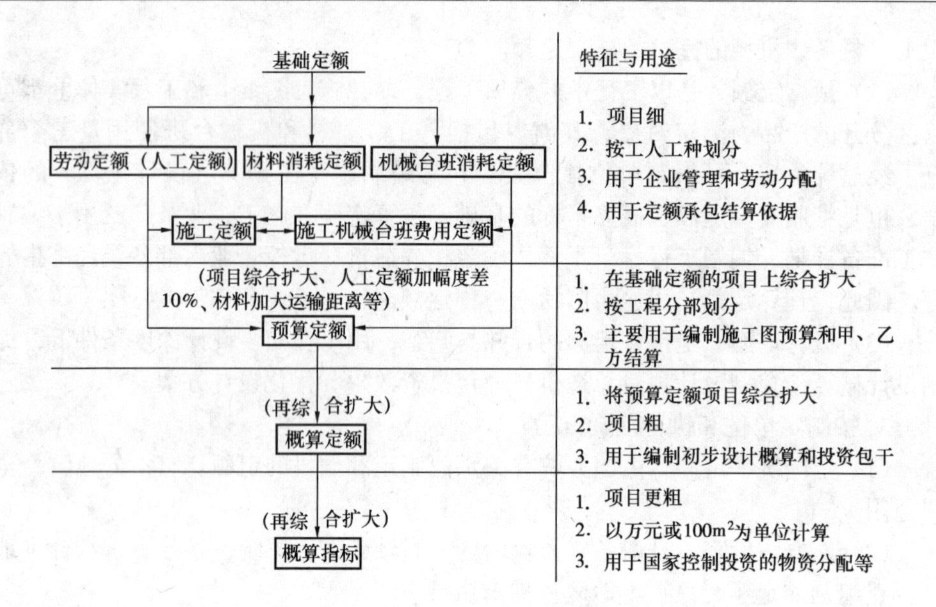

图 4-1　建设工程定额的构成

的活劳动（人力）和物化劳动（物力和财力）就高，凝结在工程中的个别价值就高；反之，企业技术装备好、工人素质高、管理水平高的企业，在特定工程上消耗的活劳动和物化劳动就少，凝结在工程中的个别价值就低。鉴上所述，个别劳动之间存在着差异，所以有必要制定一个一般消耗量的标准，这就是定额。定额中人工、材料、施工机械台班的消耗量是在正常施工状态下的社会平均消耗量标准。这个标准有利于鞭策落后，鼓励先进，对社会经济发展具有推动作用。

2. 建筑安装工程定额是编制工程量计算规则、项目划分、计量单位的依据。

定额制定出以后，它的使用必须遵循一定的规则。在众多规则中，工程量计算规则是一项很重要的规则。而工程量计算规则的编制，必须依据定额进行。工程量计算规则的确定、项目划分、计量单位，以及计算方法都必须依据定额。

3. 建筑安装工程定额是编制建安工程地区单位估价表的的依据

单位估价表是根据定额编制的建安工程费用计价的依据。建安工程地区单位估价表的编制过程就是根据定额规定消耗的各类资源（人、材、机）的消耗量乘以该地区基期资源价格，然后分类汇总的过程。人们在习惯上往往将“地区单位估价表”称之为“地区定额”。如：将“全国统一安装工程预算定额山东省估价表”称为“山东省安装工程预算定额”，可见单位估价表实质上是“量”和“价”结合的一种定额。

4. 建筑安装工程定额是编制施工图预算、招标工程标底，以及确定工程造价的依据

定额的制定，其主要目的就是为了计价。在我国处于计划经济时代，施工图预算、招投标标底及投标报价书的编制，以及工程造价的确定，主要是依据工程

所在地的单位估价表（定额的另一种形式）和行业定额来制定。

我国现阶段还处于市场经济的初期阶段，市场经济还不发达，许多有利于市场竞争的计价规则还有待于制定、完善和推广。因此，我国现阶段以及以后较长阶段内还将把定额计价作为主要计价模式之一。

5. 建筑安装工程定额是编制投资估算指标的基础

为一个拟建工程项目进行可行性研究的经济评价工作，其基础是该项工程的建设总投资和产品的工厂成本。因此，正确地估算总投资是一个重要的关键。建设项目投资估算的一种重要的方法是利用估算指标编制建设项目投资额。

估算指标是一种比概算指标更为扩大的单位工程指标或单项工程指标。编制方法是采用有代表性的单位或单项工程的实际资料，采用现行的概、预算定额编制概、预算，或收集有关工程的施工图预算或结算资料，经过修正、调整，反复综合平衡，以单项工程（装置、车间）或工段（区域、单位工程）为扩大单位，以“量”和“价”相结合的形式，用货币来反映活劳动和物化劳动。

6. 建筑安装工程定额是企业进行投标报价和进行成本核算的基础

投标报价的过程是一个计价、分析、平衡的过程。成本核算是一个计价、对比、分析、查找原因、制定措施并实施的过程。投标报价和进行成本核算的一项重要工作就是“计价”，而计价的重要依据之一就是“定额”，所以定额是企业进行投标报价和进行成本核算的基础。

四、制定定额的原则

1. 平均先进的原则

定额水平，应该反映在正常条件下的生产技术水平和管理组织水平，体现大多数人员经过努力能够达到的平均先进合理的原则。既要反映多项先进经验和成果，又要从实际出发，全面分析各种可行因素和不可行因素。只有这样才能调动广大职工的积极性，提高劳动生产率，降低工、料和施工机械的消耗，保证工程较好地完成。

2. 简明、适用、粗细适当的原则

由于计算工程量的工作量大小与定额项目划分的繁简有着密切的关系，因此在编制定额、划分定额项目时，要求贯彻简明、适用、准确的原则，做到项目齐全、计算简单、使用方便，从而全面发挥定额的作用。

定额的粗细与定额项目的多少有关，由于建设工程产品千差万别，定额的项目处理更加复杂。正确解决定额粗细关系，必须服从适用性，不具有适用性，简明和粗细都是毫无意义的。要使定额粗细适当，必须保持定额为施工生产、投标和分配服务，力求做到简而全面，细而不繁，使用方便。

定额的编制和贯彻都离不开群众，所以编制定额必须走群众路线。专职定额机构和专职定额人员要和群众结合，调查讨论，贯彻以专为主、专群结合原则，才能保证定额的质量。

五、企业定额

工程量清单计价是一种与市场经济相适应的，由承包单位自主报价，通过市场竞争确定价格，与国际惯例接轨的计价模式。工程量清单计价要求由投资方业主根据设计要求，按统一编码、统一名称、统一计量单位、统一工程量计算规则，在招标文件中明确需要施工的建设项目分部分项工程的数量；参加投标的承包商根据招标文件的要求、施工项目的工程数量，按照本企业的施工水平、技术及机械装备力量、管理水平、设备材料的进货渠道和所掌握的价格情况及对利润追求的程度计算出总造价，对招标文件中的工程量清单进行报价。同一个建设项目，同样的工程数量，各投标单位以各企业内部定额为基础所报的价格不同，这反映了企业之间个别成本的差异，也是企业之间整体竞争实力的体现。为了适应工程量清单报价法的需要，各建筑施工企业内部定额的建立已势在必行。

企业定额，是由企业自行编制，只限于本企业内部使用的定额，包括企业及附属的加工厂、车间编制的定额，以及具有经营性质的定额标准、出厂价格、机械台班租赁价格等。

1. 企业定额的性质及作用

(1) 企业定额的性质

企业定额是施工企业根据本企业的施工技术和管理水平，以及有关工程造价资料制定的，并供本企业使用的人工、材料和机械台班消耗量标准，供企业内部进行经营管理、成本核算和投标报价的企业内部文件。

(2) 企业定额的作用

企业定额是企业直接参与生产的工人在合理的施工组织和正常条件下，为完成单位合格产品或完成一定量的工作所耗用的人工、材料和机械台班使用量的标准数量。企业定额不仅能反映企业的劳动生产率和技术装备水平，同时也是衡量企业管理水平的标尺，是企业加强集约经营、精细管理的前提和主要手段，其主要作用有：

1) 是编制施工组织设计和施工作业计划的依据；

2) 是企业内部编制施工预算的统一标准，也是加强项目成本管理和主要经济指标考核的基础；

3) 是向施工队和施工班组下达施工任务书和限额领料、计算施工工时和工人劳动报酬的依据；

4) 是企业走向市场参与竞争，加强工程成本管理，进行投标报价的主要依据。

2. 企业定额的构成

企业定额的编制应根据自身的特点，遵循简单、明了、准确、适用的原则。

企业定额的构成及表现形式因企业的性质不同、取得资料的详细程度不同、编制的目的不同、编制的方法不同而不同。其构成及表现形式主要有以下几种：

（1）企业劳动定额；

（2）企业材料消耗定额；

（3）企业机械台班使用定额；

（4）企业施工定额；

（5）企业定额估价表；

（6）企业定额标准；

（7）企业产品出厂价格；

（8）企业机械台班租赁价格。

3. 企业定额的编制

企业定额的确定实际就是企业定额的编制过程。企业定额的编制过程是一个系统而又复杂的过程，一般要经过搜集资料、调查、分析、测算和研究，拟定编制企业定额的工作方案与计划，编制定额初稿，评审修改及定稿、刊发、组织实施等步骤。

企业定额指标的确定方法参见本章第二节、第三节和第四节中的内容。

4. 企业定额的使用方法

企业定额的种类很多，表现形式多种多样，其在企业中所起的作用不同，使用方法也不同。企业定额在企业投标报价过程中的应用，要把握以下几点：

（1）最适用于投标报价的企业定额模式是企业定额估价表。但是作为定额，都是在一定的条件下编制的，都具有普遍性和综合性，定额反映的水平是一种平均水平，企业定额也不例外，只不过企业定额的普遍性和综合性只反映在本企业之内，企业定额水平是企业内部的一种平均先进水平。所以，利用企业定额投标报价时，必须充分认识这一点，具体问题具体分析，个别工程个别对待。

（2）利用企业定额进行工程量清单报价时，应对定额包括的工作内容与工程量清单所综合的工程内容进行比较，口径一致时方可套用，否则应对定额进行调整。

（3）定额是一个时期的产物，定额代表的劳动生产率水平和各种价格水平均具有时效性。所以，对不再具有时效的定额不能直接使用。

（4）应对定额使用的范围进行确定，不能超出其使用范围使用定额。

第二节　人工消耗定额（劳动定额）

一、劳动定额的含义

劳动定额又称人工定额，是指在合理的劳动组织和正常的施工条件下，完成合格单位产品所必须消耗的劳动时间，或在一定的劳动时间中所生产合格产品数量。如挖 $1m^3$ 土，浇筑 $1m^3$ 混凝土所需要的劳动时间，或一个工日（8 小时）完成的挖土量或浇筑的混凝土数量。

劳动定额有全国统一劳动定额、地区劳动定额和企业劳动定额三种。全国统一劳动定额，是综合全国建筑安装企业的生产水平，并在全国范围内执行。地区劳动定额，是参考全国统一劳动定额的水平，结合本地区的特点而制定，只适应在本地区范围内执行。企业劳动定额，是在参考国家或地区劳动定额的基础上，根据本企业的实际情况编制的，只适用于本企业。

二、劳动定额表示形式

劳动定额的表示形式可分为时间定额和产量定额两种。

(1) 时间定额，就是在合理的劳动组织与正常施工条件下，规定某专业工种技术等级的工人班组或个人，完成质量合格的单位产品所必须的工作时间（工日）。时间定额以工日为单位，每一工日按 8 小时计算，其计算方法如下：

$$\text{单位产品时间定额(工日)} = \frac{1}{\text{每工产量}} \tag{4-1}$$

(2) 产量定额，就是在合理的劳动组织与正常施工条件下，规定某专业工种技术等级的工人班组或个人在单位时间内完成质量合格的产品数量。

产量定额的计算单位，通常以物理或自然计算单位表示，如立方米、平方米、吨、千克、块、个、根等。其计算方法如下：

$$\text{每工产量} = \frac{1}{\text{单位产品时间定额（工日）}} \tag{4-2}$$

时间定额与产量定额是互成倒数的关系。

(3) 单项定额，是指完成单位产品消耗于某一工种（或工序）的工作时间或在单位时间内完成某一工种（或工序）产品的数量。

(4) 综合定额，就是完成同一产品的各单项（或工序）定额的综合。其计算方法如下：

$$\text{综合时间定额（工日）} = \text{各单项时间定额的总和} \tag{4-3}$$

$$\text{综合产量定额} = \frac{1}{\text{综合时间定额（工日）}} \tag{4-4}$$

三、劳动定额的制定

1. 制定劳动定额的依据

(1) 国家权力机关颁发的施工及验收规范和现行的《建筑安装工程质量检查验收标准》。

(2) 国家权力机关颁发的《建筑安装工人技术等级标准》。

(3) 国家权力机关颁发的《建筑安装工人安全技术操作规程》及其他有关安全生产规定。

(4) 现行的统一劳动定额和有关资料。

2. 劳动定额制定基本方法

(1) 经验估工法

一般是根据老工人、施工技术人员和定额员的实践经验，并参照有关的技术资料，通过座谈、讨论分析和综合计算确定。这种制定方法工作过程较少，工作量较小，简便易行。但是其准确程度在很大程度上决定于参加估工人员的经验，有一定的局限性。要使制定定额更符合实际情况，应根据同类的现行定额工时消耗作一些必要的综合分析比较确定。

(2) 统计分析法

根据一定时期内实际生产中工作时间消耗和产品完成数量的统计（如施工任务单、考勤报表及其他有关的统计资料）和原始记录，经过整理，结合当前的组织技术和生产条件，分析对比来制定。这种方法更能反映实际情况，比较简便易行。但是运用这种方法，往往在统计资料中不可避免地包含着施工生产与组织管理中一些不合理的因素，以致影响定额的准确性。为了减少不合理因素的影响，就必须进一步采取有力措施，健全和提高定额资料统计工作质量与分析工作，选择有代表性的一般水平的施工队组统计资料分析。

(3) 技术测定法

技术测定法是根据先进合理的技术条件和组织条件，对施工过程各工序工作时间的各个组成部分，进行工作日写实、观察测时，分别测定每一工序的工时消耗，然后通过对测定的资料进行分析计算并参考以往数据确定时间定额的方法。这是一种典型的调查工作方法。通过测定可以获得制定定额的工作时间所消耗的全部资料，有比较充分的依据，准确程度较高，是一种比较科学的方法。

运用技术测定法制定定额时，要密切结合本企业的实际情况（生产特点、设备情况以及工人的技术水平和熟练程度），在做好思想工作的前提下，应广泛听取群众意见，防止通过单纯的计算和测定来制定定额。

(4) 比较类推法

比较类推法是根据同类型项目和相似项目的定额进行对比分析类推而制定劳动定额的方法。

【例 4-1】 已知挖地槽的一类土时间定额及二、三、四类土的劳动消耗量比例如表 4-1 所示。试计算挖二、三、四类土的时间定额。

【解】 按下式计算挖二、三、四类土在相应条件下的时间定额：

土方工程定额标准技术比例数据 **表 4-1**

挖地槽	深度 1.5m 以内 上口宽度 1.5m 以内			
	一类土	二类土	三类土	四类土
耗工时比例	1	1.43	2.5	3.75
时间定额	0.144	(0.206)	(0.360)	(0.540)

$$t = P \times t_0$$

式中 t——需计算项目的时间定额；

P——需计算项目耗工时比例；

t_0——典型定额项目的时间定额。

挖二类土的时间定额为：$t = 1.43 \times 0.144 = 0.206$（工日/$m^3$）

同理，挖三类土、四类土的时间定额分别为 0.360、0.540（工日/m^3），并填于表中。

3. 劳动定额消耗时间的确定

定额产生于平均合理的原则。劳动定额的制定过程，也是定额项目工作时间消耗的研究与分析、从准备到结束的全过程。因此在制定定额之前，必须对施工过程进行深入的了解和研究，确定必要而合理的操作程序。施工过程因其使用工具、设备和机械化程度等不同，而分为手工操作、机械手工并动及机械施工等。

制定劳动定额是把施工生产过程分解成若干工序、操作、动作，同时分析每一个施工生产工序的合理性和必要性，把完成每一动作、操作和工作所需要的时间消耗记录下来，累计起来，就可确定整个工序或整个施工生产过程消耗的时间，再加上其必要的准备、结束和不可避免的中断时间及休息时间，便可最后确定该项目定额时间。

通常在制定劳动定额时，只把施工生产过程分解到工序为止。对于分解操作动作，在建筑施工企业中不常用，因为建筑企业不同于机械和电器工业，建筑施工生产劳动操作和动作不是那么固定和机械，多数属于露天作业，受气候、环境、机具和材料等影响。

制定劳动定额时，时间定额只考虑为完成施工过程所必须消耗的工作时间，及合理的不可避免的中断时间和休息时间，以求定额的合理性。工人工作时间分析如图 4-2 所示。

工人工作时间——是工作班的延续时间（午间休息不包括在工作时间之内）。如 8 小时的工作班，工作时间就是 8 小时。

定额时间——是指工人完成施工生产任务所必须消耗的时间。包括基本工作时间、准备与结束时间、辅助工作时间、工人必须休息时间和不可避免的中断时间。

非定额时间——是指工人在施工生产过程中，由于其他外来原因，如停电、停水、事故等，而造成停工损失时间，称非定额时间，不应包括在定额中。

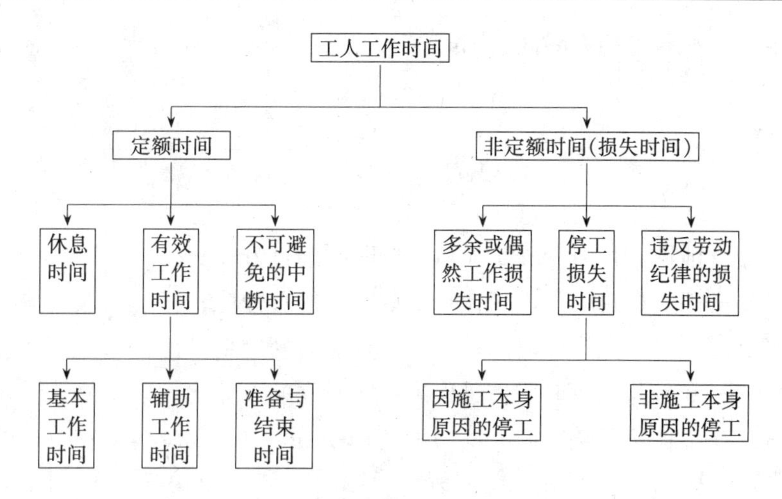

图 4-2 工人工作时间分析

基本工作时间——是实测记录单位产品和施工生产每道工序消耗的时间，再经综合计算而得。

$$t_{基} = t_1 + t_2 + t_3 \cdots + t_n \tag{4-5}$$

式中 $t_{基}$——基本工作时间；

$t_1 \sim t_n$——每道工序消耗时间。

准备与结束时间——一般按工作班延续时间（8 小时）的百分数来确定，约占 2% ~ 4.5%。

辅助工作时间——一般按实测记录计算，也有按工作班延续时间（8 小时）的百分数计算，约占 7% ~ 12%。根据定额项目具体情况确定。

工人休息时间——一般按工作班延续时间（8 小时）的百分数计算。轻体力劳动约占 3% ~ 5%；中等体力劳动约占 5% ~ 9%；重体力劳动约占 10% ~ 15%；特殊工作，如沥青工作等约占 25%。

不可避免中断时间——工人在施工生产过程中，因技术操作或工人自身的需要而引起的施工生产中断。这不可避免中断时间，一般也按工作班延续时间的百分数计算，约占 3% ~ 5%。

定额时间的计算公式为：

$$T = t_{基} + t_{辅} + t_{休} + t_{断} + t_{准} \tag{4-6}$$

式中 $t_{基}$——基本工作时间（min）；

$t_{辅}$——辅助工作时间（min）；

$t_{休}$——工人休息时间（min）；

$t_{断}$——不可避免中断时间（min）；

$t_{准}$——准备与结束时间（min）。

或

$$T = \frac{t_{基}}{8 \times 60[1 - (t_{辅}\% + t_{休}\% + t_{断}\% + t_{准}\%)]} \quad (4\text{-}7)$$

式中 $t_{基}$——基本工作时间（min）；

$t_{辅}\%$——辅助工作时间占工作班延续时间的百分比；

$t_{休}\%$——工人休息时间占工作班延续时间的百分比；

$t_{断}\%$——不可避免中断时间占工作班延续时间的百分比；

$t_{准}\%$——准备与结束时间占工作班延续时间的百分比；

8×60——工作班延续时间 8 h，每小时 60min。

【例题 4-2】 在确定某工作的劳动定额时，测得的基本工作时间为 140 分钟；依据有关资料确定准备与结束时间占工作时间的 6%，工人休息时间占工作时间的 12%，不可避免中断时间占工作班延续时间的 4%。试计算该工作的时间定额。

【解】 时间定额 $= \frac{140}{8\times60\ [1-(6\%+12\%+4\%)]} = \frac{140}{374.4} = 0.37$（工日）

或 时间定额 $= \frac{140}{(1-22\%)} = 179.487$（工分）$= 0.37$（工日）

四、企业招标投标过程中人工工日消耗量的计算

企业在招标投标过程中可以采用分析法确定人工工日消耗量。这种方法多数用于施工图阶段，以及扩大的初步设计阶段的招标。

分析法计算工程用工量，最准确的计算是依据投标人企业内部的企业定额，若是施工企业没有自己的企业定额时，其计价行为是以现行的概预算定额为计价依据并进行适当调整，可按下列公式计算：

$$DC = R \cdot K \quad (4\text{-}8)$$

式中 DC——人工工日数；

R——用国内现行的概、预算定额计算出的人工工日数；

K——人工工日折算系数。

人工工日折算系数，是通过对本企业施工工人的实际操作水平、技术装备、管理水平等因素进行综合评定，计算出的生产工人劳动生产率与概、预算定额水平的比率来确定，计算公式如下：

$$K = V_q / V_0 \quad (4\text{-}9)$$

式中 K——人工工日折算系数；

V_q——完成某项工程本企业应消耗的工日数；

V_0——完成同项工程概预算定额消耗的工日数。

投标人应根据自己企业的特点和招标书的具体要求灵活掌握，可分别按不同专业计算多个“K”值。

五、劳动定额的作用

劳动定额是为建筑施工企业的施工生产和分配服务。正确地贯彻执行劳动定额，对促进加强企业管理、推动生产和增加经济效益起着重要作用。

1. 劳动定额是建筑施工企业内部组织生产，编制施工作业计划和施工组织设计（或方案）的依据。

2. 劳动定额是提高劳动生产率，贯彻按劳分配，签发施工任务书，计算超额奖或计件工资的依据。

3. 劳动定额是施工企业实行内部经济核算，考核工效或实行定额承包计算人工的依据。

4. 劳动定额是施工企业编制计算定员的依据。

总之，劳动定额是施工企业管理工作中不可缺少的部分。以定额作为计酬标准，实行按劳计酬，这对提高企业管理水平，增加企业的经济效益有着十分重要的现实意义。

第三节 材料消耗定额

一、材料消耗定额的含义

材料消耗定额是指在合理使用材料的条件下，生产质量合格的单位产品所必须消耗的材料数量。它包括材料的净用量和必要的施工生产工艺性损耗数量。

材料消耗工艺定额是指产品在生产过程中，按照施工生产工艺技术要求，从取料到产品完成为止，全部生产过程中所发生的材料消耗。

材料消耗定额，根据施工生产材料消耗工艺要求，分为直接性材料消耗和周转性材料消耗两类。

直接性材料消耗是指工程或生产需要直接用于构成产品实体，而不再取走或再次利用的材料消耗。例如：混凝土中的水泥、砂、石子、水等。

周转性材料消耗是指为直接性材料消耗工艺服务的材料消耗。例如：混凝土模板、脚手架及挡土板等。但由于主要周转材料的费用已被列入措施费之中，所以本章将不再研究周转性材料消耗量确定的问题，其费用计算可以参考教材第二章中的相关内容。

二、直接性消耗材料消耗量的确定

材料消耗定额是指在合理使用材料的条件下，完成单位合格产品所必须消耗的材料数量。它包括产品净消耗量与损耗量两部分。前者是产品本身所必须占有的材料数量，后者是生产工艺材料损耗量，包括操作损耗和场内运输损耗。

材料损耗量与材料消耗量之百分比，称为材料损耗率。其相互关系如下：

$$损耗率 = \frac{损耗量}{消耗量} \times 100\% \tag{4-10}$$

$$损耗量 = 消耗量 - 净用量 \tag{4-11}$$

$$净用量 = 消耗量 - 损耗量 \tag{4-12}$$

$$消耗量 = \frac{净用量}{1 - 损耗率} \tag{4-13}$$

三、确定材料消耗定额的方法

确定材料消耗定额，常用下列四种方法。

1. 观测法

指在合理使用材料的条件下，对施工生产过程进行观察并测定完成产品的数量与材料消耗的数量，通过计算来确定材料消耗定额的方法。采用这种方法，首先要选择观察对象。被观察对象应符合下列要求：

(1) 建筑结构应典型；

(2) 施工应符合技术规范要求；

(3) 材料品种和质量应符合设计要求；

(4) 被测定的工人应节约使用材料并保证产品质量。

其次要做好观察前的准备工作。如：准备好标准桶、标准运输工具、称量设备等。

在现场实际观测施工过程中，主要是确定材料损耗量，所以在观察中要注意区别哪些是可以避免的损耗，哪些是不可避免的损耗。然后通过分析讨论与计算，确定正常情况下大多数企业可以达到的材料消耗标准。

2. 试验法

指在试验室通过专门的仪器设备来确定材料消耗量的定额数量的方法。由于试验室比施工现场工作条件好，所取得的数据详细精确，但是用试验法确定消耗定额时，要考虑施工现场某些影响材料消耗的因素。

3. 统计法

指根据分部分项工程材料的发退料数量和完成产品数量，进行统计和计算来编制材料消耗定额的方法。这种方法比较简单易行，不需要组织专人测定或试验，但要注意统计资料的真实性和系统性，统计对象也应认真选择，统计资料要进行分析研究，以便尽可能提高所制定定额的精确程度。

4. 计算法

指用理论计算确定材料消耗的定额数量的方法。采用此方法，需对有关工程结构进行研究，对材料的特性和规格、施工方法和图纸的要求熟悉了解。可用理论计算并结合其他方法来确定。

上述四种方法，随着材料对象不同，可采用一种或两种方法结合使用。例如现成制品材料（门窗五金、卫生设备用品及零配件、装配式构件等）用理论计算法。施工时需要加工的材料（木材、玻璃、屋面铁皮及卷材等）用理论计算法和观测法结合确定。按体积计算的松散材料，可用统计计算法和观测法结合确定。塑性材料和液体材料可用观测法和试验法结合确定。

第四节　机械台班定额

一、机械台班定额的含义

机械台班定额又称机械台班使用定额，它包含着机械台班人工配合定额（属劳动定额）和机械台班产量定额两种。

机械台班人工配合定额是指在正常的施工条件下，完成合格单位产品所消耗的机械台班同必须配合的工人数量和在工人配合下单位时间内完成合格产品的数量。

机械台班产量定额是指在正常的施工条件下，每台班完成合格单位产品的数量。

二、机械台班定额的表现形式

1. 机械台班人工配合定额是指机械台班配合用工部分，即机械台班劳动定额。它的表现形式，分为机械台班工人配合小组成员时间定额和台班产量定额。

机械台班工人配合小组成员时间定额是指在正常的施工条件下，完成合格单位产品所消耗的机械台班与配合工人工作时间，通常以“工日”为单位。

工人配合台班产量定额是指在正常的施工条件下，配合机械工人在单位时间内完成合格产品的数量。它以产品的计量单位为单位，它与小组成员工日数的总和不互为倒数。

定额表现形式：

单位产品时间定额(工日) = 小组成员工日数的总和/台班产量　(4-14)

台班产量（工人配合） = 小组成员工日数的总和/单位产品时间定额（工日）　(4-15)

【例题 4-3】　用 6t 塔式起重机吊装构件的工作由 1 名司机、7 名起重工和 2 名电焊工组成的劳动小组完成，已知机械的时间定额为 0.025（台班/块）。求机械台班产量定额、人工时间定额？

【解】
$$机械台班产量定额=\frac{10}{0.25}=40\ （块/台班）$$
$$人工时间定额=\frac{10}{40}=0.25\ （工日/块）$$

2. 机械本身台班定额的表示形式分为机械使用时间定额和机械台班产量定额。

机械台班时间定额是在正常的施工条件下，完成合格单位产品所需消耗机械的使用时间，通常以“台班”、“台时”为单位。

机械台班产量定额是指在正常的施工条件下，在单位时间内完成合格产品数量。它以产品的计量单位为单位，它与机械使用时间定额互为倒数。

三、机械台班定额的制定

1. 制定机械台班定额的一般做法

机械台班时间定额一般只考虑为完成机械施工任务过程所必须消耗的工作时间，而不包括损失时间。因此，必须对工作时间的组成进行分析，考虑合理的不可避免的中断时间和休息时间，以求定额的合理性。机械工作时间分析图表如图4-3所示。

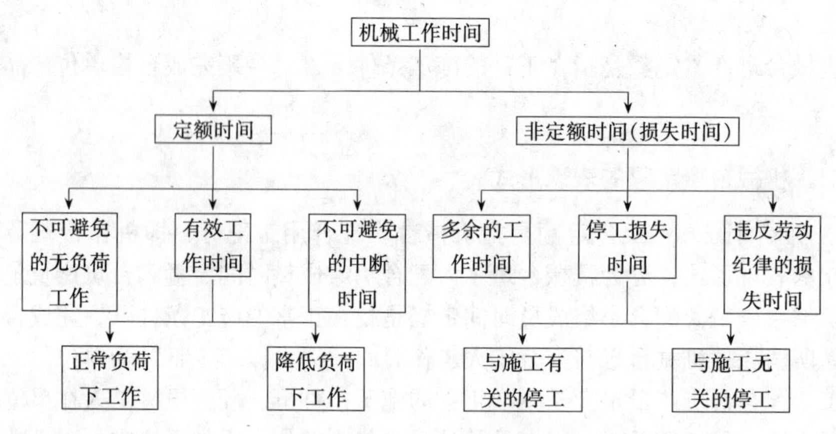

图4-3　机械工作时间分析图

2. 机械台班定额的编制

施工定额的机械台班定额部分，主要是依据《全国建筑安装工程统一劳动定额》和预算定额机械台班定额部分，结合本单位机械技术经济定额情况，根据施工定额项目的工作内容进行编制，个别项目由于机械和操作方法不同，故水平出入较大，经过测定可以适当调整。缺项部分另行补充。

编制施工机械定额的特点，反映在拟定机械工作的正常条件，确定机械正常生产率，拟定机械正常工作班状况，以及计算机械的时间定额和产量定额等各个方面。

（1）工作地点的准备。工作地点是机械化工作过程正常条件的重要内容。拟定工作地点的准备，应在保证产品质量的前提下，达到最高的劳动生产率，应使工人在正常的劳动条件下，能最合理地使用材料、工具设备和自己的工作时间，应使机械和操纵机械的工人不作过多的转移，不使机械运转和工人操作受到阻碍。机器的开关和操纵装置应尽可能加以集中，并装设在操纵机器工人的近旁。

（2）拟定正常的工人编制。使用施工机械进行工作的工人主要有两类。一类是操纵机械和维护机械的工人，如机械工、汽车司机等；另一类是直接参加机械化施工过程的其他工人，如混凝土搅拌机装料的工人。确定第一类工人人数较为简便。例如，汽车只需一名司机驾驶，操纵混凝土搅拌机的也只需一名司机。但是如果由机械化工作队进行施工，这类工人的人数还可能减少。确定第二类工人人数有两种情况：一种是在循环动作的机械上从事送料和取下完工产品工作的工人人数，应根据计时观察确定，或者根据经验资料确定。另一种是在连续动作的机械上进行工作的工人，其正常的工人编制，应根据机械纯工作1小时的正常生产和装卸材料的时间定额确定。

（3）确定机械正常生产率。确定机械正常生产率时，对循环动作的机械和连续动作的机械需要采取不同的方法。

所谓循环动作的机械，是定期地连续重复着固定的一套同样次序的工作与非工作的组成部分。这种工作与非工作的组成部分，即称为机械的循环组成部分。属于这种机械的有挖土机、起重机、混凝土搅拌机等。

连续动作的机械，在工作中只做某一动作，如转动、行进、摆动等。属于这种机械的有：皮带运输机、碎石机、连续动作的灰浆搅拌机、洗石机等。

确定循环机械正常生产率时，首先要计算机械1小时纯工作的正常生产率。所谓机械纯工作1小时的正常生产率，就是在正常施工组织条件下，由具有操作机械所必需的知识和技能的技术工人驾驶机械，该机械在1小时内应有的生产率。循环机械1小时纯工作的正常生产率，等于机械在1小时纯工作时间内的正常循环次数，乘以该机械在一次循环中所生产的产品数量。那么要知道机械在1小时纯工作时间中循环次数，必须先了解该机械循环一次的正常延续时间。机械循环一次的正常延续时间，是循环的各组成部分的正常延续时间之和。

具体来说，确定循环动作机械1小时纯工作的正常生产率的步骤是：

1）将计时观察所得的延续时间和根据机械说明书计算出来的延续时间，进行比较分析，确定出循环组成部分的延续时间，或者根据技术规范、技术操作规程，确定循环组成部分的延续时间。

2）将各组成部分的延续时间相加，求出整个循环的正常延续时间。但应注意将各组成部分之间的交叠时间减去。

1小时纯工作时间的正常循环次数 = 60 × 60/循环一次的延续时间

3）计算循环机械1小时纯工作的正常生产率

1小时纯工作的正常生产率＝机械在1小时纯工作时间内的循环次数
×每循环一次的产量

【例题4-4】　塔式起重机吊装楼板至三层楼，每次吊装一块，求纯工作1小时的正常生产率?

【解】　分三步求解:

每一循环的各组成部分延续时间如下:

挂钩时的停车	52s
将楼板送至12米高度	34s
起重机回转悬臂	38s
将楼板放于安装地点	33s
摘钩时的停车	48s
回转悬臂放下吊索以便再次提升	63s
总计	268s

纯工作1小时应完成提升次数（循环次数）为:

60×60/268＝13.4（次）

纯工作1小时的正常生产率为:

13.4×1＝13.4（块楼板）

连续运转的机械，其纯工作1小时的正常生产率，决定于机器的种类和工作过程的特点。

当机械的1小时纯工作的正常生产率是根据机械的结构特征确定的时候，只需首先确定工作时间内的产品数量，然后将产品数量除以工作时间（小时），即可得到所求的机械1小时纯工作的正常生产率。如多斗挖土机、斗式提升机、连续动作的搅拌机等。但是在多数情况下，由于工作条件不同，对于这类机械需要确定若干个每小时的正常生产率。挖土机需根据土的类别不同，碎石机需根据石块的硬度和颗粒度不同，分别确定不同的生产率指标。

对于那些不易确定其正常生产率的机械，其每小时纯工作的正常生产率的确定，应根据计时观察资料和专门研究来确定。

(4) 确定机械正常时间利用系数。拟定机械工作班的正常状况，确定机械的正常时间利用系数，是编制机械定额的又一重要特点。

要达到最合理地利用工作时间，提高机械生产率，在拟定机械工作班的正常状况时，要结合机械使用特点，处理好以下几个问题:

1）维护和保养机械的辅助性工作，应尽可能利用不可避免的中断时间，或者利用工作开始前或结束后的时间进行。

2）如果机械工作的产品（如混凝土）需及时使用，则应使机械最后一批产品在全部施工结束前用完。

3）为使用机器的工人规定不同的工作开始和结束时间。

4）尽可能利用不可避免的中断时间，作为工人休息时间。

确定工作班正常时间利用系数时，应规定出工作开始与结束时间，机械开动所需时间，机械有效工作的开始与结束时间，与机械维护有关的工作起止时间和延续时间。然后据以确定出工作班内机械的正常时间利用系数，其计算式为：

机械时间利用系数＝班内纯工作时间/工作班的延续时间

例如在8小时工作班内，纯工作时间为7小时，那么，工作班内机械的正常时间利用系数应为：

$$利用系数 = 7/8 = 0.875$$

工作班内机械的正常利用系数与机械生产率有密切关系。利用系数越高，机械在单位时间中的产量越高，也就是说花在单位产品上的时间就越少。一般利用系数：推土机0.85，铲运机0.75，挖土机和自卸车0.8，搅拌机0.875。

确定机械工作正常条件、机械纯工作1小时正常生产率，最好用计时观察法检查一下，看一看所规定的机械生产率和机械正常时间利用系数的正常性，并在必要时加以修正，然后再着手编制机械工作过程的定额。

（5）确定机械台班定额。编制机械工作过程的定额，其方法是将拟定的机械正常生产率，乘以工作班纯工作时间，即求得机械台班的产量定额。

【例题4-5】　400L的混凝土搅拌机，正常生产率是每小时6.95m^3混凝土，工作班内实际工作时间是7.2h，求机械台班产量定额、机械时间利用系数和单位产品时间定额。

【解】　机械台班产量为：

$$6.95 \times 7.2 = 50m^3$$

机械使用时间正常系数为7.2/8＝0.9

每立方米混凝土时间定额为：

$$1/50 = 0.02（台班）$$

第五节　单位估价表

一、单位估价表的概念和组成内容

工程单位估价表，亦称工程单价表，它是确定定额计量单位分项工程产品直接工程费用的文件，是用货币形式表示的，完成定额计量单位的分项工程产品消耗和补偿的一种价值表。具体而言，它是消耗量定额中每一分项工程或结构构件的单价表。其组成内容主要有三部分：

1. 完成该分项工程所需消耗的人工、材料和施工机械的实物数量；

2. 该分项工程消耗的人工、材料和施工机械的价格，即相应的人工工日单价、材料价格和施工机械台班使用费；

3. 该分项工程的单价，即将定额规定的人工、材料、施工机械台班消耗量与相应的人工、材料、施工机械台班价格相乘，计算出分项工程的人工费、材料费和施工机械台班使用费，然后将这三项费用加总而成。

单位估价表实际上是消耗量定额在某时期、某地区量和价的综合表现形式，可直接用于确定工程造价。

二、单位估价表的分类

单位估价表按其编制依据、编制对象等的不同，可作如下分类：

1. 按工程性质划分为建筑工程单位估价表，安装工程单位估价表，市政工程单位估价表，园林绿化工程单位估价表等；

2. 按编制对象划分个别工程单位估价表，企业定额单位估价表，地区单位估价表。

三、单位估价表的编制方法

各类单位估价表的编制原理和方法基本上是相同的，即以某消耗量定额、某一时期某个地区的人工工资、材料价格及机械台班价格计算出的以货币形式表示的定额计量单位分项工程产品的直接工程费价值表。具体计算公式如下：

$$定额单价 = 人工费 + 材料费 + 机械使用费 \tag{4-16}$$

其中　人工费——Σ（定额工日数×相应等级日工资标准）；

材料费——Σ（定额材料消耗量×相应的材料价格）；

机械使用费——Σ（定额机械台班消耗量×相应的施工机械台班价格）。

四、单位估价表的应用

计算工程造价时，用分部分项工程的工程量乘以相应的定额计量单位分部分项工程单价，即可计算出分部分项工程直接工程费。

如果使用定额计价方法或工料单价法，则将计算出的分部分项工程直接工程费汇总，计算出单位工程直接工程费。然后按照规定的方法计取其他各项费用。

如果使用综合单价法，则在计算出的每个分部分项工程直接工程费的基础上，按照取定的费率计算管理费和利润，即可计算出该分部分项工程的综合单价。

复习思考题、计算题

1. 工程消耗量定额的概念是什么？定额水平受哪些因素的影响？
2. 如何对工程定额进行分类？各个定额之间的关系如何理解？
3. 建设工程定额的作用表现在哪些方面？
4. 建设工程定额的制定应遵循什么原则？

5. 什么是企业定额？企业定额的性质和作用是什么？它包括哪些内容？如何使用？

6. 劳动定额的概念及其表现形式是什么？其作用表现在哪些方面？

7. 制定劳动定额的方法有哪些？

8. 生产工人的工作时间是如何构成的？如何确定劳动定额的时间消耗？

9. 某工序生产单位合格产品所需的基本工作时间（净工作时间）为328min，不可避免中断时间为21min，休息时间为工作班延续时间的7%，辅助工作时间为9%，准备与结束时间为4%。试计算其时间定额。

10. 企业招标投标过程中使用的人工工日折算系数受哪些因素的影响？

11. 材料消耗定额的概念是什么？如何分类？

12. 确定材料消耗定额的方法有哪些？如何应用？

13. 施工机械台班定额的概念是什么？

14. 施工机械的工作时间是如何构成的？制定施工机械台班定额时应考虑哪些时间？

15. 已知某挖土机挖土的一个工作循环需2分钟，每循环一次挖土0.5m^3，工作班的延续时间为8小时，时间利用系数$K=0.85$，计算其产量定额。

16. 某施工机械的台班产量为500m^3，与之配合的工人小组有4人，则人工时间定额是多少？

17. 什么是单位估价表？单位估价表包括哪些内容？其编制方法是什么？如何应用？

第五章　建筑安装工程工程量计算规则

第一节　安装工程概述

一、安装工程工程量清单的主要内容

按不同的专业和不同的工程对象，《建设工程工程量清单计价规范》附录C将安装工程项目划分为13个分部工程，共1140个清单项目，具体情况如下：

附录C.1机械设备安装工程：包括切削锻造、起重电梯、输送、风机、泵类、压缩机、工业炉、煤气发生设备等安装工程，共121个清单项目。

附录C.2电气设备安装工程：包括10kV以下的变配电设备、控制设备、低压电器、蓄电池等安装，电机检查接线及调试，防雷及接地装置，10kV以下的配电线路架设、动力及照明的配管配线、电缆敷设、照明器具安装等共126个清单项目。

附录C.3热力设备安装工程：包括发电用中压锅炉及附属设备安装及炉体，汽轮发电机及附属设备安装，还包括煤场机械设备，水力冲渣、冲灰设备，化学水处理系统设备，低压锅炉及附属设备安装，共90个清单项目。

附录C.4炉窑砌筑工程：包括专业炉窑和一般工业炉窑的砌筑等共21个清单项目。

附录C.5静置设备与工艺金属结构制作安装工程：包括容器、塔器、换热器、反应器等静置设备的制作、安装，化学工业炉制作、安装，各类罐（拱顶、浮顶、金属油罐）、球形罐组对安装，气柜制作、安装，联合平台、桁架、管廊、设备框架等工艺金属结构制作、安装，共48个清单项目。

附录C.6工业管道工程：包括低、中、高压管道，管件、法兰，阀门安装，板卷管（含管件）制作、安装，管材表面及焊缝无损探伤等共123个清单项目。

附录C.7消防工程：包括水灭火系统、气体灭火系统、泡沫灭火系统、火灾自动报警系统安装等共52个清单项目。

附录C.8给排水、采暖、燃气工程：包括给排水、采暖、燃气管道及管道附件安装，卫生、供暖、燃气器具安装等共86个清单项目。

附录C.9通风空调工程：包括通风空调设备及部件制作、安装，通风管道及部件制作、安装等共44个清单项目。

附录 C.10 自动化控制仪表安装工程：包括过程检测、控制仪表安装，集中检测、监视与控制仪表安装，工业计算机安装与调试，仪表管路敷设，工厂通讯及供电等共 68 个清单项目。

附录 C.11 通信设备及线路工程：包括通信设备、通信线路安装，通信布线，移动通信设备安装等共 270 个清单项目。

附录 C.12 建筑智能化系统设备安装工程：包括通讯系统安装、计算机网络系统设备安装、楼宇小区多表远传系统、自控系统安装、有线电视系统、停车场管理系统、楼宇安全防范系统安装等共 68 个清单项目。

附录 C.13 长距离输送管道工程：包括管沟土石方挖填、管道敷设、管道穿越（跨越）等共 23 个清单项目。

二、适用范围

安装工程工程量清单主要适用于工业与民用建筑（含公用建筑）的给排水、采暖、通风空调、电气、照明、通信、智能等设备，管线的安装工程和一般机械设备安装工程量清单的编制与计价。不适用于专业专用设备安装工程量清单的编制计价。

三、章节划分的原则

按“清单计价规范”的编写要求，清单计价既要与国际惯例接轨，又要兼顾中国的工程造价管理工作的具体现状，因此章节的划分与设置原则，是要充分考虑到全国统一安装工程预算定额在我国实施了二十多年，已形成了一些习惯做法的现实，为此《建设工程工程量清单计价规范》附录 C 将全国统一安装工程预算定额的册作为章，把“定额”的章作为本附录的节。做到了按不同的专业设置章，又按不同的功能划分节，这样“规范”的操作性增强。既符合国际通用做法（FIDIC）——按不同功能分类列出清单项目，又能达到从业人员在较短的时间里与国际通用做法接轨的目的。

本附录除 C.13 长距离输送管道的土（石）方工程外，凡涉及到电缆沟、电杆坑、管沟及井类的土石方开挖、垫层、基础、砌筑、抹灰、地井盖板预制安装、回填、运输、路面开挖及修复、管道支墩等，应按附录 A 中相关项目列项和计量。

同时在附录 C 的各章中，对各章之间的共用项目的交叉使用问题作出了说明。

四、清单项目设置

1. 清单项目设置的原则

项目的设置或划分是以形成工程实体为原则，它也是计量的前提。因此项目名称均以工程实体命名。所谓实体是指形成生产或工艺作用的主要实体部分，对附属或次要部分均不设置项目。项目必须包括完成或形成实体部分的全部内容。如工业管道安装工程项目，实体部分指管道，完成这个项目还包括：防腐刷油、绝热保温、管道脱脂、酸洗、试压、探伤检查等。刷油漆、保温层及保护壳也是实体，但对管道安装而言，它们就是附属的次要项目了，只能在综合单价中考虑，而不另列项计价。脱脂、酸洗、试压等不构成实体更不需列项单计，只在综合单价中考虑。

但也有个别工程项目，既不能形成实体，又不能综合在某一个实物量中。如消防系统的调试、自动控制仪表工程、采暖工程、通风工程的系统调试项目，它们是多台设备、组件由网络（指管线）连接、组成一个系统，在设备安装的最后阶段，根据工艺要求，进行参数整定，标准测试调整，以达到系统运行前的验收要求。它是某些设备安装工程不可或缺的一个内容，没有这个过程便无法验收。因此，规范对系统调试项目，均作为工程量清单项目单列。

项目设置的另一个原则是不能重复，完全相同的项目，只能相加后列一项，用同一编码，即一个项目只有一个编码，只有一个对应的综合单价。项目名称全国统一是本规范要求四个统一的第二个统一。

2. 项目特征

项目特征是用来表述项目名称的，它明显（直接）影响实体自身价值（或价格），如材质、规格等，还有体现工艺不同（或称施工方法不同）或安装的位置不同也影响该项目的价格，都必须表述在项目名称的前面或后面。以管道安装为例，项目名称必须表述材质是碳钢管还是不锈钢钢管，管径是 $\phi5$ 还是 $\phi50$；电气配线工程是铜导线还是铝导线，是 2.5mm^2，还是 4mm^2。

施工方法不同时也要表述，如管道安装是螺纹连接还是焊接，电气配管是暗配还是明配，电缆敷设的位置是支架上，还是地沟埋设等都将影响安装价格。即使是同一规格、同一材质，安装工艺或安装位置不一样时，也需分别设置项目和编码。

在项目特征一栏中，很多以“名称”作为特征。此处的名称系指形成的实体的名称，而项目名称不一定是实体的本名，而是同类实体的统称，在设置具体清单项目时，就要用该实体的本名称。如编码 030204031，其项目名称为“小电器”安装，小电器是这个项目的统称，它包括：按钮、照明开关、插座、电笛、电铃、电风扇、水位电气信号装置、测量表计、继电器、电磁锁、小型安全变压器等等。还有没写到的，这么多的小电器不可能每个都列上，都设一个编码，只有放在一起，取名“小电器”。在设置清单项目时，就要按具体的名称设置，并表述其特征，如型号、规格……且各自编码。项目名称与项目特征中的名称不矛盾，特征中的名称是对项目名称的具体表述，是不可缺少的。

3. 工程内容

工程内容是清单项目计价的基础，工程内容列项是工程量清单编制的主要工作。清单设置时应避免工程内容的漏项或重复，准确的工程内容列项是清单计价准确的保证。清单项目所综合工程内容能够通过主项按设计要求或工艺要求计算出工程量的，应标明设计要求或工艺要求；如果主项工程量与综合工程内容工程量不对应，在列综合项时还要列出综合工程内容的工程量。

安装工程的实体往往是由多个工程综合而成的，因此对各清单可能发生的工程项目均作了提示并列在“工程内容”一栏内，供清单编制人对项目描述时参考。对清单项目的描述很重要，它是报价人计算综合单价的主要依据。以低压管道安装为例，030601001 低压有缝钢管安装，此项的“工程内容”有：①管道安装；②套管制作、安装；③压力试验；④系统吹扫；⑤系统清洗；⑥脱脂；⑦除锈刷油、防腐；⑧绝热及保护层安装、除锈刷油。

如果是一般的车间工业用水管道安装，按施工及验收规范只需完成工程内容中的①安装，②套管制作、安装，③压力试验，⑦除锈、刷油。所以清单项目只描述工程内容中的①、②、③、⑦，而报价人也针对①、②、③、⑦内容报价，对工程内容中的④、⑤、⑥、⑧都不予考虑。

如果发生了附录工程内容中没有列到的，在清单项目描述中应予以补充，绝不可以附录中没有为理由不予描述。描述不清容易引发投标人报价（综合单价）内容不一致，给评标带来困难。

五、工程量计算规则

安装工程清单项目的工程量计算规则与《全国统一安装工程预算工程量计算规则》有着原则上的区别。清单项目的计量原则是以实体安装就位的净尺寸计算，这与国际通用做法（FIDIC）是一致的。而预算工程量的计算在净值的基础上，加上人为规定的预留量，这个量随施工方法、措施的不同也在变化。因此这种规定限制了竞争的范围，这与市场机制是背离的，它是典型的计划经济体制下的计算规则。

附录按国际惯例，工程量的计量单位均采用基本单位计量：

长度计量采用“m”为单位；

面积计量采用“m^2”为单位；

重量计量采用“kg”为单位；

体积和容积采用“m^3”为单位；

自然计量单位有台、套、个、组……。

由于安装工程清单项目众多，因此本教材将重点介绍与建筑工程联系密切的建筑安装工程项目，具体包括：

1. 附录 C.2 电气设备安装工程中的防雷及接地装置，10kV 以下的配电线路架设、动力及照明的配管配线、电缆敷设、照明器具安装等；

2. 附录 C.7 消防工程中的水灭火系统、火灾自动报警系统安装等项目；

3. 附录 C.8 给排水、采暖、燃气工程中的给排水、采暖、燃气管道及管道附件安装，卫生、供暖、燃气器具安装等项目；

4. 附录 C.9 通风空调工程中的通风空调设备及部件制作、安装，通风管道及部件制作、安装等项目；

5. 附录 C.12 建筑智能化系统设备安装工程中的通讯系统安装、计算机网络系统设备安装、有线电视系统、楼宇安全防范系统安装等项目。

第二节　电气设备安装工程（附录 C.2）

《建设工程工程量清单计价规范》的“附录 C.2 电气设备安装工程”共设置了 12 节 126 个清单项目。包括变压器、配电装置、母线及绝缘子、控制设备及低压电器、蓄电池、电机检查接线与调试、滑触线装置、电缆、防雷接地装置、10kV 以下架空及配电线路、电器调整试验、配管及配线、照明器具（包括路灯）等安装工程。适用于工业与民用建设工程中 10kV 以下变配电设备及线路安装工程量清单编制与计量。

一、防雷及接地装置（附录 C.2.9）

1. 本节内容包括接地装置和避雷装置的安装。接地装置安装包括生产、生活用的安全接地、防静电接地、保护接地等一切接地装置的安装。避雷装置包括建筑物、构筑物、金属塔器等防雷装置，由受雷体、引下线、接地干线、接地极组成一个系统。适用于上述接地装置和防雷装置的工程量清单的编制与计量。

2. 清单项目的设置与计算规则

工程量清单项目设置及工程量计算规则，应按表 5-1（表 C.2.9）的规定执行。

3. 相关说明

(1) 利用桩基础作接地极时，应描述桩台下桩的根数，每桩几根柱筋需焊接。其工程量可计入柱引下线的工程量中一并计算。

(2) 利用柱筋作引下线的，一定要描述是几根柱筋焊接作为引下线。

(3)“项”的单价，要包括特征和“工程内容”中所有的各项费用之和。

二、10kV 以下架空配电线路（附录 C.2.10）

1. 本节内容包括 10kV 以下架空配电线路工程量清单项目，包括电杆组立、导线架设两大部分项目。

2. 清单项目设置与工程量计算规则

工程量清单项目设置及工程量计算规则，应按表 5-2（表 C.2.10）的规定执行。

防雷及接地装置（编码：030209）　**表 5-1**

项目编码	项目名称	项目特征	计量单位	工程量计算规则	工程内容
030209001	接地装置	1. 接地母线材质、规格 2. 接地极材质、规格	项	按设计图示尺寸以长度计算	1. 接地极（板）制作、安装 2. 接地母线敷设 3. 换土或化学处理 4. 接地跨接线 5. 构架接地
030209002	避雷装置	1. 受雷体名称、材质、规格、技术要求（安装部位） 2. 引下线材质、规格、技术要求（引下线形式） 3. 接地极材质、规格、技术要求 4. 接地母线材质、规格、技术要求 5. 均压环材质、规格、技术要求	项	按设计图示数量计算	1. 避雷针（网）制作、安装 2. 引下线敷设、断接卡子制作、安装 3. 拉线制作、安装 4. 接地极（板、桩）制作、安装 5. 极间连线 6. 油漆（防腐） 7. 换土或化学处理 8. 钢铝窗接地 9. 均压环敷设 10. 柱主筋与圈梁焊接
030209003	半导体少长针消雷装置	1. 型号 2. 高度	套	按设计图示数量计算	安装

10kV 以下架空配电线路（编码：030210）　**表 5-2**

项目编码	项目名称	项目特征	计量单位	工程量计算规则	工程内容
030210001	电杆组立	1. 材质 2. 规格 3. 类型 4. 地形	根	投设计图示数量计算	1. 工地运输 2. 土（石）方挖填 3. 底盘、拉盘、卡盘安装 4. 木电杆防腐 5. 电杆组立 6. 横担安装 7. 拉线制作、安装
030210002	导线架设	1. 型号（材质） 2. 规格 3. 地形	km	按设计图示尺寸以长度计算	1. 导线架设 2. 导线跨越及进户线架设 3. 进户横担安装

3. 相关说明

(1) 杆坑挖填土清单项目按附录A的规定设置、编码。

(2) 杆上变配电设备项目按附录C.2.1、附录C.2.2、附录C.2.3相关项目的规定度量与计量。

(3) 在需要时，对杆坑的土质情况、沿途地形予以描述。

(4) 架空线路的各种预留长度，按设计要求或施工及验收规范规定的长度计算在综合单价内。

三、电气调整试验（附录C.2.11）

1. 本节内容包括电气调整试验清单项目，包括电力变压器系统、送配电装置系统、特殊保护装置（距离保护、高频保护、失灵保护、失磁保护、交流器断线保护、小电流接地保护）、自动投入装置、接地装置等系统的调整试验。

2. 清单项目的设置与工程量计算规则

工程量清单项目设置及工程量计算规则，应按表5-3（表C.2.11）的规定执行。

电气调整实验（编码：030211） 表5-3

<table>
<tr><th>项目编码</th><th>项目名称</th><th>项 目 特 征</th><th>计量单位</th><th>工程量计算规则</th><th>工 程 内 容</th></tr>
<tr><td>030211001</td><td>电力变压器系统</td><td>1. 型号
2. 容量(kVA)</td><td rowspan="3">系统</td><td rowspan="4">按设计图示数量计算</td><td rowspan="2">系统测试</td></tr>
<tr><td>030211002</td><td>送配电装置系统</td><td>1. 型号
2. 电压等级(kV)</td></tr>
<tr><td>030211003</td><td>特殊保护装置</td><td rowspan="3">类型</td><td rowspan="5">调 试</td></tr>
<tr><td>030211004</td><td>自动投入装置</td><td>套</td></tr>
<tr><td>030211005</td><td>中央信号装置、事故照明切换装置、不间断电源</td><td>系统</td><td>按设计图示系统计算</td></tr>
<tr><td>030211006</td><td>母 线</td><td rowspan="2">电压等级</td><td>段</td><td rowspan="2">按设计图示数量计算</td></tr>
<tr><td>030211007</td><td>避雷器、电容器</td><td>组</td></tr>
<tr><td>030211008</td><td>接地装置</td><td>类别</td><td>系统</td><td>按设计图示系统计算</td><td>接地电阻测试</td></tr>
<tr><td>030211009</td><td>电抗器、消弧线圈、电除尘器</td><td>1. 名称、型号
2. 规格</td><td rowspan="2">台</td><td rowspan="2">按设计图示数量计算</td><td rowspan="2">调 试</td></tr>
<tr><td>030211010</td><td>硅整流设备、可控硅整流装置</td><td>1. 名称、型号
2. 电流(A)</td></tr>
</table>

3. 相关说明

调整试验项目系指一个系统的调整试验，它是由多台设备、组件（配件）、网络连在一起，经过调整试验才能完成某一特定的生产过程，这个工作（调试）

无法综合考虑在某一实体（仪表、设备、组件、网络）上，因此不能用物理计量单位或一般的自然计量单位来计量，只能用“系统”为单位计量。

电气调试系统的划分以设计的电气原理系统图为依据。具体划分可参照《全国统一安装工程预算工程量计算规则》的有关规定。

四、配管、配线（附录C.2.12）

1. 本节内容包括电气工程的配管、配线工程量清单项目。配管包括电线管敷设，钢管及防煤钢管敷设，可挠金属管敷设，塑料管（硬质聚氯乙烯管、刚性阻燃管、半硬质阻燃管）敷设。配线包括管内穿线，瓷夹板配线，塑料夹板配线，鼓型、针式、蝶式绝缘子配线，木槽板、塑料槽板配线，塑料护套线敷设，线槽配线。

2. 清单项目的设置与工程量计算规则

工程量清单项目设置及工程量计算规则，应按表5-4（表C.2.12）的规定执行。

配管、配线（编码：030212）　**表5-4**

项目编码	项目名称	项 目 特 征	计量单位	工程量计算规则	工 程 内 容
030212001	电气配管	1. 名称 2. 材质 3. 规格 4. 配置形式及部位	m	按设计图示尺寸以延长米计算。不扣除管路中间的接线箱（盒）、灯头盒、开关盒所占长度	1. 刨沟槽 2. 钢索架设（拉紧装置安装） 3. 支架制作、安装 4. 电线管路敷设 5. 接线盒（箱）、灯头盒、开关盒、插座盒安装 6. 防腐油漆 7. 接地
030212002	线槽	1. 材质 2. 规格		按设计图示尺寸以延长米计算	1. 安装 2. 油漆
030212003	电气配线	1. 配线形式 2. 导线型号、材质、规格 3. 敷设部位或线制		按设计图示尺寸以单线延长米计算	1. 支持体（夹板、绝缘子、槽板等）安装 2. 支架制作、安装 3. 钢索架设（拉紧装置安装） 4. 配线 5. 管内穿线

3. 相关说明

（1）本节的计量单位均为“m”。计算规则：按设计图示尺寸以延长米计算，不扣除管路中间的接线箱（盒）、灯位盒、开关盒所占长度。

（2）在配线工程中，清单项目名称要紧紧与配线形式连在一起，因为配线的方式会决定选用什么样的导线，因此对配线形式的表述更显得重要。配线形式有：①管内穿线；②瓷夹板或塑料夹板配线；③鼓型、针式、蝶式绝缘子配线；④木槽板或塑料槽板配线；⑤塑料护套线明敷设；⑥线槽配线。

(3) 电气配线项目特征中的“敷设部位或线制”也很重要。敷设部位一般指：①木结构上；②砖、混凝土结构；③顶棚内；④支架或钢索上；⑤沿屋架、梁、柱；⑥跨层架、梁、柱。

在不同的部位上，工艺不一样，单价就不一样。

(4) 线制主要在夹板和槽板配线中要注明，因为同样长度的线路，由于两线制与三线制所用主材导线的量就差30%多。辅材也有差别，因此要描述线制。

(5) 电气配线的计量单位均为“m”，计算规则按设计图示尺寸以单线延长米计算。所谓“单线”指两线制或三线制，不是以线路延长米计，而是线路长度乘以线制，即两线制乘以2，三线制乘以3。管内穿线也同样，如穿三根线，则以管长度乘以3即可。

(6) 金属软管敷设不单设清单项目，在相关设备安装或电机核查接线清单项目的综合单价中考虑。

(7) 在配线工程中，所有的预留量（指与设备连接）均应依据设计要求或施工及验收规范规定的长度考虑在综合单价中，而不作为实物量计算。

(8) 根据配管工艺的需要和计量的连续性，规范的接线箱（盒）、拉线盒、灯位盒综合在配管工程中，关于接线盒、拉线盒的设置按施工及验收规范的规定执行。

(9) 配电线保护管遇到下列情况之一时，中间应增设接线盒和拉线盒，且接线盒或拉线盒的位置应便于穿线：①管长度每超过30m，无弯曲；②管长度每超过20m有1个弯曲；③管长度每超过15m有2个弯曲；④管长度每超过8m有3个弯曲。

(10) 垂直敷设的电线保护管遇下列情况之一时，应增设固定导线用的拉线盒：①管内导线截面为50mm^{2}及以下，长度每超过30m；②管内导线截面为70~95mm^2，长度每超过20m；③管内导线截面为120~240mm^2，长度每超过18m。

在配管清单项目计量时，设计无要求时则上述规定可以作为计量接线箱（盒）、拉线盒的依据。

五、照明器具安装（附录C.2.13）

1. 本节内容包括各种照明灯具、开关、插座、门铃等工程量清单项目。包括普通吸顶灯及其他灯具、工厂灯及其他灯具、装饰灯具、荧光灯具、医疗专用灯具、一般路灯、广场灯、高杆灯、桥栏杆灯、地道涵洞灯等安装。

2. 清单项目的设置与工程量计算规则

工程量清单项目设置及工程量计算规则，应按表5-5(表C.2.13)的规定执行。

照明器具安装（编码：030213） **表 5-5**

项目编码	项目名称	项目特征	计量单位	工程量计算规则	工程内容
030213001	普通吸顶灯及其他灯具	1. 名称、型号 2. 规格	套	按设计图示数量计算	1. 支架制作、安装 2. 组装 3. 油漆
030213002	工厂灯	1. 名称、安装 2. 规格 3. 安装形式及高度			1. 支架制作、安装 2. 安装 3. 油漆
030213003	装饰灯	1. 名称 2. 型号 3. 规格 4. 安装高度			1. 支架制作、安装 2. 安装
030213004	荧光灯	1. 名称 2. 型号 3. 规格 4. 安装形式			安装
030213005	医疗专用灯	1. 名称 2. 型号 3. 规格			
030213006	一般路灯	1. 名称 2. 型号 3. 灯杆材质及高度 4. 灯架形式及臂长 5. 灯杆形式（单、双）			1. 基础制作、安装 2. 立灯杆 3. 杆座安装 4. 灯架安装 5. 引下线支架制作、安装 6. 焊压接线端子 7. 铁构件制作、安装 8. 除锈、刷油 9. 灯杆编号 10. 接地
030213007	广场灯安装	1. 灯杆的材质及高度 2. 灯架的型号 3. 灯头的数量 4. 基础形式及规格			1. 基础浇筑（包括土石方） 2. 立灯杆 3. 杆座安装 4. 灯架安装 5. 引下线支架制作、安装 6. 焊压接线端子 7. 铁构件制作、安装 8. 除锈、刷油 9. 灯杆编号 10. 接地
030213008	高杆灯安装	1. 灯杆高度 2. 灯架型式（成套或组装、固定或升降） 3. 灯头数量 4. 基础形式及规格			1. 基础浇筑（包括土石方） 2. 立杆 3. 灯架安装 4. 引下线支架制作、安装 5. 焊压接线端子 6. 铁构件制作、安装 7. 除锈、刷油 8. 灯杆编号 9. 升降机构接线调试 10. 接地
030213009	桥栏杆灯	1. 名称 2. 型号 3. 规格 4. 安装形式			1. 支架、铁构件制作、安装，油漆 2. 灯具安装
030213010	地道涵洞灯				

3. 相关说明

(1) 灯具没带引导线的，应予说明，提供报价依据。

(2) 下列清单项目适用的灯具如下：

030213001 普通吸顶灯及其他灯具：圆球、半圆球吸顶，方形吸顶灯，软线吊灯，吊链灯，防水吊灯，一般弯脖灯，一般墙壁灯，软线吊灯头、座灯头。

030213002 工厂灯及其他灯具：直杆工厂吊灯，吊链式工厂灯，吸顶式工厂灯，弯杆式工厂灯，悬挂式工厂灯，防水防尘灯，防潮灯，腰形舱顶灯，碘钨灯，管形氙气灯，投光灯，安全灯，防爆灯，高压水银防爆灯，防爆荧光灯。

030213003 装饰灯具：吊式艺术装饰灯，吸顶式艺术装饰灯，荧光艺术装饰灯，几何形状组合艺术灯，标志诱导艺术装饰灯，水下艺术装饰灯，点光源艺术装饰灯，草坪灯，歌舞厅灯。

030213004 荧光灯具：组装型荧光灯，成套型荧光灯。

030213005 医疗专用灯具：病房指示灯，病房暗脚灯，无影灯。

第三节　消防工程（附录 C.7）

一、消防工程概述

《建设工程工程量清单计价规范》的“附录 C.7 消防工程”内容包括水灭火系统、气体灭火系统、泡沫灭火系统、火灾自动报警系统。水灭火系统中包括消火栓灭火和自动喷淋灭火两部分。附录 C.7 共分 6 节，47 个项目；其中包括灭火管道安装、部件及阀门法兰安装、报警装置、水流指示器、消火栓、气体驱动装置、泡沫发生器等。适用于采用工程量清单计价的工业与民用建筑的消防工程。

二、本附录与其他有关工程的界限划分

1. 水消防管道的室内外划分，以建筑外墙皮 1.5m 处为分界点。如入口处设阀门时，以阀门为分界点。

2. 消防水泵房内的管道为工业管道项目，与消防管道划分以泵房外墙皮或泵房屋顶板为分界点。

3. 消防管道与市政管道的划分，以计量井为界。无计量井的，以市政给水管道的碰头点为界。

三、水灭火系统（附录 C.7.1）

1. 工程量清单项目设置及工程量计算规则

工程量清单项目设置及工程量计算规则，应按表 5-6（表 C.7.1）的规定执行。

水灭火系统（编码：030701）　**表5-6**

项目编码	项目名称	项目特征	计量单位	工程量计算规则	工程内容
030701001	水喷淋镀锌钢管	1. 安装部位（室内、外） 2. 材质 3. 型号、规格 4. 连接方式 5. 除锈标准、刷油、防腐设计要求 6. 水冲洗、水压试验设计要求	m	按设计图示管道中心线长度以延长米计算，不扣除阀门、管件及各种组件所占长度；方形补偿器以其所占长度按管道安装工程量计算	1. 管道及管件安装 2. 套管（包括防水套管）制作、安装 3. 管道除锈、刷油、防腐 4. 管网水冲洗 5. 无缝钢管镀锌 6. 水压试验
030701002	水喷淋镀锌无缝钢管				
030701003	消火栓镀锌钢管				
030701004	消火栓钢管				
030701005	螺纹阀门	1. 阀门类型、材质、型号、规格 2. 法兰结构、材质、规格、焊接形式	个	按设计图示数量计算	1. 法兰安装 2. 阀门安装
030701006	螺纹法兰阀门				
030701007	法兰阀门				
030701008	带短管甲乙的法兰阀门				
030701009	水表	1. 材质 2. 型号、规格 3. 连接方式	组		安装
030701010	消防水箱制作安装	1. 材质 2. 形状 3. 容量 4. 支架材质、型号、规格 5. 除锈标准、刷油设计要求	台		1. 制作 2. 安装 3. 支架制作、安装及除锈、刷油 4. 除锈、刷油
030701011	水喷头	1. 有吊顶、无吊顶 2. 材质 3. 型号、规格	个	按设计图示数量计算	1. 安装 2. 密封性试验
030701012	报警装置	1. 名称、型号 2. 规格	组	按设计图示数量计算（包括湿式报警装置、干湿两用报警装置、电动雨淋报警装置、预作用报警装置）	安装
030701013	温感式水幕装置	1. 型号、规格 2. 连接方式	组	按设计图示数量计算（包括给水三通至喷头、阀门间的管道、管件、阀门、喷头等的全部安装内容）	

续表

项目编码	项目名称	项 目 特 征	计量单位	工程量计算规则	工 程 内 容
030701014	水流指示器	规格、型号	个	按设计图示数量计算	安装
030701015	减压孔板	规格			
030701016	末端试水装置	1. 规格 2. 组装形式	组	按设计图示数量计算（包括连接管、压力表、控制阀及排水管等）	
030701017	集热板制作安装	材质	个	按设计图示数量计算	制作、安装
030701018	消火栓	1. 安装部位（室内、外） 2. 型号、规格 3. 单栓、双栓	套	按设计图示数量计算（安装包括：室内消火栓、室外地上式消火栓、室外地下式消火栓）	安装
030701019	消防水泵接合器	1. 安装部位 2. 型号、规格		按设计图示数量计算（包括消防接口本体、止回阀、安全阀、闸阀、弯管底座、放水阀、标牌）	
030701020	隔膜式气压水罐	1. 型号、规格 2. 灌浆材料	台	按设计图示数量计算	1. 安装 2. 二次灌浆

2. 相关说明

(1) 工程内容所列项目大多数为计价项目，但也有些项目是包括在《全国统一安装工程预算定额》相应项目的工作内容中。如招标单位是依据《全国统一安装工程预算定额》工料机耗用量编制招标工程标底时，应删除《全国统一安装工程预算定额》工作内容中与本附录各项工程内容相同的项目，以免重复计价。

(2) 招标人编制工程标底如以《全国统一安装工程预算定额》为依据计价时，以下各工程应按下列规定办理：

1) 消火栓灭火系统的管道安装，按《全国统一安装工程预算定额》第八册相关项目的规定计价。

2) 喷淋灭火系统的管道安装、消火栓安装、消防水泵接合器安装，按《全国统一安装工程预算定额》第七册相关项目的规定计价。

3) 水灭火系统的阀门、法兰安装、套管制作安装，按《全国统一安装工程预算定额》第六册相关项目的规定计价。

4) 水灭火系统的室外管道安装，按《全国统一安装工程预算定额》第八册相关项目的规定计价。

(3) 无缝钢管法兰连接项目，管件、法兰安装已计入管道安装价格中，但管件、法兰的主材价按成品价另计。

四、气体灭火系统（附录 C.7.2）

1. 工程量清单项目设置及工程量计算规则

工程量清单项目设置及工程量计算规则，应按表 5-7（表 C.7.2）的规定执行。

气体灭火系统（编码：030702） 表 5-7

项目编码	项目名称	项目特征	计量单位	工程量计算规则	工程内容
030702001	无缝钢管	1. 卤代烷灭火系统、二氧化碳灭火系统 2. 材质 3. 规格 4. 连接方式 5. 除锈、刷油、防腐及无缝钢管镀锌设计要求 6. 压力试验、吹扫设计要求	m	按设计图示管道中心线长度以延长米计算，不扣除阀门、管件及各种组件所占长度	1. 管道安装 2. 管件安装 3. 套管制作安装（包括防水套管） 4. 钢管除锈、刷油、防腐 5. 管道压力试验 6. 管道系统吹扫 7. 无缝钢管镀锌
030702002	不锈钢管				
030702003	铜管				
030702004	气体驱动装置管道				
030702005	选择阀	1. 材质 2. 规格 3. 连接方式	个	按设计图示数量计算	1. 安装 2. 压力试验
030702006	气体喷头	型号、规格			
030702007	储存装置	规格	套	按设计图示数量计算（包括灭火器存储器、驱动气瓶、支框架、集流阀、容器阀、单向阀、高压软管和安全阀等储存装置和阀驱动装置）	安装
030702008	二氧化碳称重检漏装置			按设计图示数量计算（包括泄漏开关、配重、支架等）	

2. 相关说明

(1) 储存装置安装应包括灭火剂储存器及驱动瓶装置两个系统。储存系统包括灭火气体储存瓶、储存瓶固定架、储存瓶压力指示器、容器阀、单向阀、集流管、集流管与容器阀连接的高压软管，集流管上的安全阀；驱动瓶装置包括驱动气瓶、驱动气瓶支架、驱动气瓶的容器阀、压力指示器等安装，气瓶之间的驱动管道安装应按气体驱动装置管道清单项目列项。

（2）二氧化碳为灭火剂储存装置安装不需用高纯氮气增压，工程量清单综合单价不计氮气价值。

五、泡沫灭火系统（附录 C.7.3）

1. 工程量清单项目设置及工程量计算规则

工程量清单项目设置及工程量计算规则，应按表 5-8（表 C.7.3）的规定执行。

泡沫灭火系统（编码：030703）　　表 5-8

<table>
<tr><th>项目编码</th><th>项目名称</th><th>项 目 特 征</th><th>计量单位</th><th>工程量计算规则</th><th>工 程 内 容</th></tr>
<tr><td>030703001</td><td>碳钢管</td><td rowspan="3">1. 材质
2. 型号、规格
3. 焊接方式
4. 除锈、刷油、防腐设计要求
5. 压力试验、吹扫的试验要求</td><td rowspan="3">m</td><td rowspan="3">按设计图示管道中心线长度以延长米计算，不扣除阀门、管件及各种组件所占长度</td><td rowspan="3">1. 管道安装
2. 管件安装
3. 套管制作、安装
4. 钢管除锈、刷油、防腐
5. 管道压力试验
6. 管道系统吹扫</td></tr>
<tr><td>030703002</td><td>不锈钢管</td></tr>
<tr><td>030703003</td><td>铜　管</td></tr>
<tr><td>030703004</td><td>法　兰</td><td rowspan="2">1. 材质
2. 型号、规格
3. 连接方式</td><td>副</td><td rowspan="5">按设计图示数量计算</td><td>法兰安装</td></tr>
<tr><td>030703005</td><td>法兰阀门</td><td>个</td><td>阀门安装</td></tr>
<tr><td>030703006</td><td>泡沫发生器</td><td>1. 水轮机式、电动机式
2. 型号、规格
3. 支架材质、规格
4. 除锈、刷油、设计要求
5. 灌浆材料</td><td rowspan="3">台</td><td rowspan="2">1. 安装
2. 设备支架制作、安装
3. 设备支架除锈、刷油
4. 二次灌浆</td></tr>
<tr><td>030703007</td><td>泡沫比例混合器</td><td>1. 类型
2. 型号、规格
3. 支架材质、规格
4. 除锈、刷油设计要求
5. 灌浆材料</td></tr>
<tr><td>030703008</td><td>泡沫液储罐</td><td>1. 质量
2. 灌浆材料</td><td>1. 安装
2. 二次灌浆</td></tr>
</table>

2. 相关说明

(1) 泡沫灭火系统包括的项目有管道安装、阀门安装、法兰安装及泡沫发生器、混合储存装置安装，并按材质、型号规格、焊接方式、除锈标准、油漆品种等不同特征列项。编制工程量清单时，必须明确描述各种特征，以便计价。

(2) 如招标单位是以建设行政主管部门发布的现行消耗量定额为依据时，泡沫灭火系统的管道安装、管件安装、法兰安装、阀门安装、管道系统水冲洗、强度试验、严密性试验等按照《全国统一安装工程预算定额》第六册的有关项目的工料机耗用量计价。

六、管道支架制作安装（附录 C.7.4）

1. 工程量清单项目设置及工程量计算规则

工程量清单项目设置及工程量计算规则，应按表 5-9（表 C.7.4）的规定执行。

管道支架制作安装（编码：030704） **表 5-9**

项目编码	项目名称	项 目 特 征	计量单位	工程量计算规则	工 程 内 容
030704001	管道支架制作安装	1. 管架形式 2. 材质 3. 除锈、刷油、设计要求	kg	按设计图示质量计算	1. 制作、安装 2. 除锈、刷油

2. 相关说明

(1) 管道支架制作安装适用于各灭火系统项目的支架制作安装，灭火系统的设备支架也使用本项目。

(2) 支架制作安装工程量清单应描述支架的除锈要求、刷油的油种等特征。

七、火灾自动报警系统（附录 C.7.5）

1. 工程量清单项目设置及工程量计算规则

工程量清单项目设置及工程量计算规则，应按表 5-10（表 C.7.5）的规定执行。

2. 相关说明

(1) 火灾自动报警系统分为多线制和总线制两种形式。多线制为系统间信号按各自回路进行传输的布线制式，总线制为系统间信号按无限性两根线进行传输的布线制式。

火灾自动报警系统（编码：030705）　　　　表 5-10

项目编码	项目名称	项 目 特 征	计量单位	工程量计算规则	工 程 内 容
030705001	点型探测器	1. 名称 2. 多线制 3. 总线制 4. 类型	只	按设计图示数量计算	1. 探头安装 2. 底座安装 3. 校接线 4. 探测器调试
030705002	线型探测器	安装方式	m		1. 探测器安装 2. 控制模块安装 3. 报警终端安装 4. 校接线 5. 系统调试
030705003	按钮	规格	只		1. 安装 2. 校接线 3. 调试
030705004	模块（接口）	1. 名称 2. 输出形式			1. 安装 2. 调试
030705005	报警控制器	1. 多线制 2. 总线制 3. 安装方式 4. 控制点数量	台		1. 本体安装 2. 消防报警备用电源 3. 校接线 4. 调试
030705006	联动控制器				
030705007	报警联动一体机				
030705008	重复显示器	1. 多线制 2. 总线制			1. 安装 2. 调试
030705009	报警装置	形式			
030705010	远程控制器	控制回路			

(2) 报警控制器、联动控制器和报警联动一体机安装的工程内容的本体安装，应包括消防报警备用电源安装内容。

(3) 消防通讯项目工程量清单按《建设工程工程量清单计价规范》附录 C.11 规定编制工程量清单。

(4) 火灾事故广播项目工程量清单按《建设工程工程量清单计价规范》附录 C.11 规定编制工程量清单。

八、消防系统调试（附录 C.7.6）

1. 工程量清单项目设置及工程量计算规则

工程量清单项目设置及工程量计算规则，应按表 5-11（表 C.7.6）的规定执行。

消防系统调试（编码：030706） 表5-11

项目编码	项目名称	项目特征	计量单位	工程量计算规则	工程内容
030706001	自动报警系统装置调试	点数	系统	按设计图示数量计算（由探测器、报警按钮、报警控制器组成的报警系统；点数按多线制、总线制报警器的点数计算）	系统装置调试
030706002	水灭火系统控制装置调试			按设计图示数量计算（由消火栓、自动喷水、卤代烷、二氧化碳等灭火系统组成的灭火系统装置；点数按多线制、总线制联动控制器的点数计算）	
030706003	防火控制系统装置调试	1. 名称 2. 类型	处	按设计图示数量计算（包括电动防火门、防火卷帘门、正压送风阀、排烟阀、防火控制阀）	
030706004	气体灭火系统装置调试	试验容器规格	个	按调试、检验和验收所消耗的试验容器总数计算	1. 模拟喷气试验 2. 备用灭火器贮存容器切换操作试验

2. 相关说明及其他说明

(1) 各消防系统调试工作范围

1）自动报警系统装置调试为各种探测器、报警按钮、报警控制器，以系统为单位按不同点数编制工程量清单并计价。

2）水灭火系统控制装置调试为水喷头、消火栓、消防水泵接合器、水流指示器、末端试水装置等，以系统为单位按不同点数编制工程量清单并计价。

3）气体灭火控制系统装置调试由驱动瓶起始至气体喷头为止。包括进行模拟喷气试验和储存容器的切换试验。调试按储存容器的规格、容器的容量不同以个为单位计价。

4）防火控制系统装置调试包括电动防火门、防火卷帘门、正压送风门、排压阀、防火阀等装置的调试，并按其特征以处为单位编制工程量清单项目。

(2) 气体灭火控制系统装置调试如需采取安全措施时，应按施工组织设计要求，将安全措施费用按《建设工程工程量清单计价规范》表3.3.1安全施工项编制工程量清单。

(3) 下列几项费用，投标人在报价时可根据现场实际需要和企业的技术能力酌情增列施工增加费，并计入综合单价：

1）高层建筑施工增加费；

2）安装与生产同时进行增加费；

3）在有害身体健康环境中施工增加费；

4）超高施工增加费；

5）设置在管道间、管廊内管道施工增加费；

6）现场浇筑的主体结构配合施工增加费；

7）沟内、地下室内、暗室内、库内无自然采光需人工照明的施工增加费。

（4）编制本附录清单项目如涉及到管沟及管沟的土石方、垫层、基础、砌筑、抹灰、地沟盖板、土石方回填、土石方运输等工程内容时，按附录A的相关项目编制工程量清单。路面开挖及修复、管道支墩、井砌筑等工程内容，按附录D相关项目编制工程量清单。

（5）清单项目如涉及到管道油漆、除锈，支架的除锈、油漆，管道的绝热、防腐等工程量清单项目，可参照《全国统一安装工程预算定额》刷油、防腐蚀、绝热工程册的工料机耗用量计价。

第四节　给排水、采暖、燃气工程（附录C.8）

一、概况

本附录中的给排水、采暖、燃气工程系指生活用给排水工程、采暖工程、生活用燃气工程安装，及其管道、附件、配件安装和小型容器制作等。其中包括暖、卫、燃气的管道安装，管道附件安装，管支架制作安装，暖、卫、燃气器具安装，采暖工程系统调整等项目。适用于采用工程量清单计价的新建、扩建的生活用给排水、采暖、燃气工程。

二、本附录与其他相关工程的界限划分

1. 室内外界限的划分

（1）给水管道以建筑外墙皮1.5m处为分界点，入口处设有阀门的以阀门为分界点。

（2）排水管道以排水管出户后第一个检查井为分界点，检查井与检查井之间的连接管道为室外排水管道。

（3）采暖管道以建筑外墙皮1.5m处为分界点，入口处设有阀门的以阀门为分界点。

（4）燃气管道由地下引入室内的以室内第一个阀门为分界点，由地上引入的以墙外三通为界。

2. 与市政管道的界限划分

（1）给水管道以计量表为界，无计量表的以与市政管道碰头点为界。

（2）排水管道以室外排水管道最后一个检查井为界，无检查井的以与市政管道碰头点为界。

（3）由市政管网统一供热的按各供热点的供热站为分界线，由室外管网至供热站外墙皮 1.5m 处的主管道为市政工程，由供热站往外送热的管道以外墙皮 1.5m 处分界，分界点以外为采暖工程。

3. 与锅炉房内的管道界限划分

锅炉房内的生活用给排水、采暖工程，属本附录工程内容。锅炉房内锅炉配管、软化水管、锅炉供排水、供气、水泵之间的连接管等属工业管道范围。由锅炉房外墙皮以外的给排水、采暖管道属本附录工程范围。

三、工程量计算与计价

1. 工程量清单的工程量必须依据工程量计算规则的要求编制，工程量只列实物量，所谓实物量即是工程完工后的实体量，如绝热工程量只能按设计要求的绝热厚度计算，不能将施工的误差增加量计入绝热工程量。投标人在投标报价时，可以按自己的企业技术水平和施工方案的具体情况，将绝热的施工误差量计入综合单价内。增加的量越小越有竞标能力。

2. 根据需要情况由投标人选择计入综合单价的费用：

（1）高层建筑施工增加费；

（2）安装与生产同时进行增加费；

（3）在有害身体健康环境中施工增加费；

（4）安装物安装高度超高施工增加费；

（5）设置在管道间、管廊内管道施工增加费；

（6）现场浇筑的主体结构配合施工增加费。

3. 编制本附录清单项目如涉及到管沟及管沟的土石方、垫层、基础、砌筑抹灰、地沟盖板、土石方回填、土石方运输等工程内容时，按附录 A 的相关项目编制工程量清单。路面开挖及修复、管道支墩、井砌筑等工程内容，按附录 D 有关项目编制工程量清单。

4. 本附录项目如涉及到管道油漆、除锈，支架的除锈、油漆，管道的绝热、防腐等工程量清单项目，可参照《全国统一安装工程预算定额》刷油、防腐蚀、绝热工程册的工料机耗用量计价。

四、给排水、采暖、煤气管道（附录 C.8.1）

1. 工程量清单项目设置及工程量计算规则

工程量清单项目设置及工程量计算规则,应按表 5-12(表 C.8.1)的规定执行。

给排水、采暖、燃气管道（编码：030801） 表 5-12

<table>
<tr><th>项目编码</th><th>项目名称</th><th>项 目 特 征</th><th>计量单位</th><th>工程量计算规则</th><th>工 程 内 容</th></tr>
<tr><td>030801001</td><td>镀锌钢管</td><td rowspan="13">1. 安装部位（室内、外）
2. 输送介质（给水、排水、热媒体、燃气、雨水）
3. 材质
4. 型号、规格
5. 连接方式
6. 套管形式、材质、规格
7. 接口材料
8. 除锈、刷油、防腐、绝热及保护层设计要求</td><td rowspan="13">m</td><td rowspan="13">按设计图示管道中心线长度以延长米计算，不扣除阀门、管件（包括减压器、疏水器、水表、伸缩器等组成安装）及各种井类所占的长度；方形补偿器以其所占长度按管道安装工程量计算</td><td rowspan="13">1. 管道、管件及弯管的制作、安装
2. 管件安装（指铜管管件、不锈钢管管件）
3. 套管（包括防水套管）制作、安装
4. 管道除锈、刷油、防腐
5. 管道绝热及保护层安装、除锈、刷油
6. 给水管道消毒、冲洗
7. 水压及泄漏试验</td></tr>
<tr><td>030801002</td><td>钢管</td></tr>
<tr><td>030801003</td><td>承插铸铁管</td></tr>
<tr><td>030801004</td><td>柔性抗震铸铁管</td></tr>
<tr><td>030801005</td><td>塑料管（UPVC、PVC、PP-C、PP-R、PE管等）</td></tr>
<tr><td>030801006</td><td>橡胶连接管</td></tr>
<tr><td>030801007</td><td>塑料复合管</td></tr>
<tr><td>030801008</td><td>钢骨架塑料复合管</td></tr>
<tr><td>030801009</td><td>不锈钢管</td></tr>
<tr><td>030801010</td><td>铜管</td></tr>
<tr><td>030801011</td><td>承插缸瓦管</td></tr>
<tr><td>030801012</td><td>承插水泥管</td></tr>
<tr><td>030801013</td><td>承插陶土管</td></tr>
</table>

2. 相关说明

招标人或投标人如采用建设行政主管部门颁布的有关规定为工料计价依据时，应注意以下事项：

(1)《全国统一安装工程预算定额》第八册给排水、采暖管道安装定额中，ϕ32 以下的螺纹连接钢管安装均包括了管卡及托钩的制作安装，该管道如需安装支架时，应做相应调整。

(2)《全国统一安装工程预算定额》第八册凡用法兰连接的阀门、暖、卫、燃气器具均已包括法兰、螺栓的安装，法兰安装不再单独编制清单项目。

(3) 室内铸铁排水管、铸铁雨水管、承插塑料排水管、螺纹连接的燃气管，定额均已包括管道支架的制作安装内容，不能再单独编制支架制作安装清单项目。

(4)《全国统一安装工程预算定额》第八册的所有管道安装定额除给水承插铸铁管和燃气铸铁管外，均包括管件的制作安装（焊接连接的为制作管件，螺纹连接和承插连接的为成品管件）工作内容，给水承插铸铁管和燃气承插铸铁管已包括管件安装，管件本身的材料价按图纸需用量另计。除不锈钢管、铜管应列管件安装项目外，其他所有管件安装均不编制工程量清单。

（5）安装钢过墙（楼板）套管时，按钢套管长度参照室外钢管焊接管道安装定额计价。

（6）不锈钢管、铜管及其管件安装，可参照《全国统一安装工程预算定额》第六册的相应项目计价。

五、管道支架制作安装（附录 C.8.2）

工程量清单项目设置及工程量计算规则，应按表 5-13（表 C.8.2）的规定执行。

管道支架制作安装（编码：030802）　　**表 5-13**

项目编码	项目名称	项　目　特　征	计量单位	工程量计算规则	工　程　内　容
030802001	管道支架制作安装	1. 形式 2. 除锈、刷油设计要求	kg	按设计图示质量计算	1. 制作、安装 2. 除锈、刷油

六、管道附件安装（附录 C.8.3）

1. 工程量清单项目设置及工程量计算规则

工程量清单项目设置及工程量计算规则，应按表 5-14（表 C.8.3）的规定执行。

2. 相关说明

（1）阀门的类型应包括浮球阀、手动排气阀、液压式水位控制阀、不锈钢阀、液相自动转换阀、选择阀和各种法兰连接及螺纹连接的低压阀门。

（2）各类型的阀门安装，投标人应按照其安装的繁简程度自主计价。

七、卫生、供暖、燃气器具安装（附录 C.8.4 ~ C.8.6）

1. 工程量清单项目设置及工程量计算规则

工程量清单项目设置及工程量计算规则，应按表 5-15、表 5-16、表 5-17（表 C.8.4 ~ 表 C.8.6）的规定执行。

2. 相关说明

（1）光排管式散热器制作安装，工程量按长度以 m 为单位计算。在计算工程量长度时，每组光排管之间的连接管长度不能计入光排管制作安装工程量。

（2）采暖器具的集气罐制作安装可参照本附录 C.6.17 编列工程量清单。

八、采暖工程系统调整（附录 C.8.7）

1. 工程量清单项目设置及工程量计算规则

工程量清单项目设置及工程量计算规则，应按表 5-18（表 C.8.7）的规定执行。

管道附件（编码：030803）　　表 5-14

项目编码	项目名称	项 目 特 征	计量单位	工程量计算规则	工 程 内 容
030803001	螺纹阀门	1. 类型 2. 材质 3. 型号、规格	个	按设计图示数量计算（包括浮球阀、手动排气阀、液压式水位控制阀、不锈钢阀门、煤气减压阀、液相自动转换阀、过滤阀等）	安装
030803002	螺纹法兰阀门				
030803003	焊接法兰阀门				
030803004	带短管甲乙的法兰阀				
030803005	自动排气阀				
030803006	安全阀				
030803007	减压器	1. 材质 2. 型号、规格 3. 连接方式	组	按设计图示数量计算	
030803008	疏水器				
030803009	法兰		副		
030803010	水表		组		
030803011	燃气表	1. 公用、民用、工业用 2. 型号、规格	块		1. 安装 2. 托架及表底基础制作、安装
030803012	塑料排水管消声器	型号、规格	个		安装
030803013	伸缩器	1. 类型 2. 材质 3. 型号、规格 4. 连接方式		按设计图示数量计算 注：方形伸缩器的两臂，按臂长的2倍合并在管道安装长度内计算	
030803014	浮标液面计	型号、规格	组	按设计图示数量计算	
030803015	浮漂水位标尺	1. 用途 2. 型号、规格	套		
030803016	抽水缸	1. 材质 2. 型号、规格	个		
030803017	燃气管道调长器	型号、规格			
030803018	调长器与阀门连接				

卫生器具制作安装（编码：030804）　　**表 5-15**

项目编码	项目名称	项 目 特 征	计量单位	工程量计算规则	工 程 内 容
030804001	浴盆	1. 材质 2. 组装形式 3. 型号 4. 开关	组	按设计图示数量计算	器具、附件安装
030804002	净身盆				
030804003	洗脸盆				
030804004	洗手盆				
030804005	洗涤盆（洗菜盆）				
030804006	化验盆				
030804007	淋浴器	1. 材质 2. 组装方式 3. 型号、规格			
030804008	淋浴间		套		
030804009	桑拿浴房				
030804010	按摩浴缸				
030804011	烘手机				
030804012	大便器				
030804013	小便器				
030804014	水箱制作安装	1. 材质 2. 类型 3. 型号、规格			1. 制作 2. 安装 3. 支架制作、安装及除锈、刷油 4. 除锈、刷油
030804015	排水栓	1. 带存水弯、不带存水弯 2. 材质 3. 型号、规格	组		安装
030804016	水龙头	1. 材质 2. 型号、规格	个		
030804017	地漏				
030804018	地面扫除口				
030804019	小便槽冲洗管制作安装		m		制作、安装
030804020	热水器	1. 电能源 2. 太阳能源	台		1. 安装 2. 管道、管件、附件安装 3. 保温
030804021	开水炉	1. 类型 2. 型号、规格 3. 安装方式			安装
030804022	容积式热交换器				1. 安装 2. 保温 3. 基础砌筑
030804023	蒸汽—水加热器	1. 类型 2. 型号、规格	套		1. 安装 2. 支架制作、安装 3. 支架除锈、刷油
030804024	冷热水混合器				
030804025	电消毒器		台		安装
030804026	消毒锅				
030804027	饮水器		套		

供暖器具（编码：030805） 表 5-16

项目编码	项目名称	项 目 特 征	计量单位	工程量计算规则	工 程 内 容
030805001	铸铁散热器	1. 型号、规格 2. 除锈、刷油设计要求	片	按设计图示数量计算	1. 安装 2. 除锈、刷油
030805002	钢制闭式散热器				安装
030805003	钢制板式散热器		组		
030805004	光排管散热器制作安装	1. 型号、规格 2. 管径 3. 除锈、刷油设计要求	m		1. 制作、安装 2. 除锈、刷油
030805005	钢制壁板式散热器	1. 质量 2. 型号、规格	组		安装
030805006	钢制柱式散热器	1. 片数 2. 型号、规格			
030805007	暖风机	1. 质量 2. 型号、规格	台		
030805008	空气幕				

燃气器具（编码：030806） 表 5-17

项目编码	项目名称	项 目 特 征	计量单位	工程量计算规则	工 程 内 容
030806001	燃气开水炉	型号、规格	台	按设计图示数量计算	安装
030806002	燃气采暖炉				
030806003	沸水器	1. 容积式沸水器、自动沸水器、燃气消毒器 2. 型号、规格			
030806004	燃气快速热水器	型号、规格			
030806005	燃气灶具	1. 民用、公用 2. 人工煤气灶具、液化石油气灶具、天然气燃气灶具 3. 型号、规格			
030806006	气嘴	1. 单嘴、双嘴 2. 材质 3. 型号、规格 4. 连接方式	个		

采暖工程系统调整（编码：030807）　**表 5-18**

项目编码	项目名称	项　目　特　征	计量单位	工程量计算规则	工 程 内 容
030807001	采暖工程系统调整	系统	系统	按由采暖管道、管件、阀门、法兰、供暖器具组成采暖工程系统计算	系统调整

2. 相关说明

（1）本附录的采暖工程系统调整为非实体工程项目，但由于工程需要必须单独列项。

（2）采暖工程系统调整工程内容应包括在室外温度和热源进口温度按设计规定条件下，将室内温度调整到设计要求的温度的全部工作。

第五节　通风空调工程（附录C.9）

一、概况

通风工程包括通风及空调设备安装、各种材质的通风管道的制作安装、管道部件（阀类、风口、风帽及消声器等）制作安装项目。适用于采用工程量清单报价的新建、扩建工程中的通风空调工程。附录中包括通风空调设备安装、通风管道制作安装、通风管道部件制作安装、通风工程检测、试调等。

本附录的通风设备、除尘设备、专供为通风工程配套的各种风机及除尘设备、其他工业用风机（如热力设备用风机）及除尘设备应按附录C.1及附录C.3的相关项目编制工程量清单。

二、工程量计算与计价

必须依据工程量计算规则的要求编制，工程量只列实物量，所谓实物量即是工程完工后的实体量，如绝热工程量只能按设计要求的绝热厚度计算，不能将施工的误差增加量计入绝热工程量。投标人在投标报价时，可以按本企业技术水平和施工方案的具体情况将绝热的施工误差量计入综合单价内。增加的量越小越有竞标能力。

1. 有的工程项目，由于特殊情况不属于工程实体，但在工程量清单计量规则中列有清单项目，也可以编制工程量清单，如通风工程检测、试调等项目就属此种情况。

2. 风管法兰、风管加固框、托吊架等的刷油工程量可按风管刷油量乘适当系数计价。

3. 风管部件油漆工程量按重量计算，可按部件本身重量乘适当系数计价。

4. 以下费用可根据需要情况，由投标人选择计入综合单价：

（1）高层建筑施工增加费；

（2）在有害身体健康环境中施工增加费；

（3）工程施工超高增加费；

（4）沟内、地下室内无自然采光需人工照明的施工增加费。

本附录项目如涉及到管道油漆、除锈，支架的除锈、油漆，管道的绝热、防腐蚀等内容时，可参照《全国统一安装工程预算定额》刷油、防腐蚀、绝热工程册的工料机耗用量计价。

三、工程量清单项目设置及计算规则

工程量清单项目设置及工程量计算规则，应按表 5-19 ~ 表 5-22（表 C.9.1 ~ 表 C.9.4）的规定执行。

通风及空调设备及部件安装（编码：030901） **表 5-19**

项目编码	项目名称	项目特征	计量单位	工程量计算规则	工程内容
030901001	空气加热器（冷却器）	1. 规格 2. 质量 3. 支架材质、规格 4. 除锈、刷油设计要求	台	按设计图示数量计算	1. 安装 2. 设备支架制作安装 3. 支架除锈、刷油
030901002	通风机	1. 形式 2. 规格 3. 支架材质、规格 4. 除锈、刷油设计要求			1. 安装 2. 减振台座制作、安装 3. 设备支架制作、安装 4. 软管接口制作、安装 5. 支架台座除锈、刷油
030901003	除尘设备	1. 规格 2. 质量 3. 支架材质、规格 4. 除锈、刷油设计要求			1. 安装 2. 设备支架制作、安装 3. 支架除锈、刷油
030901004	空调器	1. 形式 2. 质量 3. 安装位置		按设计图示数量计算，其中分段组装式空调器按设计图纸所示质量以“kg”为计量单位	1. 安装 2. 软管接口制作、安装
030901005	风机盘管	1. 形式 2. 安装位置 3. 支架材质、规格 4. 除锈、刷油设计要求		按设计图示数量计算	1. 安装 2. 软管接口制作、安装 3. 支架制作、安装及除锈、刷油

续表

项目编码	项目名称	项目特征	计量单位	工程量计算规则	工 程 内 容
030901006	密闭门制作安装	1. 型号 2. 特征（带视孔或不带视孔） 3. 支架材质、规格 4. 除锈、刷油设计要求	个	按设计图示数量计算	1. 制作、安装 2. 除锈、刷油
030901007	挡水板制作安装	1. 材质 2. 除锈、刷油设计要求	m²		
030901008	滤水器、溢水盘制作安装	1. 特征 2. 用途 3. 除锈、刷油设计要求	kg		
030901009	金属壳体制作安装				
030901010	过滤器	1. 型号 2. 过滤功效 3. 除锈、刷油设计要求	台		1. 安装 2. 框架制作、安装 3. 除锈、刷油
030901011	净化工作台	类型			安装
030901012	风淋室	质量			
030901013	洁净室				

通风管道制作安装（编码：030902） **表 5-20**

项目编码	项目名称	项目特征	计量单位	工程量计算规则	工 程 内 容
030902001	碳钢通风管道制作安装	1. 材质 2. 形状 3. 周长或直径 4. 板材厚度 5. 接口形式 6. 风管附件、支架设计要求 7. 除锈、刷油、防腐、绝热及保护层设计要求	m^2	1. 按设计图示以展开面积计算，不扣除检查孔、测定孔、送风口、吸风口等所占面积；风管长度一律以设计图示中心线长度为准（主管与支管以其中心线交点划分），包括弯头、三通、变径管、天圆地方等管件的长度，但不包括部件所占的长度。风管展开面积不包括风管、管口重叠部分面积。直径和周长按图示尺寸为准展开 2. 渐缩管：圆形风管按平均直径，矩形风管按平均周长	1. 风管、管件、法兰、零件、支吊架制作、安装 2. 弯头导流叶片制作、安装 3. 过跨风管落地支架制作、安装 4. 风管检查孔制作 5. 温度、风量测定孔制作 6. 风管保温及保护层 7. 风管、法兰、法兰加固框、支吊架、保护层除锈、刷油
030902002	净化通风管制作安装				
030902003	不锈钢板风管制作安装	1. 形状 2. 周长或直径 3. 板材厚度 4. 接口形式 5. 支架法兰的材质、规格 6. 除锈、刷油、防腐、绝热及保护层设计要求			1. 风管制作、安装 2. 法兰制作、安装 3. 吊托支架制作、安装 4. 风管保温、保护层 5. 保护层及支架、法兰除锈、刷油
030902004	铝板通风管道制作安装				
030902005	塑料通风管道制作安装				1. 制作、安装 2. 支吊架制作、安装 3. 风管保温、保护层 4. 保护层及支架、法兰除锈、刷油
030902006	玻璃钢通风管道	1. 形状 2. 厚度 3. 周长或直径			
030902007	复合型风管制作安装	1. 材质 2. 形状（圆形、矩形） 3. 周长或直径 4. 支（吊）架材质、规格 5. 除锈、刷油设计要求			1. 制作、安装 2. 托、吊支架制作、安装、除锈、刷油
030902008	柔性软风管	1. 材质 2. 规格 3. 保温套管设计要求	m	按设计图示中心线长度计算，包括弯头、三通、变径管、天圆地方等管件的长度，但不包括部件所占的长度	1. 安装 2. 风管接头安装

通风管道部件制作安装（编码：030903）　表 5-21

项目编码	项目名称	项目特征	计量单位	工程量计算规则	工程内容
030903001	碳钢调节阀制作安装	1. 类型 2. 规格 3. 周长 4. 质量 5. 除锈、刷油设计要求	个	1. 按设计图示数量计算（包括空气加热器上通阀、空气加热器旁通阀、圆形瓣式启动阀、风管蝶阀、风管止回阀、密闭式斜插板阀、矩形风管三通调节阀、对开多页调节阀、风管防火阀、各型风罩调节阀制作、安装等） 2. 若调节阀为成品时，制作不再计算	1. 安装 2. 制作 3. 除锈刷油
030903002	柔性软风管阀门	1. 材质 2. 规格		按设计图示数量计算	安装
030903003	铝蝶门	规格			
030903004	不锈钢蝶阀				
030903005	塑料风管阀门制作安装	1. 类型 2. 形状 3. 质量		按设计图示数量计算（包括塑料蝶阀、塑料插板阀、各型风罩塑料调节阀）	
030903006	玻璃钢蝶阀	1. 类型 2. 直径或周长、		按设计图示数量计算	
030903007	碳钢风口、散流器制作安装（百叶窗）	1. 类型 2. 规格 3. 形式 4. 质量 5. 除锈刷油设计要求		1. 按设计图示数量计算（包括百叶风口、矩形送风口、矩形空气分布器、风管插板风口、旋转吹风口、圆形散流器、方形散流器、流线型散流器、送吸风口、活动箅式风口、网式风口、钢百叶窗等） 2. 百叶窗按设计图示以框内面积计算 3. 风管插板风口制作已包括安装内容 4. 若风口、分布器、散流器、百叶窗为成品时，制作不再计算	1. 风口制作、安装 2. 散流器制作、安装 3. 百叶窗安装 4. 除锈、刷油

续表

项目编码	项目名称	项目特征	计量单位	工程量计算规则	工 程 内 容
030903008	不锈钢风口、散流器制作安装（百叶窗）	1. 类型 2. 规格 3. 形式 4. 质量 5. 除锈、刷油设计要求	个	1. 按设计图示数量计算（包括风口、分布器、散流器、百叶窗） 2. 若风口、分布器、散流器、百叶窗为成品时，制作不再计算	制作、安装
030903009	塑料风口、散流器制作安装（百叶窗）				
030903010	玻璃钢风口	1. 类型 2. 规格		按设计图示数量计算（包括玻璃钢百叶窗风口、玻璃钢矩形送风口）	风口安装
030903011	铝及铝合金风口、散流器制作安装	1. 类型 2. 规格 3. 质量		按设计图示数量计算	1. 制作 2. 安装
030903012	碳钢风帽制作安装	1. 类型 2. 规格 3. 形式 4. 质量 5. 风帽附件设计要求 6. 除锈、刷油设计要求		1. 按设计图示数量计算 2. 若风帽为成品时，制作不再计算	1. 风帽制作、安装 2. 筒形风帽滴水盘制作、安装 3. 风帽筝绳制作、安装 4. 风帽泛水制作、安装 5. 除锈、刷油
030903013	不锈钢风帽制作安装				
030903014	塑料风帽制作安装				
030903015	铝板伞形风帽制作安装			1. 按设计图示数量计算 2. 若伞形风帽为成品时，制作不再计算	1. 板伞形风帽制作安装 2. 风帽筝绳制作、安装 3. 风帽泛水制作、安装
030903016	玻璃钢风帽安装	1. 类型 2. 规格 3. 风帽附件设计要求		按设计图示数量计算（包括圆伞形风帽、锥形风帽、筒形风帽）	1. 玻璃钢风帽安装 2. 筒形风帽安装 3. 风帽筝绳安装 4. 风帽泛水安装
030903017	碳钢罩类制作安装	1. 类型 2. 除锈、刷油设计要求	kg	按设计数量计算（包括皮带防护罩、电动机防雨罩、侧吸罩、中小型零件焊接台排气罩、整体分组式槽边侧吸罩、吹吸式槽边通风罩、条缝槽边抽风罩、泥心烘炉排气罩、升降式回转排气罩、上下吸式圆形回转罩、升降式排气罩、手锻炉排气罩）	1. 制作、安装 2. 除锈、刷油

续表

项目编码	项目名称	项目特征	计量单位	工程量计算规则	工程内容
030903018	塑料罩类制作安装	1. 类型 2. 形式	kg	按设计图示数量计算（包括塑料槽边侧吸罩、塑料槽边风罩、塑料条缝槽边抽风罩）	制作、安装
030903019	柔性接口及伸缩节制作安装	1. 材质 2. 规格 3. 法兰接口设计要求	m^2	按设计图示数量计算	
030903020	消声器制作安装	类型	kg	按设计图示数量计算（包括片式消声器、矿棉管式消声器、聚酯泡沫管式消声器、卡普隆纤维管式消声器、弧形声流式消声器、阻抗复合式消声器、微穿孔板消声器、消声弯头）	
030903021	静压箱制作安装	1. 材质 2. 规格 3. 形式 4. 除锈、刷油、防腐设计要求	m^2	按设计图示数量计算	1. 制作、安装 2. 支架制作、安装 3. 除锈、刷油、防腐

通风工程检测、调试（编码：030904）　**表 5-22**

项目编码	项目名称	项目特征	计量单位	工程量计算规则	工程内容
030904001	通风工程检测、调试	系统	系统	按由通风设备、管道及部件等组成的通风系统计算	1. 管道漏光试验 2. 漏风试验 3. 通风管道风量测定 4. 风压测量 5. 温度测量 6. 各系统风口、阀门调整

四、需要说明的问题

1. 冷冻机组站内的设备安装及管道安装，按附录 C.1 及 C.6 的相应项目编制清单项目；冷冻站外墙皮以外通往通风空调设备的供热、供冷、供水等管道，按附录 C.8 的相应项目编制清单项目。

2. 通风空调设备安装的地脚螺栓按设备自带考虑。

3. 通风管道的法兰垫料或封口材料，可按图纸要求的材质计价。

4. 净化风管的空气清净度按 100000 度标准编制。

5. 净化风管使用的型钢材料如图纸要求镀锌时，镀锌费另列。

6. 不锈钢风管制作安装，不论圆形、矩形均按圆形风管计价。

7. 不锈钢、铝风管的风管厚度，可按图纸要求的厚度列项。厚度不同时只调整板材价，其他不做调整。

8. 碳钢风管、净化风管、塑料风管、玻璃钢风管的工程内容中均列有法兰、加固框、支吊架制作安装工程内容，如招标人或受招标人委托的工程造价咨询单位编制工程标底采用《全国统一安装工程预算定额》第九册为计价依据计价时，上述的工程内容已包括在该定额的制作安装定额内，不再重复列项。

第六节　建筑智能化系统设备安装工程（附录 C.12）

一、概况

建筑智能化系统设备安装工程工程量清单项目设置，以功能分类为主，各功能相对组成较为独立的体系。按项目本身特点与附录 C.10、附录 C.11 作了适度的交叉。本附录共分通讯系统设备，计算机网络系统设备，楼宇、小区多表远传系统，楼宇、小区自控系统，卫星/有线电视系统，扩声、广播、背景音乐系统，停车场管理系统及楼宇安全防范系统，可满足一般建筑智能化系统设备安装工程工程量清单编制的需要。

二、工程量清单项目设置及工程量计算规则

工程量清单项目设置及工程量计算规则，应按表 5-23 ~ 表 5-30（表 C.9.1 ~ 表 C.9.4)的规定执行。

通讯系统设备（编码：031201）　　**表 5-23**

项目编码	项目名称	项目特征	计量单位	工程量计算规则	工程内容
031201001	微波窄带无线接入系统基站设备	1. 名称 2. 类别 3. 类型 4. 回路数	台（个）	按设计图示数量计算	1. 本体安装 2. 软件安装 3. 调试 4. 系统设置
031201002	微波窄带无线接入系统用户站设备				1. 本体安装 2. 调试
031201003	微波窄带无线接入系统联调及试运行	1. 名称 2. 用户站数量	系统		1. 系统联调 2. 系统试运行
031201004	微波宽带无线接入系统基站设备	1. 名称 2. 类别 3. 类型 4. 回路数	台（个）		1. 本体安装 2. 软件安装 3. 调试 4. 系统设置
031201005	微波宽带无线接入系统用户站设备	1. 名称 2. 类别			1. 本体安装 2. 调试
031201006	微波宽带无线接入系统联调及试运行	1. 名称 2. 用户站数量	系统		1. 系统联调 2. 系统试运行 3. 验证测试
031201007	会议电话设备	1. 名称 2. 类别 3. 类别	台（架、端）		1. 本体安装 2. 检查调试 3. 联网试验
031201008	会议电视设备	1. 名称 2. 类别 3. 类型 4. 回路数	台（对、系统）		1. 本体安装 2. 软硬件调测 3. 功能验证

计算机网络系统设备安装工程（编码：031202） **表 5-24**

项目编码	项目名称	项目特征	计量单位	工程量计算规则	工程内容
031202001	终端设备	1. 名称 2. 类型	台	按设计图示数量计算	1. 本体安装 2. 单体测试
031202002	附属设备	1. 名称 2. 功能 3. 规格			
031202003	网络终端设备	1. 名称 2. 功能 3. 服务范围	台（套）		1. 安装 2. 软件安装 3. 单体调试
031202004	接口卡	1. 名称 2. 类型 3. 传输数率			1. 安装 2. 单体调试
031202005	网络集线器	1. 名称 2. 类型 3. 堆叠单元量			
031202006	局域网交换机	1. 名称 2. 功能 3. 层数（交换机）			
031202007	路由器	1. 名称 2. 功能			
031202008	防火墙	1. 名称 2. 类型 3. 功能			
031202009	调制解调器	1. 名称 2. 类型			
031202010	服务器系统软件	1. 名称 2. 功能	套		1. 安装 2. 调试
031202011	网络调试及试运行	1. 名称 2. 信息点数量	系统		1. 系统测试 2. 系统试运行 3. 系统验证测试

楼宇、小区多表远传系统（编码：031203）　**表 5-25**

项目编码	项目名称	项目特征	计量单位	工程量计算规则	工程内容
031203001	远传基表	1. 名称 2. 类别	个	按设计图示数量计算	1. 本体安装 2. 控制阀安装 3. 调试
031203002	抄表采集系统设备	1. 名称 2. 类别 3. 功能	台	按设计图示数量计算	1. 本体安装 2. 采集器安装 3. 控制箱安装 4. 单体调试
031203003	多表采集中央管理计算机	1. 名称 2. 功能	台	按设计图示数量计算	1. 本体安装 2. 软件安装 3. 单体调试

楼宇、小区自控系统（编码：031204）　**表 5-26**

项目编码	项目名称	项目特征	计量单位	工程量计算规则	工程内容
031204001	中央管理系统	1. 名称 2. 控制点数量	台	按设计图示数量计算	1. 本体安装 2. 系统软件安装 3. 单体调整
031204002	控制网络通讯设备	1. 名称 2. 类别	台	按设计图示数量计算	1. 本体安装 2. 软件安装 3. 单体调试
031204003	控制器	1. 名称 2. 类别 3. 功能 4. 控制点数量	台	按设计图示数量计算	1. 本体安装 2. 控制箱安装 3. 软件安装 4. 单体调试
031204004	第三方设备通讯接口	1. 名称 2. 类别	个	按设计图示数量计算	1. 本体安装 2. 单体调试
031204005	空调系统传感器及变送器	1. 名称 2. 类型 3. 功能	支（台）	按设计图示数量计算	1. 本体安装 2. 调整测试
031204006	照明及变配电系统传感器及变送器	1. 名称 2. 类型 3. 功能	支（台）	按设计图示数量计算	1. 本体安装 2. 调整测试
031204007	给排水系统传感器及变送器	1. 名称 2. 类型 3. 功能	支（台）	按设计图示数量计算	1. 本体安装 2. 调整测试
031204008	阀门及执行机构	1. 名称 2. 类型 3. 规格 4. 控制点数量	台（个）	按设计图示数量计算	1. 本体安装 2. 单体测试
031204009	住宅（小区）智能化设备	1. 名称 2. 类型 3. 控制点数量	台（套）	按设计图示数量计算	1. 本体安装 2. 智能箱安装 3. 软件安装 4. 系统调试
031204010	住宅（小区）智能化系统	1. 名称 2. 类型	系统	按设计图示数量计算	1. 系统试运行 2. 系统验证测试

有线电视系统（编码：031205）　表 5-27

项目编码	项目名称	项目特征	计量单位	工程量计算规则	工程内容
031205001	电视共用天线	1. 名称 2. 型号	副	按设计图示数量计算	1. 本体安装 2. 单体调试
031205002	前端机柜	名称	个		1. 本体安装 2. 连接电源 3. 接地
031205003	电视墙	1. 名称 2. 监视器数量			1. 机架、监视器安装 2. 信号分配系统安装 3. 连接电源 4. 接地
031205004	前端射频设备	1. 名称 2. 类型 3. 频道数量	套		1. 本体安装 2. 单体调试
031205005	微型地面站接收设备	1. 名称 2. 类型	台		1. 本体安装 2. 单体调试 3. 全站系统调试
031205006	光端设备	1. 名称 2. 类别 3. 类型			1. 本体安装 2. 单体调试
031205007	有线电视系统管理设备	1. 名称 2. 类别			1. 本体安装 2. 系统调试
031205008	播控设备	1. 名称 2. 功能 3. 规格			1. 播控台安装 2. 控制设备安装 3. 播控台调试
031205009	传输网络设备	1. 名称 2. 功能 3. 安装位置	个		1. 本体安装 2. 单体调试
031205010	分配网络设备	1. 名称 2. 功能 3. 安装形式			1. 本体安装 2. 电缆头制作、安装 3. 电缆接线盒埋设 4. 网络终端调试 5. 楼板、墙壁穿孔

扩声、背景音乐系统（编码：031206） **表 5-28**

项目编码	项目名称	项目特征	计量单位	工程量计算规则	工程内容
031206001	扩声系统设备	1. 名称 2. 类别 3. 回路数 4. 功能	台	按设计图示数量计算	安装
031206002	扩声系统	1. 名称 2. 类别 3. 功能	只（副、系统）		1. 单体调试 2. 试运行
031206003	背景音乐系统设备	1. 名称 2. 类别 3. 回路数 4. 功能	台		安装
031206004	背景音乐系统	1. 名称 2. 类型 3. 功能	台（系统）		1. 单体调试 2. 试运行

停车场管理系统（编码：031207） **表 5-29**

项目编码	项目名称	项目特征	计量单位	工程量计算规则	工程内容
031207001	车辆检测识别设备	1. 名称 2. 类型	套	按设计图示数量计算	1. 本体安装 2. 单体调试
031207002	出入口设备				
031207003	显示和信号设备	1. 名称 2. 类别 3. 规格			
031207004	监控管理中心设备	名称	系统		1. 安装 2. 软件安装 3. 系统联试 4. 系统试运行

楼宇安全防范系统（编码：031208）　表 5-30

项目编码	项目名称	项目特征	计量单位	工程量计算规则	工程内容
031208001	入侵探测器	1. 名称 2. 类别	套	按设计图示数量计算	1. 本体安装 2. 单体调试
031208002	入侵报警控制器	1. 名称 2. 类别 3. 回路数			
031208003	报警中心设备	1. 名称 2. 类别			
031208004	报警信号传输设备	1. 名称 2. 类别 3. 功率			
031208005	出入口目标识别设备	1. 名称 2. 类型			1. 本体安装 2. 系统调试
031208006	出入口控制设备		台		
031208007	出入口执行结构设备	1. 名称 2. 类别			
031208008	电视监控摄像设备	1. 名称 2. 类型 3. 类别			1. 本体安装 2. 云台安装 3. 镜头安装 4. 保护罩安装 5. 支架安装 6. 调试 7. 试运行
031208009	视频控制设备	1. 名称 2. 类别 3. 回路数			1. 本体安装 2. 单体调试 3. 试运行

续表

项目编码	项目名称	项目特征	计量单位	工程量计算规则	工 程 内 容
031208010	控制台和监视器柜	1. 名称 2. 类型	台	按设计图示数量计算	安装
031208011	音频、视频及脉冲分配器	1. 名称 2. 回路数			1. 本体安装 2. 单体调试 3. 试运行
031208012	视频补偿器	1. 名称 2. 通道量			
031208013	视频传输设备	1. 名称 2. 类型			
031208014	录像、记录设备	1. 名称 2. 类型 3. 规格			
031208015	监控中心				
031208016	CRT显示终端	1. 名称 2. 类型			
031208017	模拟盘				
031208018	安全防范系统		系统		1. 联调测试 2. 系统试验运行 3. 验交

复 习 思 考 题

1. 建筑安装工程项目一般包括哪些内容?

2. 建筑安装工程清单项目的项目特征如何描述? 清单项目的工作内容对工程计价有什么作用?

3. 试结合工程量清单项目的设置，讨论建筑室内照明工程计价时一般应包括哪些清单项目? 各项目工程量计算时应注意什么问题?

4. 按照第3题的要求分别对消防工程、给水排水工程、采暖工程、通风空调工程进行讨论。

第六章　市政工程工程量计算规则

第一节　概　　述

按不同的专业和不同的工程对象，《建设工程工程量清单计价规范》（以下简称《清单计价规范》）附录D将市政工程项目划分为8个分部工程，每个分部工程又分为若干个子分部工程，每个子分部工程又分为若干个分项工程，每个分项工程有一个项目编码。

《清单计价规范》附录D，按章节分为8章38节432个项目，包括：

第一章D.1土石方工程，共3节12项；

第二章D.2道路工程，共5节60项；

第三章D.3桥涵护岸工程，共9节74项；

第四章D.4隧道工程，共8节82项；

第五章D.5市政管网工程，共7节110项；

第六章D.6地铁工程，共4节81项；

第七章D.7钢筋工程，共1节5项；

第八章D.8拆除工程，共1节8项。

附录没编列路灯工程，此部分工程量清单按《建设工程工程量清单计价规范》中附录C安装工程相应项目编制。

附录内容基本上可以涵盖市政工程编制工程量清单的需要。

一、章节划分的原则

1.附录中将工程对象相同的尽量划归在一起。如土石方工程、钢筋工程和拆除工程。

2.按市政工程的不同专业分道路、桥涵护岸、隧道、管网、地铁等工程。

3.其他附录已经编有的清单项目，而且对市政工程也适用的，如路灯工程的相应清单项目，地铁工程中的通信、供电、通风、空调、给水、排水、消防、电视监控等在附录C安装工程中都有相应的清单项目，可直接用来编制市政工程上述内容的工程量清单，附录D不再重复设置这些清单项目。

4.各章中的节是按工程对象和施工部位及施工工艺不同来划分的。例如第二章D.2道路工程共为5节：第一节D.2.1路基处理，将工程对象为路基处理的不同清单项目都集中划归在这一节里；第二节D.2.2道路基层，将不同的道路基层清单项目都划归在这一节里。同样第三节 D.2.3 道路面层、第四节 D.2.4 人行道及其他、第五节 D.2.5 交通管理设施也按此进行划分归类。

当编制道路工程工程量清单时，除路基土石方的清单项目要到第一章 D.1 土石方工程中去找外，其余所有清单项目都可以在这一章中找到，这样层次分明，使用起来比较方便。

其他各章也按上述原则划分节。

二、清单项目设置的原则

清单项目是以形成工程实体为基础设立的，按计算容易、比较直观的原则来设置。

例如打预制钢筋混凝土桩清单项目的设置，按桩打至达到设计要求，以长度来计量。包括了可能发生的搭设工作平台、制桩、运桩、打桩、接桩、送桩、凿除桩头、废料弃置的全部内容。

至于使用什么机械、用什么方法、采取什么措施均由投标人自主决定，在清单项目设置中不作规定。

三、市政工程工程量计算

1. 市政工程工程量计算规则

工程量计算规则是按形成工程实物的净量的计算规定的。计算规则绝大部分是与预算定额中的工程量计算规则一致，只有少数不一致。计算分项工程实物数量时，采取从施工图纸中摘取数值的取定原则。在计算工程量时，必须按照《建设工程工程量清单计价规范》附录 D 规定的计算规则及方法进行计算，详见本章各分部分项工程工程量清单的相关内容。

2. 市政工程工程量计算要点

(1) 市政工程量计算是指计算市政工程各专业工程分部分项子目的工程数量。

(2) 市政工程量计算应根据市政工程施工图纸，并参照附录 D 市政工程量计算规则进行。

(3) 市政工程各分项子目工程量计算顺序，应按分项子目编号次序逐个进行。

(4) 市政工程量计算结果的计量单位必须按《清单计价规范》附录 D 规定的统一单位。

(5) 工程数量的有效位数，以“t”为单位，应保留小数点后三位有效数字，第四位四舍五入；以“m^3”、“m^2”、“m”为单位，应保留小数点后两位数字，第三位四舍五入；以“个”、“项”等为单位，应取整数。

(6) 工程量计算应运用正确的数学公式，不得用近似式或约数。

(7) 各分项子目的工程量计算式及结果应誊清在工程量计算表上。工程量计算结果宜用红笔注出或在数字上画方框，以资识别。

(8) 工程量计算表应经过仔细审核，确认无误后，再填入市政工程工程量清单表格中。

第二节 土石方工程

一、土石方工程工程量清单项目设置及工程量计算规则的原则与说明

土石方工程共分挖土方、挖石方、填方及土石方运输 3 节 12 个项目，其中挖土方 6 个项目，挖石方 3 个项目，填方及土石方运输 3 个项目。

1. 适用范围的说明

(1) 挖一般土石方、沟槽土石方、基坑土石方的划分原则在本章说明中已经明确，在编列清单项目时，按划分的原则进行列项。

(2) 竖井挖土方，指在土质隧道、地铁中除用盾构法挖竖井外，其他方法挖竖井土方用此项目。

(3) 暗挖土方，指在土质隧道、地铁中除用盾构法掘进和竖井挖土方外，用其他方法挖洞内土方工程用此项目。

(4) 填方，包括用各种不同的填筑材料填筑的填方均用此项目。

2. 工程量计算规则的说明

本规则规定一般工程量是按形成工程实物的净量来计算的。即工程量清单计价一般只要求达到设计标准，至于采用的施工方法和措施手段一般不作规定，由投标方根据工程特点、现场情况和自身的条件自主选择确定。因此，根据工程量清单计价要求，为达到工程有关各方对同一份设计图进行清单工程量计算时其计算结果数量是一致的目的，将土石方工程视为“实物”，设立清单项目，对清单工程量计算作如下规定：

(1) 填方以压实（夯实）后的体积计算，挖方以自然密实度体积计算。

(2) 挖一般土石方的清单工程量按原地面线与开挖达到设计要求线间的体积计算。

(3) 挖沟槽和基坑土石方的清单工程量，按原地面线以下构筑物最大水平投影面积乘以挖土深度（原地面平均标高至坑、槽底平均标高的高度）以体积计算，如图 6-1 所示。

(4) 市政管网中各种井的井位挖方计算。因为管沟挖方的长度按管网铺设的管道中心线的长度计算，所以管网中的各种井的井位挖方清单工程量必须扣除与管沟重叠部分的土方量，如图 6-2 所示只计算斜线部分的方量。

(5) 填方清单工程量计算

1) 道路填方按路基设计线与原地面线之间的体积计算，如图 6-3 所示。

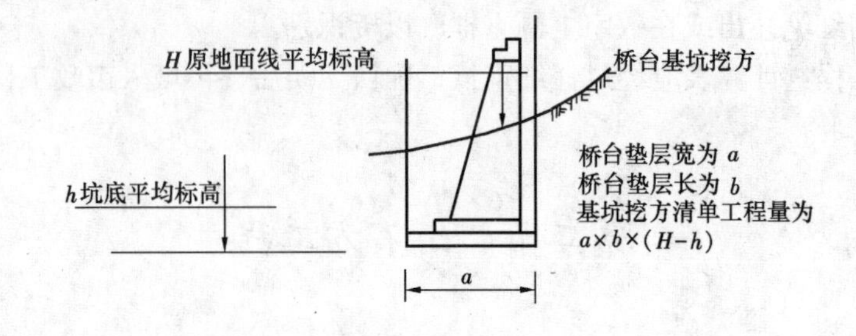

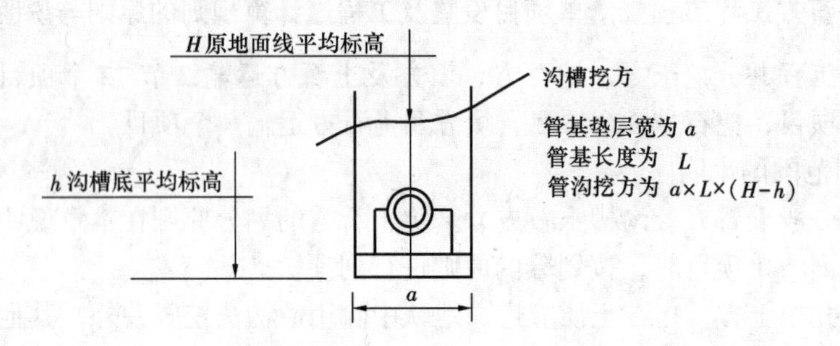

图 6-1　桥台基坑挖方及沟槽挖方

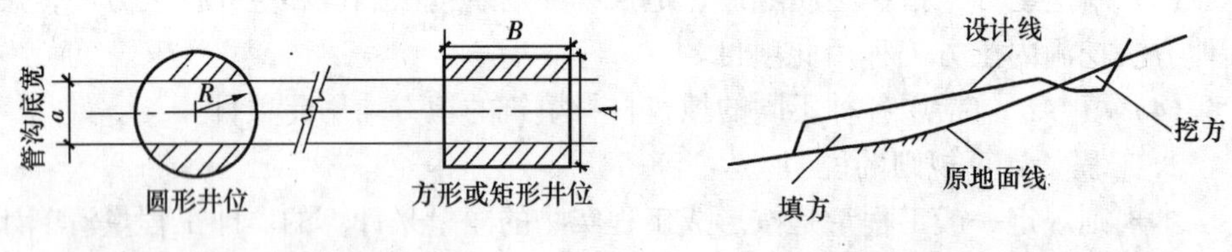

图 6-2　井位挖方计算　　　　图 6-3　道路填方计算示意图

2）沟槽、基坑填方的清单工程量，按相关的挖方清单工程量减去包括垫层在内的构筑物埋入体积计算；如设计填筑线在原地面以上，还应加上原地面线至设计线之间的体积。

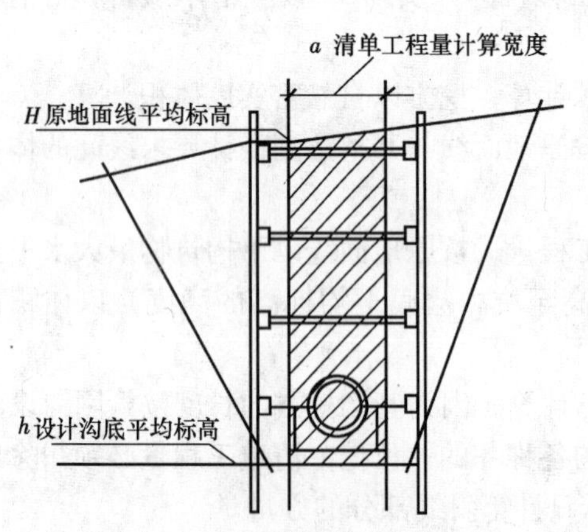

图 6-4　挖方应考虑的支撑围护、放坡及工作面加宽部分

（6）每个单位工程的挖方与填方应进行平衡，多余部分应列余方弃置的项目。如招标文件中指明弃置地点的，应列明弃置点及运距；如招标文件中没有列明弃置点的，将由投标人考虑弃置点及运距。缺少部分（即缺方部分）应列缺方内运清单项目。如招标文件中指明取方点的，则应列明到取方点的平均运距；如招标文件和设计图及技术文件中，对填方材料品种、规格有要

求的也应列明，对填方密实度有要求的应列明密实度。

3. 工程内容的说明

(1) 工程内容仅指可能发生的主要内容。工程内容中场内运输是指土石方挖、填平衡部分的运输和临时堆放所需的运输。

(2) 挖方的临时支撑围护和安全所需的放坡及工作面所需的加宽部分的挖方，在组价时要考虑在其中（即挖方的清单工程量和实际施工工程量是不等的，施工工程量取决于施工措施的方法），如图 6-4 所示。

二、土石方工程工程量清单项目设置及工程量计算规则的规定

1. 挖土方（《清单计价规范》附录 D.1.1）

工程量清单项目设置及工程量计算规则，应按表 6-1（附录 D.1.1 中表 D.1.1）的规定执行。

挖土方（表 D.1.1）（编码：040101）　　**表 6-1**

<table>
<tr><th>项目编码</th><th>项目名称</th><th>项目特征</th><th>计量单位</th><th>工程量计算规则</th><th>工程内容</th></tr>
<tr><td>040101001</td><td>挖一般土方</td><td rowspan="4">1. 土壤类别
2. 挖土深度</td><td rowspan="6">m^3</td><td>按设计图示开挖线以体积计算</td><td rowspan="3">1. 土方开挖
2. 围护、支撑
3. 场内运输
4. 平整、夯实</td></tr>
<tr><td>040101002</td><td>挖沟槽土方</td><td>原地面线以下按构筑物最大水平投影面积乘以挖土深度（原地面平均标高至槽坑底高度）以体积计算</td></tr>
<tr><td>040101003</td><td>挖基坑土方</td><td>原地面线以下按构筑物最大水平投影面积乘以挖土深度（原地面平均标高至坑底高度）以体积计算</td></tr>
<tr><td>040101004</td><td>竖井挖土方</td><td>按设计图示尺寸以体积计算</td><td>1. 土方开挖
2. 围护、支撑
3. 场内运输</td></tr>
<tr><td>040101005</td><td>暗挖土方</td><td>土壤类别</td><td>按设计图示断面乘以长度以体积计算</td><td>1. 土方开挖
2. 围护、支撑
3. 洞内运输
4. 场内运输</td></tr>
<tr><td>040101006</td><td>挖淤泥</td><td>挖淤泥深度</td><td>按设计图示的位置及界限以体积计算</td><td>1. 挖淤泥
2. 场内运输</td></tr>
</table>

2. 挖石方（《清单计价规范》附录D.1.2）

工程量清单项目设置及工程量计算规则，应按表6-2（表D.1.2）的规定执行。

挖石方（表D.1.2）（编码：040102）　**表6-2**

项目编码	项目名称	项目特征	计量单位	工程量计算规则	工程内容
040102001	挖一般石方	1. 岩石类别 2. 开凿深度	m^3	按设计图示开挖线以体积计算	1. 石方开挖 2. 围护、支撑 3. 场内运输 4. 修整底、边
040102002	挖沟槽石方			原地面线以下按构筑物最大水平投影面积乘以挖石深度（原地面平均标高至槽底高度）以体积计算	
040102003	挖基坑石方			按设计图示尺寸以体积计算	

3. 填方及土石方运输（《清单计价规范》附录D.1.3）

工程量清单项目设置及工程量计算规则，应按表6-3（表D.1.3）的规定执行。

填方及土石方运输（表D.1.3）（编码：040103）　**表6-3**

项目编码	项目名称	项目特征	计量单位	工程量计算规则	工程内容
040103001	填方	1. 填方材料品种 2. 密实度	m^3	1. 按设计图示尺寸以体积计算 2. 按挖方清单项目工程量减基础、构筑物埋入体积加原地面线至设计要求标高间的体积计算	1. 填方 2. 压实
040103002	余方弃置	1. 废弃料品种 2. 运距		按挖方清单项目工程量减利用回填方体积（正数）计算	余方点装料运输至弃置点
040103003	缺方内运	1. 填方材料品种 2. 运距		按挖方清单项目工程量减利用回填方体积（负数）计算	取料点装料运输至缺方点

4. 其他相关问题，应按下列规定处理（《清单计价规范》附录D.1.4）：

（1）挖方应按天然密实度体积计算，填方应按压实后体积计算。

（2）沟槽、基坑、一般土石方的划分应符合下列规定：

1）底宽7m以内，底长大于底宽3倍以上应按沟槽计算。

2）底长小于底宽3倍以下，底面积在150m^2以内应按基坑计算。

3）超过上述范围，应按一般土石方计算。

第三节　道 路 工 程

一、道路工程工程量清单项目设置及工程量计算规则的原则

道路工程共分为路基处理、道路基层、道路面层、人行道及其他、交通管理设施5节，共计60个项目。工程量计算规则应遵守以下原则：

1. 道路各层厚度均以压实后的厚度为准。

2. 道路的基层和面层的清单工程量均以设计图示尺寸按面积计算，不扣除各种井所占面积。

3. 道路基层和面层均按不同结构分别分层设立清单项目。

4. 路基处理、人行道及其他、交通管理设施等的不同项目分别按《建设工程工程量清单计价规范》规定的计量单位和计算规则计算清单工程量。

二、道路工程工程量清单项目设置及工程量计算规则的规定

1. 路基处理（《清单计价规范》附录D.2.1）

工程量清单项目设置及工程量计算规则，应按表6-4（表D.2.1）的规定执行。

路基处理（表D.2.1）（编码：040201）　　**表6-4**

项目编码	项目名称	项目特征	计量单位	工程量计算规则	工程内容
040201001	强夯土方	密实度	m^2	按设计图示尺寸以面积计算	土方强夯
040201002	掺石灰	含灰量	m^3	按设计图示尺寸以体积计算	掺石灰
040201003	掺干土	1. 密实度 2. 掺土率			掺干土
040201004	掺石	1. 材料 2. 规格 3. 掺石率			掺石
040201005	抛石挤淤	规格			抛石挤淤
040201006	袋装砂井	1. 直径 2. 填充料品种	m	按设计图示以长度计算	成孔、装袋砂
040201007	塑料排水板	1. 材料 2. 规格			成孔、打塑料排水板
040201008	石灰砂桩	1. 材料配合比 2. 桩径			成孔、石灰、砂填充
040201009	碎石桩	1. 材料规格 2. 桩径			1. 振冲器安装、拆除 2. 碎石填充振实
040201010	喷粉桩	1. 桩径 2. 水泥含量			成孔、喷粉固化
040201011	深层搅拌桩				1. 成孔 2. 水泥浆制作 3. 压浆、搅拌

续表

项目编码	项目名称	项目特征	计量单位	工程量计算规则	工程内容
040201012	土工布	1. 材料品种 2. 规格	m^2	按设计图示尺寸以面积计算	土工布铺设
040201013	排水沟、截水沟	1. 材料品种 2. 断面 3. 混凝土强度等级 4. 砂浆强度等级	m	按设计图示以长度计算	1. 垫层铺筑 2. 混凝土浇筑 3. 砌筑 4. 勾缝 5. 抹面 6. 盖板
040201014	盲沟	1. 材料品种 2. 断面 3. 材料规格			盲沟铺筑

2. 道路基层（《清单计价规范》附录 D.2.2）

工程量清单项目设置及工程量计算规则，应按表 6-5（表 D.2.2）的规定执行。

道路基层（表 D.2.2）（编码：040202）　**表 6-5**

项目编码	项目名称	项目特征	计量单位	工程量计算规则	工程内容
040202001	垫层	1. 厚度 2. 材料品种 3. 材料规格	m^2	按设计图示尺寸以面积计算，不扣除各种井所占面积	1. 拌合 2. 铺筑 3. 找平 4. 碾压 5. 养护
040202002	石灰稳定土	1. 厚度 2. 含灰量			
040202003	水泥稳定土	1. 水泥含量 2. 厚度			
040202004	石灰、粉煤灰、土	1. 厚度 2. 配合比			
040202005	石灰、碎石、土	1. 厚度 2. 配合比 3. 碎石规格			
040202006	石灰、粉煤灰、碎（砾）石	1. 材料品种 2. 厚度 3. 碎(砾)石规格 4. 配合比			
040202007	粉煤灰	厚度			
040202008	砂砾石				
040202009	卵石				
040202010	碎石				
040202011	块石				
040202012	炉渣				
040202013	粉煤灰三渣	1. 厚度 2. 配合比 3. 石料规格			
040202014	水泥稳定碎（砾）石	1. 厚度 2. 水泥含量 3. 石料规格			
040202015	沥青稳定碎石	1. 厚度 2. 沥青品种 3. 石料粒径			

3. 道路面层（《清单计价规范》附录 D.2.3）

工程量清单项目设置及工程量计算规则，应按表 6-6（表 D.2.3）的规定执行。

道路面层（表 D.2.3）（编码：040203） **表 6-6**

<table>
<tr><th>项目编码</th><th>项目名称</th><th>项目特征</th><th>计量单位</th><th>工程量计算规则</th><th>工程内容</th></tr>
<tr><td>040203001</td><td>沥青表面处理</td><td>1. 沥青品种
2. 层数</td><td rowspan="7">m²</td><td rowspan="7">按设计图示尺寸以面积计算，不扣除各种井所占面积</td><td rowspan="2">1. 洒油
2. 碾压</td></tr>
<tr><td>040203002</td><td>沥青贯入式</td><td>1. 沥青品种
2. 厚度</td></tr>
<tr><td>040203003</td><td>黑色碎石</td><td>1. 沥青品种
2. 厚度
3. 石料最大粒径</td><td rowspan="2">1. 洒铺底油
2. 铺筑
3. 碾压</td></tr>
<tr><td>040203004</td><td>沥青混凝土</td><td>1. 沥青品种
2. 石料最大粒径
3. 厚度</td></tr>
<tr><td>040203005</td><td>水泥混凝土</td><td>1. 混凝土强度等级、石料最大粒径
2. 厚度
3. 掺合料
4. 配合比</td><td>1. 传力杆及套筒制作、安装
2. 混凝土浇筑
3. 拉毛或压痕
4. 伸缝
5. 缩缝
6. 锯缝
7. 嵌缝
8. 路面养生</td></tr>
<tr><td>040203006</td><td>块料面层</td><td>1. 材质
2. 规格
3. 垫层厚度
4. 强度</td><td>1. 铺筑垫层
2. 铺砌块料
3. 嵌缝、勾缝</td></tr>
<tr><td>040203007</td><td>橡胶、塑料弹性面层</td><td>1. 材料名称
2. 厚度</td><td>1. 配料
2. 铺贴</td></tr>
</table>

4. 人行道及其他（《清单计价规范》附录 D.2.4）

工程量清单项目设置及工程量计算规则，应按表 6-7（表 D.2.4）的规定执行。

人行道及其他（表 D.2.4）（编码：040204） 表 6-7

项目编码	项目名称	项目特征	计量单位	工程量计算规则	工程内容
040204001	人行道块料铺设	1. 材质 2. 尺寸 3. 垫层材料品种、厚度、强度	m^2	按设计图示尺寸以面积计算，不扣除各种井所占面积	1. 整形碾压 2. 垫层、基础铺筑 3. 块料铺设
040204002	现浇混凝土人行道及进口坡	1. 混凝土强度等级、石料最大粒径 2. 厚度 3. 垫层、基础：材料品种、厚度、强度			1. 整形碾压 2. 垫层、基础铺筑 3. 混凝土浇筑
040204003	安砌侧（平、缘）石	1. 材料 2. 尺寸 3. 形状 4. 垫层、基础：材料品种、厚度、强度	m	按设计图示中心线长度计算	1. 垫层、基础铺筑 2. 侧(平、缘)石安砌
040204004	现浇侧（平、缘）石	1. 材料品种 2. 尺寸 3. 形状 4. 混凝土强度等级、石料最大粒径 5. 垫层、基础：材料品种、厚度、强度			1. 垫层铺筑 2. 混凝土浇筑 3. 养生
040204005	检查井升降	1. 材料品种 2. 规格 3. 平均升降高度	座	按设计图示路面标高与原有的检查井发生正负高差的检查井的数量计算	升降检查井
040204006	树池砌筑	1. 材料品种、规格 2. 树池尺寸 3. 树池盖材料品种	个	按设计图示数量计算	1. 树池砌筑 2. 树池盖制作、安装

5. 交通管理设施（《清单计价规范》附录 D.2.5）

工程量清单项目设置及工程量计算规则，应按表 6-8（表 D.2.5）的规定执行。

交通管理设施（表 D.2.5）（编码：040205） **表 6-8**

<table>
<tr><th>项目编码</th><th>项目名称</th><th>项 目 特 征</th><th>计量单位</th><th>工程量计算规则</th><th>工程内容</th></tr>
<tr><td>040205001</td><td>接线工作井</td><td>1. 混凝土强度等级、石料最大粒径
2. 规格</td><td>座</td><td>按设计图示数量计算</td><td>浇筑</td></tr>
<tr><td>040205002</td><td>电缆保护管铺设</td><td rowspan="3">1. 材料品种
2. 规格
3. 基础材料品种、厚度、强度</td><td>m</td><td>按设计图示以长度计算</td><td>电缆保护管制作、安装</td></tr>
<tr><td>040205003</td><td>标杆</td><td>套</td><td rowspan="3">按设计图示数量计算</td><td>1. 基础浇捣
2. 标杆制作、安装</td></tr>
<tr><td>040205004</td><td>标志板</td><td>块</td><td>标志板制作、安装</td></tr>
<tr><td>040205005</td><td>视线诱导器</td><td>类型</td><td>只</td><td>安装</td></tr>
<tr><td>040205006</td><td>标线</td><td>1. 油漆品种
2. 工艺
3. 线型</td><td>km</td><td>按设计图示以长度计算</td><td rowspan="3">画线</td></tr>
<tr><td>040205007</td><td>标记</td><td>1. 油漆品种
2. 规格
3. 形式</td><td>个</td><td>按设计图示数量计算</td></tr>
<tr><td>040205008</td><td>横道线</td><td>形式</td><td rowspan="2">m^2</td><td rowspan="2">按设计图示尺寸以面积计算</td></tr>
<tr><td>040205009</td><td>清除标线</td><td>清除方法</td><td>清除</td></tr>
<tr><td>040205010</td><td>交通信号灯安装</td><td>型号</td><td>套</td><td>按设计图示数量计算</td><td rowspan="3">1. 基础浇捣
2. 安装</td></tr>
<tr><td>040205011</td><td>环形检测线安装</td><td rowspan="2">1. 类型
2. 垫层、基础：材料品种、厚度、强度</td><td>m</td><td>按设计图示以长度计算</td></tr>
<tr><td>040205012</td><td>值警亭安装</td><td>座</td><td>按设计图示数量计算</td></tr>
<tr><td>040205013</td><td>隔离护栏安装</td><td>1. 部位
2. 形式
3. 规格
4. 类型
5. 材料品种
6. 基础材料品种、强度</td><td>m</td><td>按设计图示以长度计算</td><td>1. 基础浇捣
2. 安装</td></tr>
</table>

续表

项目编码	项目名称	项 目 特 征	计量单位	工程量计算规则	工程内容
040205014	立电杆	1. 类型 2. 规格 3. 基础材料品种、强度	根	按设计图示数量计算	1. 基础浇筑 2. 安装
040205015	信号灯架空走线	规格	km	按设计图示以长度计算	架线
040205016	信号机箱	1. 形式 2. 规格 3. 基础材料品种、强度	只	按设计图示数量计算	1. 基础浇筑或砌筑 2. 安装 3. 系统调试
040205017	信号灯架		组		
040205018	管内穿线	1. 规格 2. 型号	km	按设计图示以长度计算	穿线

6. 道路工程厚度均应以压实后为准（《清单计价规范》附录 D.2.6)。

第四节　桥涵护岸工程

桥涵护岸工程包括桩基、现浇混凝土、预制混凝土、砌筑、挡墙、护坡，立交箱涵、钢结构，装饰、其他（包括金属栏杆、桥梁支座、桥梁伸缩装置、隔声屏障、泄水管、防水层等零星项目)。适用于城市桥梁和护岸工程。

一、桥涵护岸工程工程量清单项目设置及工程量计算规则的原则

1. 桩基包括了桥梁常用的桩种，清单工程量以设计桩长计量，只有混凝土板桩以体积计算。这与定额工程量计算是不同的，定额一般桩以体积计算，钢管桩以重量计算。清单工程内容包括了从搭拆工作平台起到竖拆桩机、制桩、运桩、打桩（沉桩)、接桩、送桩，直至截桩头、废料弃置等全部内容。

2. 现浇混凝土清单项目的工程内容包括混凝土制作、运输、浇筑、养护等全部内容。混凝土基础还包括垫层在内。

3. 预制混凝土清单项目的工程内容包括制作、运输、安装和构件连接等全部内容。

4. 砌筑、挡墙及护坡清单项目的工程内容均包括泄水孔、滤水层及勾缝在内。

5. 所有脚手架、支架、模板均划归措施项目。

二、桥涵护岸工程工程量清单项目设置及工程量计算规则的规定

1. 桩基（《清单计价规范》附录 D.3.1）

工程量清单项目设置及工程量计算规则，应按表 6-9（表 D.3.1）的规定执行。

桩基（表 D.3.1）（编码：040301）　　表 6-9

项目编码	项目名称	项 目 特 征	计量单位	工程量计算规则	工程内容
040301001	圆木桩	1. 材质 2. 尾径 3. 斜率	m	按设计图示以桩长（包括桩尖）计算	1. 工作平台搭拆 2. 桩机竖拆 3. 运桩 4. 桩靴安装 5. 沉桩 6. 截桩头 7. 废料弃置
040301002	钢筋混凝土板桩	1. 混凝土强度等级、石料最大粒径 2. 部位	m^3	按设计图示桩长（包括桩尖）乘以桩的断面积以体积计算	1. 工作平台搭拆 2. 桩机竖拆 3. 场内外运桩 4. 沉桩 5. 送桩 6. 凿除桩头 7. 废料弃置 8. 混凝土浇筑 9. 废料弃置
040301003	钢筋混凝土方桩（管桩）	1. 形式 2. 混凝土强度等级、石料最大粒径 3. 断面 4. 斜率 5. 部位	m	按设计图示桩长（包括桩尖）计算	1. 工作平台搭拆 2. 桩机竖拆 3. 混凝土浇筑 4. 运桩 5. 沉桩 6. 接桩 7. 送桩 8. 凿除桩头 9. 桩芯混凝土充填 10. 废料弃置
040301004	钢管桩	1. 材质 2. 加工工艺 3. 管径、壁厚 4. 斜率 5. 强度			1. 工作平台搭拆 2. 桩机竖拆 3. 钢管制作 4. 场内外运桩 5. 沉桩 6. 接桩 7. 送桩 8. 切割钢管 9. 精割盖帽 10. 管内取土 11. 余土弃置 12. 管内填心 13. 废料弃置

续表

项目编码	项目名称	项 目 特 征	计量单位	工程量计算规则	工程内容
040301005	钢管成孔灌注桩	1. 桩径 2. 深度 3. 材料品种 4. 混凝土强度等级、石料最大粒径	m	按设计图示桩长（包括桩尖）计算	1. 工作平台搭拆 2. 桩机竖拆 3. 沉桩及灌注、拔管 4. 凿除桩头 5. 废料弃置
040301006	挖孔灌注桩	1. 桩径 2. 深度 3. 岩土类别 4. 混凝土强度等级、石料最大粒径		按设计图示以长度计算	1. 挖桩成孔 2. 护壁制作、安装、浇捣 3. 土方运输 4. 灌注混凝土 5. 凿除桩头 6. 废料弃置 7. 余方弃置
040301007	机械成孔灌注桩				1. 工作平台搭拆 2. 成孔机械竖拆 3. 护筒埋设 4. 泥浆制作 5. 钻、冲成孔 6. 余方弃置 7. 灌注混凝土 8. 凿除桩头 9. 废料弃置

2. 现浇混凝土（《清单计价规范》附录 D.3.2）

工程量清单项目设置及工程量计算规则，应按表 6-10（表 D.3.2）的规定执行。

现浇混凝土（表 D.3.2）（编码：040302）　　**表 6-10**

项目编码	项目名称	项 目 特 征	计量单位	工程量计算规则	工程内容
040302001	混凝土基础	1. 混凝土强度等级、石料最大粒径 2. 嵌料（毛石）比例 3. 垫层厚度、材料品种、强度	m^3	按设计图示尺寸以体积计算	1. 垫层铺筑 2. 混凝土浇筑 3. 养生
040302002	混凝土承台	1. 部位 2. 混凝土强度等级、石料最大粒径			
040302003	墩（台）帽				1. 混凝土浇筑 2. 养生
040302004	墩（台）身				
040302005	支撑梁及横梁				
040302006	墩(台)盖梁				

续表

项目编码	项目名称	项 目 特 征	计量单位	工程量计算规则	工程内容
040302007	拱桥拱座	混凝土强度等级、石料最大粒径	m^3	按设计图示尺寸以体积计算	1. 混凝土浇筑 2. 养生
040302008	拱桥拱肋				
040302009	拱上构件	1. 部位 2. 混凝土强度等级、石料最大粒径			
040302010	混凝土箱梁				
040302011	混凝土连续板	1. 部位 2. 强度 3. 形式			
040302012	混凝土板梁	1. 部位 2. 形式 3. 混凝土强度等级、石料最大粒径			
040302013	拱　板	1. 部位 2. 混凝土强度等级、石料最大粒径			
040302014	混凝土楼梯	1. 形式 2. 混凝土强度等级、石料最大粒径			
040302015	混凝土防撞护栏	1. 断面 2. 混凝土强度等级、石料最大粒径	m	按设计图示尺寸以长度计算	
040302016	混凝土小型构件	1. 部位 2. 混凝土强度等级、石料最大粒径	m^3	按设计图示尺寸以体积计算	
040302017	桥面铺装	1. 部位 2. 混凝土强度等级、石料最大粒径 3. 沥青品种 4. 厚度 5. 配合比	m^2	按设计图示尺寸以面积计算	1. 混凝土浇筑 2. 养生 3. 沥青混凝土铺装 4. 碾压
040302018	桥头搭板	混凝土强度等级、石料最大粒径	m^3	按设计图示尺寸以体积计算	1. 混凝土浇筑 2. 养生
040302019	桥塔身	1. 形状 2. 混凝土强度等级、石料最大粒径		按设计图示尺寸以实体积计算	
040302020	连系梁				

3. 预制混凝土（《清单计价规范》附录 D.3.3）

工程量清单项目设置及工程量计算规则，应按表 6-11（表 D.3.3）的规定执行。

预制混凝土（表 D.3.3）（编码：040303） **表 6-11**

项目编码	项目名称	项目特征	计量单位	工程量计算规则	工程内容
040303001	预制混凝土立柱	1. 形状、尺寸 2. 混凝土强度等级、石料最大粒径 3. 预应力、非预应力 4. 张拉方式	m^3	按设计图示尺寸以体积计算	1. 混凝土浇筑 2. 养生 3. 构件运输 4. 立柱安装 5. 构件连接
040303002	预制混凝土板				1. 混凝土浇筑 2. 养生 3. 构件运输 4. 安装 5. 构件连接
040303003	预制混凝土梁				
040303004	预制混凝土桁架拱构件	1. 部位 2. 混凝土强度等级、石料最大粒径			
040303005	预制混凝土小型构件				

4. 砌筑（《清单计价规范》附录 D.3.4）

工程量清单项目设置及工程量计算规则，应按表 6-12（表 D.3.4）的规定执行。

砌筑（表 D.3.4）（编码：040304） **表 6-12**

项目编码	项目名称	项目特征	计量单位	工程量计算规则	工程内容
040304001	干砌块料	1. 部位 2. 材料品种 3. 规格	m^3	按设计图示尺寸以体积计算	1. 砌筑 2. 勾缝
040304002	浆砌块料	1. 部位 2. 材料品种 3. 规格 4. 砂浆强度等级			1. 砌筑 2. 砌体勾缝 3. 砌体抹面 4. 泄水孔制作、安装 5. 滤层铺设 6. 沉降缝
040304003	浆砌拱圈	1. 材料品种 2. 规格 3. 砂浆强度等级			1. 砌筑 2. 砌体勾缝 3. 砌体抹面
040304004	抛　石	1. 要求 2. 品种规格			抛石

5. 挡墙、护坡（《清单计价规范》附录 D.3.5）

工程量清单项目设置及工程量计算规则，应按表 6-13（表 D.3.5）的规定执行。

挡墙、护坡（表 D.3.5）（编码：040305）　　表 6-13

项目编码	项目名称	项目特征	计量单位	工程量计算规则	工程内容
040305001	挡墙基础	1. 材料品种 2. 混凝土强度等级、石料最大粒径 3. 形式 4. 垫层厚度、材料品种、强度	m^3	按设计图示尺寸以体积计算	1. 垫层铺筑 2. 混凝土浇筑
040305002	现浇混凝土挡墙墙身	1. 混凝土强度等级、石料最大粒径 2. 泄水孔材料品种、规格 3. 滤水层要求			1. 混凝土浇筑 2. 养生 3. 抹灰 4. 泄水孔制作、安装 5. 滤水层铺设
040305003	预制混凝土挡墙墙身				1. 混凝土浇筑 2. 养生 3. 构件运输 4. 安装 5. 泄水孔制作、安装 6. 滤水层铺筑
040305004	挡墙混凝土压顶	混凝土强度等级、石料最大粒径			1. 混凝土浇筑 2. 养生
040305005	护　坡	1. 材料品种 2. 结构形式 3. 厚度	m^2	按设计图示尺寸以面积计算	1. 修整边坡 2. 砌筑

6. 立交箱涵（《清单计价规范》附录 D.3.6）

工程量清单项目设置及工程量计算规则，应按表 6-14（表 D.3.6）的规定执行。

立交箱涵（表 D.3.6）（编码：040306）　　表 6-14

项目编码	项目名称	项目特征	计量单位	工程量计算规则	工程内容
040306001	滑板	1. 透水管材料品种、规格 2. 垫层厚度、材料品种、强度 3. 混凝土强度等级、石料最大粒径	m^3	按设计图示尺寸以体积计算	1. 透水管铺设 2. 垫层铺筑 3. 混凝土浇筑 4. 养生
040306002	箱涵底板	1. 透水管材料品种、规格 2. 垫层厚度、材料品种、强度 3. 混凝土强度等级、石料最大粒径 4. 石蜡层要求 5. 塑料薄膜品种、规格			1. 石蜡层 2. 塑料薄膜 3. 混凝土浇筑 4. 养生
040306003	箱涵侧墙	1. 混凝土强度等级、石料最大粒径 2. 防水层工艺要求			1. 混凝土浇筑 2. 养生 3. 防水砂浆 4. 防水层铺涂
040306004	箱涵顶板				
040306005	箱涵顶进	1. 断面 2. 长度	kt·m	按设计图示尺寸以被顶箱涵的质量乘以箱涵的位移距离分节累计计算	1. 顶进设备安装、拆除 2. 气垫安装、拆除 3. 气垫使用 4. 钢刃角制作、安装、拆除 5. 挖土实顶 6. 场内外运输 7. 中继间安装、拆除
040306006	箱涵接缝	1. 材质 2. 工艺要求	m	按设计图示止水带长度计算	接缝

7. 钢结构（《清单计价规范》附录 D.3.7）

工程量清单项目设置及工程量计算规则，应按表 6-15（表 D.3.7）的规定执行。

钢结构（表 D.3.7）（编码：040307）　　**表 6-15**

项目编码	项目名称	项目特征	计量单位	工程量计算规则	工程内容
040307001	钢箱梁	1. 材质 2. 部位 3. 油漆品种、色彩、工艺要求	t	按设计图示尺寸以质量计算（不包括螺栓、焊缝质量）	1. 制作 2. 运输 3. 试拼 4. 安装 5. 连接 6. 除锈、油漆
040307002	钢板梁				
040307003	钢桁梁				
040307004	钢　拱				
040307005	钢构件				
040307006	劲性钢结构				
040307007	钢结构叠合梁				
040307008	钢拉索	1. 材质 2. 直径 3. 防护方式		按设计图示尺寸以质量计算	1. 拉索安装 2. 张拉 3. 锚具 4. 防护壳制作、安装
040307009	钢拉杆				1. 连接、紧锁件安装 2. 钢拉杆安装 3. 钢拉杆防腐 4. 钢拉杆防护壳制作、安装

8. 装饰（《清单计价规范》附录 D.3.8）

工程量清单项目设置及工程量计算规则，应按表 6-16（表 D.3.8）的规定执行。

9. 其他（《清单计价规范》附录 D.3.9）

工程量清单项目设置及工程量计算规则，应按表 6-17（表 D.3.9）的规定执行。

10. 其他相关问题（《清单计价规范》附录 D.3.10）应按下列规定处理：

（1）除箱涵顶进土方、桩土方以外，其他（包括顶进工作坑）土方，应按 D.1（《清单计价规范》附录 D.1）中相关项目编码列项。

（2）台帽、台盖梁均应包括耳墙、背墙。

装饰（表 D.3.8）（编码：040308） 表 6-16

项目编码	项目名称	项 目 特 征	计量单位	工程量计算规则	工程内容
040308001	水泥砂浆抹面	1. 砂浆配合比 2. 部位 3. 厚度	m²	按设计图示尺寸以面积计算	砂浆抹面
040308002	水刷石饰面	1. 材料 2. 部位 3. 砂浆配合比 4. 形式、厚度			饰面
040308003	剁斧石饰面	1. 材料 2. 部位 3. 形式 4. 厚度			
040308004	拉 毛	1. 材料 2. 砂浆配合比 3. 部位 4. 厚度			砂浆、水泥浆拉毛
040308005	水磨石饰面	1. 规格 2. 砂浆配合比 3. 材料品种 4. 部位			饰面
040308006	镶贴面层	1. 材质 2. 规格 3. 厚度 4. 部位			镶贴面层
040308007	水质涂料	1. 材料品种 2. 部位			涂料涂刷
040308008	油 漆	1. 材料品种 2. 部位 3. 工艺要求			1. 除锈 2. 刷油漆

其他（表 D.3.9）（编码：040309）　　表 6-17

项目编码	项目名称	项目特征	计量单位	工程量计算规则	工程内容
040309001	金属栏杆	1. 材质 2. 规格 3. 油漆品种、工艺要求	t	按设计图示尺寸以质量计算	1. 制作、运输、安装 2. 除锈、刷油漆
040309002	橡胶支座	1. 材质 2. 规格	个	按设计图示数量计算	支座安装
040309003	钢支座	1. 材质 2. 规格 3. 形式			
040309004	盆式支座	1. 材质 2. 承载力			
040309005	油毛毡支座	1. 材质 2. 规格	m^2	按设计图示尺寸以面积计算	制作、安装
040309006	桥梁伸缩装置	1. 材料品种 2. 规格	m	按设计图示尺寸以延长米计算	1. 制作、安装 2. 嵌缝
040309007	隔声屏障	1. 材料品种 2. 结构形式 3. 油漆品种、工艺要求	m^2	按设计图示尺寸以面积计算	1. 制作、安装 2. 除锈、刷油漆
040309008	桥面泄水管	1. 材料 2. 管径 3. 滤层要求	m	按设计图示以长度计算	1. 进水口、泄水管制作、安装 2. 滤层铺设
040309009	防水层	1. 材料品种 2. 规格 3. 部位 4. 工艺要求	m^2	按设计图示尺寸以面积计算	防水层铺涂
040309010	钢桥维修设备	按设计图要求	套	按设计图示数量计算	1. 制作 2. 运输 3. 安装 4. 除锈、刷油漆

第五节 隧道工程

隧道工程包括岩石隧道、软土地层隧道、沉管隧道三大部分，《清单计价规范》附录D.4共分8节计82项。

第一节D.4.1隧道岩石开挖，共4个清单项目。用于岩石隧道的开挖。

第二节D.4.2岩石隧道衬砌，共15个清单项目。用于岩石隧道的衬砌。

第三节D.4.3盾构掘进，共9个清单项目。用于软土地层采用盾构法掘进的隧道。

第四节D.4.4管节顶升、旁通道，共8个清单项目。用于采用顶升法掘竖井和主隧道之间连通的旁通道。

第五节D.4.5隧道沉井，共6个清单项目。主要用于盾构机吊入，吊出口和沉管隧道两岸连接部分。

第六节D.4.6地下连续墙，共4个清单项目。主要是用于深基坑开挖的施工围护，一般都有设计图和要求，多用于地铁车站和大型高层建筑物地下室施工的围护。

第七节D.4.7混凝土结构，共14个清单项目。用于城市道路隧道内的混凝土结构。

第八节D.4.8沉管隧道，共22个清单项目。用于用沉管法建造隧道工程。

一、隧道工程工程量清单项目设置及工程量计算规则的原则

1. 岩石隧道开挖分为平洞、斜洞、竖井和地沟开挖。平洞指隧道轴线与水平线之间的夹角在5°以内的；斜洞指隧道轴线与水平线之间的夹角在5°～30°；竖井指隧道轴线与水平线垂直的；地沟指隧道内地沟的开挖部分。隧道开挖的工程内容包括：开挖、临时支护、施工排水、弃渣的洞内运输及外运弃置等全部内容。清单工程量按设计图示尺寸以体积计算，超挖部分由投标者自行考虑在组价内。是采用光面爆破还是一般爆破，除招标文件另有规定外，均由投标者自行决定。

2. 岩石隧道衬砌包括混凝土衬砌和块料衬砌，按拱部、边墙、竖井、沟道分别列项。清单工程量按设计图示尺寸计算，如设计要求超挖回填部分要以与衬砌同质混凝土来回填的，则这部分回填量由投标者在组价中考虑。如超挖回填设计用浆砌块石和干砌块石回填的，则按设计要求另列清单项目，其清单工程量按设计的回填量以体积计算。

3. 隧道沉井的井壁清单工程量按设计尺寸以体积计算。工程内容包括制作沉井的砂垫层、刃脚混凝土垫层、刃脚混凝土浇筑、井壁混凝土浇筑、框架混凝土浇筑、养护等全部内容。

4. 地下连续墙的清单工程量按设计的长度乘厚度乘深度以体积计算。工程内容包括导墙制作拆除、挖方成槽、锁口管吊拔、混凝土浇筑、养生、土石方场外运输等全部内容。

5. 沉管隧道是新增加的项目，其实体部分包括沉管的预制，河床基槽开挖，航道疏浚、浮运、沉管、下沉连接、压石稳管等均设立了相应的清单项目。但预制沉管的预制场地没有列清单项目，沉管预制场地一般有用干坞（相当于船厂的船坞）或船台来作为预制场地，这是属于施工手段和方法部分，这部分可列为措施项目。

二、隧道工程工程量清单项目设置及工程量计算规则的规定

1. 隧道岩石开挖（《清单计价规范》附录 D.4.1）

工程量清单项目设置及工程量计算规则，应按表 6-18（表 D.4.1）的规定执行。

隧道岩石开挖（表 D.4.1）（编码：040401） **表 6-18**

项目编码	项目名称	项目特征	计量单位	工程量计算规则	工程内容
040401001	平洞开挖	1. 岩石类别 2. 开挖断面 3. 爆破要求	m^3	按设计图示结构断面尺寸乘以长度以体积计算	1. 爆破或机械开挖 2. 临时支护 3. 施工排水 4. 弃渣运输 5. 弃渣外运
040401002	斜洞开挖				1. 爆破或机械开挖 2. 临时支护 3. 施工排水 4. 洞内石方运输 5. 弃渣外运
040401003	竖井开挖				1. 爆破或机械开挖 2. 施工排水 3. 弃渣运输 4. 弃渣外运
040401004	地沟开挖	1. 断面尺寸 2. 岩石类别 3. 爆破要求			1. 爆破或机械开挖 2. 弃渣运输 3. 施工排水 4. 弃渣外运

2. 岩石隧道衬砌（《清单计价规范》附录 D.4.2）

工程量清单项目设置及工程量计算规则，应按表 6-19（表 D.4.2）的规定执行。

岩石隧道衬砌（表 D.4.2）（编码：040402） **表 6-19**

项目编码	项目名称	项目特征	计量单位	工程量计算规则	工程内容
040402001	混凝土拱部衬砌	1. 断面尺寸 2. 混凝土强度等级、石料最大粒径	m^3	按设计图示尺寸以体积计算	1. 混凝土浇筑 2. 养生
040402002	混凝土边墙衬砌				
040402003	混凝土竖井衬砌				
040402004	混凝土沟道				
040402005	拱部喷射混凝土	1. 厚度 2. 混凝土强度等级、石料最大粒径	m^2	按设计图示尺寸以面积计算	1. 清洗岩石 2. 喷射混凝土
040402006	边墙喷射混凝土				
040402007	拱圈砌筑	1. 断面尺寸 2. 材料品种 3. 规格 4. 砂浆强度等级	m^3	按设计图示尺寸以体积计算	1. 砌筑 2. 勾缝 3. 抹灰
040402008	边墙砌筑	1. 厚度 2. 材料品种 3. 规格 4. 砂浆强度等级			
040402009	砌筑沟道	1. 断面尺寸 2. 材料品种 3. 规格 4. 砂浆强度等级			
040402010	洞门砌筑	1. 形状 2. 材料 3. 规格 4. 砂浆强度等级			
040402011	锚　杆	1. 直径 2. 长度 3. 类型	t	按设计图示尺寸以质量计算	1. 钻孔 2. 锚杆制作、安装 3. 压浆
040402012	充填压浆	1. 部位 2. 浆液成分强度	m^3	按设计图示尺寸以体积计算	1. 打孔、安管 2. 压浆
040402013	浆砌块石	1. 部分 2. 材料 3. 规格 4. 砂浆强度等级		按设计图示回填尺寸以体积计算	1. 调制砂浆 2. 砌筑 3. 勾缝
040402014	干砌块石				1. 砌筑 2. 勾缝
040402015	柔性防水层	1. 材料 2. 规格	m^2	按设计图示尺寸以面积计算	防水层铺设

3. 盾构掘进（《清单计价规范》附录 D.4.3）

工程量清单项目设置及工程量计算规则，应按表 6-20（表 D.4.3）的规定执行。

盾构掘进（表 D.4.3）（编码：040403） **表 6-20**

项目编码	项目名称	项目特征	计量单位	工程量计算规则	工程内容
040403001	质构吊装、吊拆	1. 直径 2. 规格、型号	台次	按设计图示数量计算	1. 整体吊装 2. 分体吊装 3. 车架安装
040403002	隧道盾构掘进	1. 直径 2. 规格 3. 形式	m	按设计图示掘进长度计算	1. 负环段掘进 2. 出洞段掘进 3. 进洞段掘进 4. 正常段掘进 5. 负环管片拆除 6. 隧道内管线路拆除 7. 土方外运
040403003	衬砌压浆	1. 材料品种 2. 配合比 3. 砂浆强度等级 4. 石料最大粒径	m^3	按管片外径和盾构壳体外径所形成的充填体积计算	1. 同步压浆 2. 分块压浆
040403004	预制钢筋混凝土管片	1. 直径 2. 厚度 3. 宽度 4. 混凝土强度等级、石料最大粒径	m^3	按设计图示尺寸以体积计算	1. 钢筋混凝土管片制作 2. 管片成环试拼（每 100 环试拼一组） 3. 管片安装 4. 管片场内外运输
040403005	钢管片	材质	t	按设计图示尺寸以质量计算	1. 钢管片制作 2. 钢管片安装 3. 管片场内外运输
040403006	钢混凝土复合管片	1. 材质 2. 混凝土强度等级、石料最大粒径	m^3	按设计图示尺寸以体积计算	1. 复合管片钢壳制作 2. 复合管片混凝土浇筑 3. 养生 4. 复合管片安装 5. 管片场内外运输
040403007	管片设置密封条	1. 直径 2. 材料 3. 规格	环	按设计图示数量计算	密封条安装
040403008	隧道洞口柔性接缝环	1. 材料 2. 规格	m	按设计图示以隧道管片外径周长计算	1. 拆临时防水环板 2. 安装、拆除临时止水带 3. 拆除洞口环管片 4. 安装钢环板 5. 柔性接缝环 6. 洞口混凝土环圈
040403009	管片嵌缝	1. 直径 2. 材料 3. 规格	环	按设计图示数量计算	1. 管片嵌缝 2. 管片手孔封堵

4. 管节顶升、旁通道（《清单计价规范》附录 D.4.4）

工程量清单项目设置及工程量计算规则，应按表 6-21（表 D.4.4）的规定执行。

管节顶升、旁通道（表 D.4.4）（编码：040404）　表 6-21

项目编码	项目名称	项目特征	计量单位	工程量计算规则	工程内容
040404001	管节垂直顶升	1. 断面 2. 强度 3. 材质	m	按设计图示以顶升长度计算	1. 钢壳制作 2. 混凝土浇筑 3. 管节试拼装 4. 管节顶升
040404002	安装止水框、连系梁	材质	t	按设计图示尺寸以质量计算	1. 止水框制作、安装 2. 连系梁制作、安装
040404003	阴极保护装置	1. 型号 2. 规格	组	按设计图示数量计算	1. 恒电位仪安装 2. 阳极安装 3. 阴极安装 4. 参变电极安装 5. 电缆敷设 6. 接线盒安装
040404004	安装取排水头	1. 部位（水中、陆上） 2. 尺寸	个		1. 顶升口揭顶盖 2. 取排水头部安装
040404005	隧道内旁通道开挖	土壤类别	m^3	按设计图示尺寸以体积计算	1. 地基加固 2. 管片拆除 3. 支护 4. 土方暗挖 5. 土方运输
040404006	旁通道结构混凝土	1. 断面 2. 混凝土强度等级、石料最大粒径			1. 混凝土浇筑 2. 洞口接口防水
040404007	隧道内集水井	1. 部位 2. 材料 3. 形式	座	按设计图示数量计算	1. 拆除管片建集水井 2. 不拆管片建集水井
040404008	防爆门	1. 形式 2. 断面	扇		1. 防爆门制作 2. 防爆门安装

5. 隧道沉井（《清单计价规范》附录 D.4.5）

工程量清单项目设置及工程量计算规则，应按表 6-22（表 D.4.5）的规定执行。

隧道沉井（表 D.4.5）（编码：040405）　　表 6-22

项目编码	项目名称	项目特征	计量单位	工程量计算规则	工程内容
040405001	沉井井壁混凝土	1. 形状 2. 混凝土强度等级、石料最大粒径	m^3	按设计尺寸以井筒混凝土体积计算	1. 沉井砂垫层 2. 刃脚混凝土垫层 3. 混凝土浇筑 4. 养生
040405002	沉井下沉	深度		按设计图示井壁外围面积乘以下沉深度以体积计算	1. 排水挖土下沉 2. 不排水下沉 3. 土方场外运输
040405003	沉井混凝土封底	混凝土强度等级、石料最大粒径		按设计图示尺寸以体积计算	1. 混凝土干封底 2. 混凝土水下封底
040405004	沉井混凝土底板				1. 混凝土浇筑 2. 养生
040405005	沉井填心	材料品种			1. 排水沉井填心 2. 不排水沉井填心
040405006	钢封门	1. 材质 2. 尺寸	t	按设计图示尺寸以质量计算	1. 钢封门安装 2. 钢封门拆除

6. 地下连续墙（《清单计价规范》附录 D.4.6）

工程量清单项目设置及工程量计算规则，应按表 6-23（表 D.4.6）的规定执行。

7. 混凝土结构（《清单计价规范》附录 D.4.7）

工程量清单项目设置及工程量计算规则，应按表 6-24（表 D.4.7）的规定执行。

8. 沉管隧道（《清单计价规范》附录 D.4.8）

工程量清单项目设置及工程量计算规则，应按表 6-25（表 D.4.8）的规定执行。

地下连续墙（表 D.4.6）（编码：040406） 表 6-23

项目编码	项目名称	项目特征	计量单位	工程量计算规则	工程内容
040406001	地下连续墙	1. 深度 2. 宽度 3. 混凝土强度等级、石料最大粒径	m^3	按设计图示长度乘以宽度乘以深度以体积计算	1. 导墙制作、拆除 2. 挖土成槽 3. 锁口管吊拔 4. 混凝土浇筑 5. 养生 6. 土石方场外运输
040406002	深层搅拌桩成墙	1. 深度 2. 孔径 3. 水泥掺量 4. 型钢材质 5. 型钢规格		按设计图示尺寸以体积计算	1. 深层搅拌桩空搅 2. 深层搅拌桩二喷四搅 3. 型钢制作 4. 插拔型钢
040406003	桩顶混凝土圈梁	混凝土强度等级、石料最大粒径			1. 混凝土浇筑 2. 养生 3. 圈梁拆除
040406004	基坑挖土	1. 土质 2. 深度 3. 宽度		按设计图示地下连续墙或围护桩围成的面积乘以基坑的深度以体积计算	1. 基坑挖土 2. 基坑排水

混凝土结构（表 D.4.7）（编码：040407） 表 6-24

项目编码	项目名称	项目特征	计量单位	工程量计算规则	工程内容
040407001	混凝土地梁	1. 垫层厚度、材料品种、强度 2. 混凝土强度等级、石料最大粒径	m^3	按设计图示尺寸以体积计算	1. 垫层铺设 2. 混凝土浇筑 3. 养生
040407002	钢筋混凝土底板				
040407003	钢筋混凝土墙	混凝土强度等级、石料最大粒径			1. 混凝土浇筑 2. 养生
040407004	混凝土衬墙				
040407005	混凝土柱				
040407006	混凝土梁	1. 部位 2. 混凝土强度等级、石料最大粒径			

续表

项目编码	项目名称	项目特征	计量单位	工程量计算规则	工程内容
040407007	混凝土平台、顶板	1. 混凝土强度等级 2. 石料最大粒径	m^3	按设计图示尺寸以体积计算	1. 混凝土浇筑 2. 养生
040407008	隧道内衬弓形底板				
040407009	隧道内衬侧墙				
040407010	隧道内衬顶板	1. 形式 2. 规格	m^2	按设计图示尺寸以面积计算	1. 龙骨制作、安装 2. 顶板安装
040407011	隧道内支承墙	1. 强度 2. 石料最大粒径	m^3	按设计图示尺寸以体积计算	1. 混凝土浇筑 2. 养生
040407012	隧道内混凝土路面	1. 厚度 2. 强度等级 3. 石料最大粒径	m^2	按设计图示尺寸以面积计算	
040407013	围隧道内架空路面				
040407014	隧道内附属结构混凝土	1. 不同项目名称，如楼梯、电缆沟、车道侧石等 2. 混凝土强度等级、石料最大粒径	m^3	按设计图示尺寸以体积计算	

沉管隧道（表 D.4.8）（编码：040408）　　**表 6-25**

项目编码	项目名称	项目特征	计量单位	工程量计算规则	工程内容
040408001	预制沉管底垫层	1. 规格 2. 材料 3. 厚度	m^3	按设计图示尺寸以沉管底面积乘以厚度以体积计算	1. 场地平整 2. 垫层铺设
040408002	预制沉管钢底板	1. 材质 2. 厚度	t	按设计图示尺寸以质量计算	钢底板制作、铺设
040408003	预制沉管混凝土板底	混凝土强度等级、石料最大粒径	m^3	按设计图示尺寸以体积计算	1. 混凝土浇筑 2. 养生 3. 底板预埋注浆管
040408004	预制沉管混凝土侧墙				1. 混凝土浇筑 2. 养生

续表

项目编码	项目名称	项目特征	计量单位	工程量计算规则	工程内容
040408005	预制沉管混凝土顶板	混凝土强度等级、石料最大粒径	m^3	按设计图示尺寸以体积计算	1. 混凝土浇筑 2. 养生
040408006	沉管外壁防锚层	1. 材质品种 2. 规格	m^2	按设计图示尺寸以面积计算	铺设沉管外壁防锚层
040408007	鼻托垂直剪力键	材质	t	按设计图示尺寸以质量计算	1. 钢剪力键制作 2. 剪力键安装
040408008	端头钢壳	1. 材质、规格 2. 强度 3. 石料最大粒径			1. 端头钢壳制作 2. 端头钢壳安装 3. 混凝土浇筑
040408009	端头钢封门	1. 材质 2. 尺寸			1. 端头钢封门制作 2. 端头钢封门安装 3. 端头钢封门拆除
040408010	沉管管段浮运临时供电系统	规格	套	按设计图示管段数量计算	1. 发电机安装、拆除 2. 配电箱安装、拆除 3. 电缆安装、拆除 4. 灯具安装、拆除
040408011	沉管管段浮运临时供排水系统				1. 泵阀安装、拆除 2. 管路安装、拆除
040408012	沉管管段浮运临时通风系统				1. 进排风机安装、拆除 2. 风管路安装、拆除
040408013	航道疏浚	1. 河床土质 2. 工况等级 3. 疏浚深度	m^3	按河床原断面与管段浮运时设计断面之差以体积计算	1. 挖泥船开收工 2. 航道疏浚挖泥 3. 土方驳运、卸泥
040408014	沉管河床基槽开挖	1. 河床土质 2. 工况等级 3. 挖土深度		按河床原断面与槽设计断面之差以体积计算	1. 挖泥船开收工 2. 沉管基槽挖泥 3. 沉管基槽清淤 4. 土方驳运、卸泥
040408015	钢筋混凝土块沉石	1. 工况等级 2. 沉石深度		按设计图示尺寸以体积计算	1. 预制钢筋混凝土块 2. 装船、驳运、定位沉石 3. 水下铺平石块

续表

项目编码	项目名称	项目特征	计量单位	工程量计算规则	工程内容
040408016	基槽抛铺碎石	1. 工况等级 2. 石料厚度 3. 铺石深度	m^3	按设计图示尺寸以体积计算	1. 石料装运 2. 定位抛石 3. 水下铺平石料
040408017	沉管管节浮运	1. 单节管段质量 2. 管段浮运距离	kt·m	按设计图示尺寸和要求以沉管管节质量和浮运距离的复合单位计算	1. 干坞放水 2. 管段起浮定位 3. 管段浮运 4. 加载水箱制作、安装、拆除 5. 系缆柱制作、安装、拆除
040408018	管段沉放连接	1. 单节管段重量 2. 管段下沉深度	节	按设计图示数量计算	1. 管段定位 2. 管段压水下沉 3. 管段端面对接 4. 管节拉合
040408019	砂肋软体排覆盖	1. 材料品种 2. 规格	m^2	按设计图示尺寸以沉管顶面积加侧面外表面积计算	水下覆盖软体排
040408020	沉管水下压石		m^3	按设计图示尺寸以顶、侧压石的体积计算	1. 装石船开收工 2. 定位抛石、卸石 3. 水下铺石
040408021	沉管接缝处理	1. 接缝连接形式 2. 接缝长度	条	按设计图示数量计算	1. 接缝拉合 2. 安装止水带 3. 安装止水钢板 4. 混凝土浇筑
040408022	沉管底部压浆固封充填	1. 压浆材料 2. 压浆要求	m^3	按设计图示尺寸以体积计算	1. 制浆 2. 管底压浆 3. 封孔

第六节 市政管网工程

市政管网工程共分为管道铺设，管件、钢支架制作安装及新旧管连接，阀门、水表、消防栓安装，井类、设备基础及出水口，顶管，构筑物，设备安装等共计110项。它适用于市政管网工程及市政管网专用设备安装工程。

一、市政管网工程工程量清单项目设置及工程量计算规则的原则与说明

1. 适用范围的说明

(1) 管道铺设项目设置中没有明确区分是排水、给水、燃气还是供热管道，它适用于市政管网管道工程。在列工程量清单时可冠以排水、给水、燃气、供热的专业名称以示区别。

(2) 管道铺设中的管件、钢支架制作安装及新旧管连接，应分别列清单项目。

(3) 管道法兰连接应单独列清单项目，内容包括法兰片的焊接和法兰的连接；法兰管件安装的清单项目包括法兰片的焊接和法兰管体的安装。

(4) 管道铺设除管沟挖填方外，包括从垫层起至基础，管道防腐、铺设、保温、检验试验、冲洗消毒或吹扫等全部内容。

(5) 设备基础的清单项目，包括了地脚螺栓灌浆和设备底座与基础面之间的灌浆，即包括了一次灌浆和二次灌浆的内容。

(6) 顶管的清单项目，除工作井的制作和工作井的挖、填方不包括外，包括了其他所有顶管过程的全部内容。

(7) 设备安装只列了市政管网的专用设备安装，内容包括了设备无负荷试运转在内。标准、定型设备部分应按《清单计价规范》附录C安装工程相关项目编列清单。

2. 工程量计算规则的说明

清单工程量与定额工程量计算规则基本一致，只是排水管道与定额有区别。定额工程量计算时要扣除井内壁间的长度，而管道铺设的清单工程量计算规则是不扣除井内壁间的距离，也不扣除管体、阀门所占的长度。

二、市政管网工程工程量清单项目设置及工程量计算规则的规定

1. 管道铺设（《清单计价规范》附录D.5.1）

工程量清单项目设置及工程量计算规则，应按表6-26（表D.5.1）的规定执行。

管道铺设（表D.5.1）（编码：040501）　　**表6-26**

项目编码	项目名称	项目特征	计量单位	工程量计算规则	工程内容
040501001	陶土管铺设	1. 管材规格 2. 埋设深度 3. 垫层厚度、材料品种、强度 4. 基础断面形式、混凝土强度等级、石料最大粒径	m	按设计图示中心线长度以延长米计算，不扣除井所占的长度	1. 垫层铺筑 2. 混凝土基础浇筑 3. 管道防腐 4. 管道铺设 5. 管道接口 6. 混凝土管座浇筑 7. 预制管枕安装 8. 井壁（墙）凿洞 9. 检测及试验

续表

项目编码	项目名称	项目特征	计量单位	工程量计算规则	工程内容
040501002	混凝土管道铺设	1. 管有筋无筋 2. 规格 3. 埋设深度 4. 接口形式 5. 垫层厚度、材料品种、强度 6. 基础断面形式、混凝土强度等级、石料最大粒径	m	按设计图示管道中心线长度以延长米计算，不扣除中间井及管件、阀门所占的长度	1. 垫层铺筑 2. 混凝土基础浇筑 3. 管道防腐 4. 管道铺设 5. 管道接口 6. 混凝土管座浇筑 7. 预制管枕安装 8. 井壁（墙）凿洞 9. 检测及试验 10. 冲洗消毒或吹扫
040501003	镀锌钢管铺设	1. 公称直径 2. 接口形式 3. 防腐、保温要求 4. 埋设深度 5. 基础材料品种、厚度		按设计图示管道中心线长度以延长米计算，不扣除管件、阀门、法兰所占的长度	1. 基础铺筑 2. 管道防腐、保温 3. 管道铺设 4. 接口 5. 检测及试验 6. 冲洗消毒或吹扫
040501004	铸铁管铺设	1. 管材材质 2. 管材规格 3. 埋设深度 4. 接口形式 5. 防腐、保温要求 6. 垫层厚度、材料品种、强度 7. 基础断面形式、混凝土强度、石料最大粒径		按设计图示管道中心线长度以延长米计算，不扣除井、管件、阀门所占的长度	1. 垫层铺筑 2. 混凝土基础浇筑 3. 管道防腐 4. 管道铺设 5. 管道接口 6. 混凝土管座浇筑 7. 井壁（墙）凿洞 8. 检测及试验 9. 冲洗消毒或吹扫
040501005	钢管铺设	1. 管材材质 2. 管材规格 3. 埋设深度 4. 防腐、保温要求 5. 压力等级 6. 垫层厚度、材料品种、强度 7. 基础断面形式、混凝土强度、石料最大粒径		按设计图示管道中心线长度以延长米计算（支管长度从主管中心到支管末端交接处的中心），不扣除管件、阀门、法兰所占的长度。新旧管连接时，计算到碰头的阀门中心处	1. 垫层铺筑 2. 混凝土基础浇筑 3. 混凝土管座浇筑 4. 管道防腐、保温 5. 管道铺设 6. 管道接口 7. 检测及试验 8. 消毒冲洗或吹扫

续表

项目编码	项目名称	项目特征	计量单位	工程量计算规则	工程内容
040501006	塑料管道铺设	1. 管道材料名称 2. 管材规格 3. 埋设深度 4. 接口形式 5. 垫层厚度、材料品种、强度 6. 基础断面形式、混凝土强度等级、石料最大粒径 7. 探测线要求	m	按设计图示管道中心线长度以延长米计算（支管长度从主管中心到支管末端交接处的中心），不扣除管件、阀门、法兰所占的长度。新旧管连接时，计算到碰头的阀门中心处	1. 垫层铺筑 2. 混凝土基础浇筑 3. 管道防腐 4. 管道铺设 5. 探测线敷设 6. 管道接口 7. 混凝土管座浇筑 8. 井壁（墙）凿洞 9. 检测及试验 10. 消毒冲洗及吹扫
040501007	砌筑渠道	1. 渠道断面 2. 渠道材料 3. 砂浆强度等级 4. 埋设深度 5. 垫层厚度、材料品种、强度 6. 基础断面形式、混凝土强度等级、石料最大粒径	m	按设计图示尺寸以长度计算	1. 垫层铺筑 2. 渠道基础 3. 墙身砌筑 4. 止水带安装 5. 拱盖砌筑或盖板预制、安装 6. 勾缝 7. 抹面 8. 防腐 9. 渠道渗漏试验
040501008	混凝土渠道	1. 渠道断面 2. 埋设深度 3. 垫层厚度、材料品种、强度 4. 基础断面形式、混凝土强度等级、石粒最大粒径	m	按设计图示尺寸以长度计算	1. 垫层铺筑 2. 渠道基础 3. 墙身浇筑 4. 止水带安装 5. 渠盖浇筑或盖板预制、安装 6. 抹面 7. 防腐 8. 渠道渗漏试验
040501009	套管内铺设管道	1. 管材材质 2. 管径、壁厚 3. 接口形式 4. 防腐要求 5. 保温要求 6. 压力等级	m	按设计图示管道中心线以长度计算	1. 基础铺筑（支架制作、安装） 2. 管道防腐 3. 穿管铺设 4. 接口 5. 检测及试验 6. 冲洗消毒或吹扫 7. 管道保温 8. 防护

续表

项目编码	项目名称	项目特征	计量单位	工程量计算规则	工程内容
040501010	管道架空跨越	1. 管材材质 2. 管径、壁厚 3. 跨越跨度 4. 支承形式 5. 防腐、保温要求 6. 压力等级	m	按设计图示管道中心线长度计算，不扣除管件、阀门、法兰所占的长度	1. 支承结构制作、安装 2. 防腐 3. 管道铺设 4. 接口 5. 检测及试验 6. 冲洗消毒或吹扫 7. 管道保温 8. 防护
040501011	管道沉管跨越	1. 管材材质 2. 管径、壁厚 3. 跨越跨度 4. 支承形式 5. 防腐要求 6. 压力等级 7. 标志牌、灯要求 8. 基础厚度、材料品种、规格			1. 管沟开挖 2. 管沟基础铺筑 3. 防腐 4. 跨越拖管头制作 5. 沉管铺设 6. 检测及试验 7. 冲洗消毒或吹扫 8. 标志牌灯制作、安装
040501012	管道焊口无损探伤	1. 管材外径、壁厚 2. 探伤要求	口	按设计图示要求探伤的数量计算	1. 焊口无损探伤 2. 编写报告

2. 管件、钢支架制作、安装及新旧管连接（《清单计价规范》附录D.5.2）工程量清单项目设置及工程量计算规则，应按表6-27（表D.5.2）的规定执行。

管件、钢支架制作、安装及新旧管连接

（表D.5.2）（编码：040502） **表6-27**

项目编码	项目名称	项目特征	计量单位	工程量计算规则	工程内容
040502001	预应力混凝土管转换件安装	转换件规格	个	按设计图示数量计算	安装
040502002	铸铁管件安装	1. 类型 2. 材质 3. 规格 4. 接口形式			
040502003	钢管件安装	1. 管件类型 2. 管径、壁厚 3. 压力等级			1. 制作 2. 安装
040502004	法兰钢管件安装				1. 法兰片焊接 2. 法兰管件安装

续表

项目编码	项目名称	项目特征	计量单位	工程量计算规则	工程内容
040502005	塑料管件安装	1. 管件类型 2. 材质 3. 管径、壁厚 4. 接口 5. 探测线要求	个	按设计图示数量计算	1. 塑料管件安装 2. 探测线敷设
040502006	钢塑转换件安装	转换件规格	个	按设计图示数量计算	安装
040502007	钢管道间法兰连接	1. 平焊法兰 2. 对焊法兰 3. 绝缘法兰 4. 公称直径 5. 压力等级	处	按设计图示数量计算	1. 法兰片焊接 2. 法兰连接
040502008	分水栓安装	1. 材质 2. 规格	个	按设计图示数量计算	1. 法兰片焊接 2. 安装
040502009	盲（堵）板安装	1. 盲板规格 2. 盲板材料	个	按设计图示数量计算	1. 法兰片焊接 2. 安装
040502010	防水套管制作、安装	1. 刚性套管 2. 柔性套管 3. 规格	个	按设计图示数量计算	1. 制作 2. 安装
040502011	除污器安装	1. 压力要求 2. 公称直径 3. 接口形式	个	按设计图示数量计算	1. 除污器组成安装 2. 除污器安装
040502012	补偿器安装	1. 压力要求 2. 公称直径 3. 接口形式	个	按设计图示数量计算	1. 焊接钢套筒补偿器安装 2. 焊接法兰、法兰式波纹补偿器安装
040502013	钢支架制作、安装	类型	kg	按设计图示尺寸以质量计算	1. 制作 2. 安装
040502014	新旧管连接（碰头）	1. 管材材质 2. 管材管径 3. 管材接口	处	按设计图示以数量计算	1. 新旧管连接 2. 马鞍卡子安装 3. 接管挖眼 4. 钻眼攻丝
040502015	气体置换	管材内径	m	按设计图示管道中心线长度计算	气体置换

3. 阀门、水表、消火栓安装（《清单计价规范》附录 D.5.3）

工程量清单项目设置及工程量计算规则，应按表 6-28（表 D.5.3）的规定执行。

阀门、水表、消火栓安装（表 D.5.3）（编码：040503） **表 6-28**

项目编码	项目名称	项目特征	计量单位	工程量计算规则	工程内容
040503001	阀门安装	1. 公称直径 2. 压力要求 3. 阀门类型	个	按设计图示数量计算	1. 阀门解体、检查、清洗、研磨 2. 法兰片焊接 3. 操纵装置安装 4. 阀门安装 5. 阀门压力试验
040503002	水表安装	公称直径			1. 丝扣水表安装 2. 法兰片焊接、法兰水表安装
040503003	消火栓安装	1. 部位 2. 型号 3. 规格			1. 法兰片焊接 2. 安装

4. 井类、设备基础及出水口（《清单计价规范》附录 D.5.4）

工程量清单项目设置及工程量计算规则，应按表 6-29（表 D.5.4）的规定执行。

井类、设备基础及出水口（表 D.5.4）（编码：040504） **表 6-29**

项目编码	项目名称	项目特征	计量单位	工程量计算规则	工程内容
040504001	砌筑检查井	1. 材料 2. 井深、尺寸 3. 定型井名称、定型图号、尺寸及井深 4. 垫层、基础：厚度、材料品种、强度	座	按设计图示数量计算	1. 垫层铺筑 2. 混凝土浇筑 3. 养生 4. 砌筑 5. 爬梯制作、安装 6. 勾缝 7. 抹面 8. 防腐 9. 盖板、过梁制作、安装 10. 井盖、井座制作、安装
040504002	混凝土检查井	1. 井深、尺寸 2. 混凝土强度等级、石料最大粒径 3. 垫层厚度、材料品种、强度			1. 垫层铺筑 2. 混凝土浇筑 3. 养生 4. 爬梯制作、安装 5. 盖板、过梁制作安装 6. 防腐涂刷 7. 井盖、井座制作、安装

续表

项目编码	项目名称	项目特征	计量单位	工程量计算规则	工程内容
040504003	雨水进水井	1. 混凝土强度、石料最大粒径 2. 雨水井型号 3. 井深 4. 垫层厚度、材料品种、强度 5. 定型井名称、图号、尺寸及井深	座	按设计图示数量计算	1. 垫层铺筑 2. 混凝土浇筑 3. 养生 4. 砌筑 5. 勾缝 6. 抹面 7. 预制构件制作、安装 8. 井箅安装
040504004	其他砌筑井	1. 阀门井 2. 水表井 3. 消火栓井 4. 排泥湿井 5. 井的尺寸、深度 6. 井身材料 7. 垫层、基础:厚度、材料品种、强度 8. 定型井名称、图号、尺寸及井深			1. 垫层铺筑 2. 混凝土浇筑 3. 养生 4. 砌支墩 5. 砌筑井身 6. 爬梯制作、安装 7. 盖板、过梁制作、安装 8. 勾缝（抹面） 9. 井盖及井座制作、安装
040504005	设备基础	1. 混凝土强度等级、石料最大粒径 2. 垫层厚度、材料品种、强度	m^3	按设计图示尺寸以体积计算	1. 垫层铺筑 2. 混凝土浇筑 3. 养生 4. 地脚螺栓灌浆 5. 设备底座与基础间灌浆
040504006	出水口	1. 出水口材料 2. 出水口形式 3. 出水口尺寸 4. 出水口深度 5. 出水口砌体强度 6. 混凝土强度等级、石料最大粒径 7. 砂浆配合比 8. 垫层厚度、材料品种、强度	处	按设计图示数量计算	1. 垫层铺筑 2. 混凝土浇筑 3. 养生 4. 砌筑 5. 勾缝 6. 抹面
040504007	支（挡）墩	1. 混凝土强度等级 2. 石料最大粒径 3. 垫层厚度、材料品种、强度	m^3	按设计图示尺寸以体积计算	1. 垫层铺筑 2. 混凝土浇筑 3. 养生 4. 砌筑 5. 抹面（勾缝）

续表

项目编码	项目名称	项目特征	计量单位	工程量计算规则	工程内容
040504008	混凝土工作井	1. 土壤类别 2. 断面 3. 深度 4. 垫层厚度、材料品种、强度	座	按设计图示数量计算	1. 混凝土工作井制作 2. 挖土下沉定位 3. 土方场内运输 4. 垫层铺设 5. 混凝土浇筑 6. 养生 7. 回填夯实 8. 余方弃置 9. 缺方内运

5. 顶管（《清单计价规范》附录 D.5.5）

工程量清单项目设置及工程量计算规则，应按表 6-30（表 D.5.5）的规定执行。

顶管（表 D.5.5）（编码：040505）　　**表 6-30**

<table>
<tr><th>项目编码</th><th>项目名称</th><th>项目特征</th><th>计量单位</th><th>工程量计算规则</th><th>工程内容</th></tr>
<tr><td>040505001</td><td>混凝土管道顶进</td><td>1. 土壤类别
2. 管径
3. 深度
4. 规格</td><td rowspan="5">m</td><td rowspan="5">按设计图示尺寸以长度计算</td><td rowspan="3">1. 顶进后座及坑内工作平台搭拆
2. 顶进设备安装、拆除
3. 中继间安装、拆除
4. 触变泥浆减阻
5. 套环安装
6. 防腐涂刷
7. 挖土、管道顶进
8. 洞口止水处理
9. 余方弃置</td></tr>
<tr><td>040505002</td><td>钢管顶进</td><td>1. 土壤类别
2. 材质
3. 管径
4. 深度</td></tr>
<tr><td>040505003</td><td>铸铁管顶进</td><td rowspan="2">1. 土壤类别
2. 管径
3. 深度</td></tr>
<tr><td>040505004</td><td>硬塑料管顶进</td><td>1. 顶进后座及坑内工作平台搭拆
2. 顶进设备安装、拆除
3. 套环安装
4. 管道顶进
5. 洞口止水处理
6. 余方弃置</td></tr>
<tr><td>040505005</td><td>水平导向钻进</td><td>1. 土壤类别
2. 管径
3. 管材材质</td><td>1. 钻进
2. 泥浆制作
3. 扩孔
4. 穿管
5. 余方弃置</td></tr>
</table>

6. 构筑物（《清单计价规范》附录 D.5.6）

工程量清单项目设置及工程量计算规则，应按表 6-31（表 D.5.6）的规定执行。

构筑物（表 D.5.6）（编码：040506） **表 6-31**

项目编码	项目名称	项目特征	计量单位	工程量计算规则	工程内容
040506001	管道方沟	1. 断面 2. 材料品种 3. 混凝土强度等级、石料最大粒径 4. 深度 5. 垫层、基础:厚度、材料品种、强度	m	按设计图示尺寸以长度计算	1. 垫层铺筑 2. 方沟基础 3. 墙身砌筑 4. 拱盖砌筑或盖板预制、安装 5. 勾缝 6. 抹面 7. 混凝土浇筑
040506002	现浇混凝土沉井井壁及隔墙	1. 混凝土强度等级 2. 混凝土抗渗需求 3. 石料最大粒径	m^3	按设计图示尺寸以体积计算	1. 垫层铺筑、垫木铺设 2. 混凝土浇筑 3. 养生 4. 预留孔封口
040506003	沉井下沉	1. 土壤类别 2. 深度		按自然地坪至设计底板垫层底的高度乘以沉井外壁最大断面积以体积计算	1. 垫木拆除 2. 沉井挖土下沉 3. 填充 4. 余方弃置
040506004	沉井混凝土底板	1. 混凝土强度等级 2. 混凝土抗渗需求 3. 石料最大粒径 4. 地梁截面 5. 垫层厚度、材料品种、强度		按设计图示尺寸以体积计算	1. 垫层铺筑 2. 混凝土浇筑 3. 养生
040506005	沉井内地下混凝土结构	1. 所在部位 2. 混凝土强度等级、石料最大粒径			1. 混凝土浇筑 2. 养生
040506006	沉井混凝土顶板	1. 混凝土强度等级、石料最大粒径 2. 混凝土抗渗需求			

续表

项目编码	项目名称	项目特征	计量单位	工程量计算规则	工程内容
040506007	现浇混凝土池底	1. 混凝土强度等级、石料最大粒径 2. 混凝土抗渗要求 3. 池底形式 4. 垫层厚度、材料品种、强度	m^3	按设计图示尺寸以体积计算	1. 垫层铺筑 2. 混凝土浇筑 3. 养生
040506008	现浇混凝土池壁（隔墙）	1. 混凝土强度等级、石料最大粒径 2. 混凝土抗渗要求			1. 混凝土浇筑 2. 养生
040506009	现浇混凝土池柱	1. 混凝土强度等级、石料最大粒径 2. 规格	m^3	按设计图示尺寸以体积计算	1. 混凝土浇筑 2. 养生
040506010	现浇混凝土池梁				
040506011	现浇混凝土池盖				
040506012	现浇混凝土板	1. 名称、规格 2. 混凝土强度等级、石料最大粒径			
040506013	池　槽	1. 混凝土强度等级、石料最大粒径 2. 池槽断面	m	按设计图示尺寸以长度计算	1. 混凝土浇筑 2. 养生 3. 盖板 4. 其他材料铺设
040506014	砌筑导流壁、筒	1. 块体材料 2. 断面 3. 砂浆强度等级	m^3	按设计图示尺寸以体积计算	1. 砌筑 2. 抹面
040506015	混凝土导流壁、筒	1. 断面 2. 混凝土强度等级、石料最大粒径			1. 混凝土浇筑 2. 养生
040506016	混凝土扶梯	1. 规格 2. 混凝土强度等级、石料最大粒径			1. 混凝土浇筑或预制 2. 养生 3. 扶梯安装

续表

项目编码	项目名称	项目特征	计量单位	工程量计算规则	工程内容
040506017	金属扶梯、栏杆	1. 材质 2. 规格 3. 油漆品种、工艺要求	t	按设计图示尺寸以质量计算	1. 钢扶梯制作、安装 2. 除锈、刷油漆
040506018	其他现浇混凝土构件	1. 规格 2. 混凝土强度等级、石料最大粒径	m^3	按设计图示尺寸以体积计算	1. 混凝土浇筑 2. 养生
040506019	预制混凝土板	1. 混凝土强度等级、石料最大粒径 2. 名称、部位、规格	m^3	按设计图示尺寸以体积计算	1. 混凝土浇筑 2. 养生 3. 构件移动及堆放 4. 构件安装
040506020	预制混凝土槽	1. 规格 2. 混凝土强度等级、石料最大粒径			
040506021	预制混凝土支墩				
040506022	预制混凝土异型构件				
040506023	滤　板	1. 滤板材质 2. 滤板规格 3. 滤板厚度 4. 滤板部位	m^2	按设计图示尺寸以面积计算	1. 制作 2. 安装
040506024	折　板	1. 折板材料 2. 折板形式 3. 折板部位			
040506025	壁　板	1. 壁板材料 2. 壁板部位			
040506026	滤料铺设	1. 滤料品种 2. 滤料规格	m^3	按设计图示尺寸以体积计算	铺设
040506027	尼龙网板	1. 材料品种 2. 材料规格	m^2	按设计图示尺寸以面积计算	1. 制作 2. 安装
040506028	刚性防水	1. 工艺要求 2. 材料品种			1. 配料 2. 铺筑
040506029	柔性防水				涂、贴、粘、刷防水材料

续表

项目编码	项目名称	项目特征	计量单位	工程量计算规则	工程内容
040506030	沉降缝	1. 材料品种 2. 沉降缝规格 3. 沉降缝部位	m	按设计图示以长度计算	铺、嵌沉降缝
040506031	井、池渗漏试验	构筑物名称	m^3	按设计图示储水尺寸以体积计算	渗漏试验

7. 设备安装（《清单计价规范》附录 D.5.7）

工程量清单项目设置及工程量计算规则，应按表 6-32（表 D.5.7）的规定执行。

设备安装（表 D.5.7）（编码：040507） **表 6-32**

<table>
<tr><th>项目编码</th><th>项目名称</th><th>项目特征</th><th>计量单位</th><th>工程量计算规则</th><th>工程内容</th></tr>
<tr><td>040507001</td><td>管道仪表</td><td>1. 规格、型号
2. 仪表名称</td><td>个</td><td>按设计图示数量计算</td><td>1. 取源部件安装
2. 支架制作、安装
3. 套管安装
4. 表弯制作、安装
5. 仪表脱脂
6. 仪表安装</td></tr>
<tr><td>040507002</td><td>格栅制作</td><td>1. 材质
2. 规格、型号</td><td>kg</td><td>按设计图示尺寸以质量计算</td><td>1. 制作
2. 安装</td></tr>
<tr><td>040507003</td><td>格栅除污机</td><td rowspan="4">规格、型号</td><td rowspan="3">台</td><td rowspan="8">按设计图示数量计算</td><td rowspan="8">1. 安装
2. 无负荷试运转</td></tr>
<tr><td>040507004</td><td>滤网清污机</td></tr>
<tr><td>040507005</td><td>螺旋泵</td></tr>
<tr><td>040507006</td><td>加氯机</td><td>套</td></tr>
<tr><td>040507007</td><td>水射器</td><td rowspan="2">公称直径</td><td rowspan="2">个</td></tr>
<tr><td>040507008</td><td>管式混合器</td></tr>
<tr><td>040507009</td><td>搅拌机械</td><td>1. 规格、型号
2. 重量</td><td>台</td></tr>
<tr><td>040507010</td><td>曝气器</td><td>规格、型号</td><td>个</td></tr>
<tr><td>040507011</td><td>布气管</td><td>1. 材料品种
2. 直径</td><td>m</td><td>按设计图示以长度计算</td><td>1. 钻孔
2. 安装</td></tr>
</table>

续表

项目编码	项目名称	项目特征	计量单位	工程量计算规则	工程内容
040507012	曝气机	规格、型号	台	按设计图示数量计算	1. 安装 2. 无负荷试运转
040507013	生物转盘	规格			
040507014	吸泥机	规格、型号			
040507015	刮泥机				
040507016	辊压转鼓式吸泥脱水机				
040507017	带式压滤机	设备质量			
040507018	污泥造粒脱水机	转鼓直径			
040507019	闸门	1. 闸门材质 2. 闸门形式 3. 闸门规格、型号	座	按设计图示数量计算	安装
040507020	旋转门	1. 材质 2. 规格、型号			
040507021	堰门	1. 材质 2. 规格			
040507022	升杆式铸铁泥阀	公称直径			
040507023	平底盖闸				
040507024	启闭机械	规格、型号	台		
040507025	集水槽制作	1. 材质 2. 厚度	m²	按设计图示尺寸以面积计算	1. 制作 2. 安装
040507026	堰板制作	1. 堰板材质 2. 堰板厚度 3. 堰板形式			
040507027	斜板	1. 材料品种 2. 厚度			安装
040507028	斜管	1. 斜管材料品种 2. 斜管规格	m	按设计图示以长度计算	

续表

项目编码	项目名称	项目特征	计量单位	工程量计算规则	工程内容
040507029	凝水缸	1. 材料品种 2. 压力要求 3. 型号、规格 4. 接口	组	按设计图示数量计算	1. 制作 2. 安装
040507030	调压器	型号、规格			安装
040507031	过滤器				
040507032	分离器				
040507033	安全水封	公称直径			
040507034	检漏管	规格			
040507035	调长器	公称直径	个		
040507036	牺牲阳极、测试桩	1. 牺牲阳极安装 2. 测试桩安装 3. 组合及要求	组		1. 安装 2. 测试

8. 其他相关问题，应按下列规定处理（《清单计价规范》附录 D.5.8）：

(1) 顶管工作坑的土石方开挖、回填夯实等，应按《清单计价规范》附录 A 中相关项目编码列项。

(2) “市政管网工程”设备安装工程只列市政管网专用设备的项目，标准、定型设备应按《清单计价规范》附录 C 中相关项目编码列项。

第七节　地　铁　工　程

地铁工程（《清单计价规范》附录 D.6）共分 4 节计 81 个项目，包括：

第一节 D.6.1. 结构，共设有 23 个项目，用于地铁（车站和区间）的结构部分。

第二节 D.6.2. 轨道，共设有 19 个项目，用于城市地下、地面的高架轨道交通的铺轨工程。

第三节 D.6.3. 信号，共设有 27 个项目，用于与城市轨道交通相应配套的信号工程。

第四节 D.6.4. 电力牵引，共设有 12 个项目，用于城市轨道交通中的馈电接触轨和接触网及其相应的设备安装工程。

城市轨道交通（地下、地面和高架轨道交通）中的通信、供电、通风、空调、暖气、给水、排水、消防、电视监控等工程应按《清单计价规范》附录 C 安装工程的相关清单项目编制工程量清单。

一、地铁工程工程量清单项目设置及工程量计算规则的原则

1. 本章节中的清单工程量均按设计图示尺寸计算，按不同的清单项目分别以体积、面积、长度计量。

2. 轨道节中道床部分的清单工程量均按设计尺寸（包括道岔、道床在内）以体积计量。

3. 轨道节中铺轨部分的铺轨清单工程量按设计图示以长度（不包括道岔所占的长度）计算，以 km 为计量单位计量。

4. 信号线路（电缆）的敷设和防护本附录未设立清单项目的，应按附录 C 的相关清单项目进行编制。

二、地铁工程工程量清单项目设置及工程量计算规则的规定

1. 结构（《清单计价规范》附录 D.6.1）

工程量清单项目设置及工程量计算规则，应按表 6-33（表 D.6.1）的规定执行。

结构（表 D.6.1）（编码：040601） **表 6-33**

项目编码	项目名称	项目特征	计量单位	工程量计算规则	工程内容
040601001	混凝土圈梁	1. 部位 2. 混凝土强度等级、石料最大粒径	m^3	按设计图示尺寸以体积计算	1. 混凝土浇筑 2. 养生
040601002	竖井内衬混凝土				
040601003	小导管（管棚）	1. 管径 2. 材料	m	按设计图示尺寸以长度计算	导管制作、安装
040601004	注　浆	1. 材料品种 2. 配合比 3. 规格	m^3	按设计注浆量以体积计算	1. 浆液制作 2. 注浆
040601005	喷射混凝土	1. 部位 2. 混凝土强度等级、石料最大粒径		按设计图示以体积计算	1. 岩石、混凝土面清洗 2. 喷射混凝土
040601006	混凝土底板	1. 混凝土强度等级、石料最大粒径 2. 垫层厚度、材料品种、强度		按设计图示尺寸以体积计算	1. 垫层铺设 2. 混凝土浇筑 3. 养生

续表

项目编码	项目名称	项目特征	计量单位	工程量计算规则	工程内容
040601007	混凝土内衬墙	混凝土强度等级、石料最大粒径	m^3	按设计图示尺寸以体积计算	1. 混凝土浇筑 2. 养生
040601008	混凝土中层板	混凝土强度等级、石料最大粒径	m^3	按设计图示尺寸以体积计算	1. 混凝土浇筑 2. 养生
040601009	混凝土顶板	混凝土强度等级、石料最大粒径	m^3	按设计图示尺寸以体积计算	1. 混凝土浇筑 2. 养生
040601010	混凝土柱	混凝土强度等级、石料最大粒径	m^3	按设计图示尺寸以体积计算	1. 混凝土浇筑 2. 养生
040601011	混凝土梁	混凝土强度等级、石料最大粒径	m^3	按设计图示尺寸以体积计算	1. 混凝土浇筑 2. 养生
040601012	混凝土独立柱基	混凝土强度等级、石料最大粒径	m^3	按设计图示尺寸以体积计算	1. 混凝土浇筑 2. 养生
040601013	混凝土现浇站台板	混凝土强度等级、石料最大粒径	m^3	按设计图示尺寸以体积计算	1. 混凝土浇筑 2. 养生
040601014	预制站台板	混凝土强度等级、石料最大粒径	m^3	按设计图示尺寸以体积计算	1. 制作 2. 安装
040601015	混凝土楼梯	混凝土强度等级、石料最大粒径	m^2	按设计图示尺寸以水平投影面积计算	1. 混凝土浇筑 2. 养生
040601016	混凝土中隔墙	混凝土强度等级、石料最大粒径	m^3	按设计图示尺寸以体积计算	1. 混凝土浇筑 2. 养生
040601017	隧道内衬混凝土	混凝土强度等级、石料最大粒径	m^3	按设计图示尺寸以体积计算	1. 混凝土浇筑 2. 养生
040601018	混凝土检查沟	混凝土强度等级、石料最大粒径	m^3	按设计图示尺寸以体积计算	1. 混凝土浇筑 2. 养生
040601019	砌　筑	1. 材料 2. 规格 3. 砂浆强度等级	m^3	按设计图示尺寸以体积计算	1. 砂浆运输、制作 2. 砌筑 3. 勾缝 4. 抹灰、养护
040601020	锚杆支护	1. 锚杆形式 2. 材料 3. 砂浆强度等级	m	按设计图示以长度计算	1. 钻孔 2. 锚杆制作、安装 3. 砂浆灌注
040601021	变形缝（诱导缝）	1. 材料 2. 规格 3. 工艺要求	m	按设计图示以长度计算	变形缝安装
040601022	刚性防水层	1. 材料 2. 规格 3. 工艺要求	m^2	按设计图示尺寸以面积计算	1. 找平层铺筑 2. 防水层铺设
040601023	柔性防水层	1. 部位 2. 材料 3. 工艺要求	m^2	按设计图示尺寸以面积计算	防水层铺设

2. 轨道（《清单计价规范》附录 D.6.2）

工程量清单项目设置及工程量计算规则，应按表 6-34 表（D.6.2）的规定执行。

轨道（表 D.6.2）（编码：040602）　　表 6-34

项目编码	项目名称	项目特征	计量单位	工程量计算规则	工程内容
040602001	地下一般段道床	1. 类型 2. 混凝土强度等级、石料最大粒径	m^3	按设计图示尺寸（含道岔、道床）以体积计算	1. 支承块预制、安装 2. 整体道床浇筑
040602002	高架一般段道床				1. 支承块预制、安装 2. 整体道床浇筑 3. 铺碎石道床
040602003	地下减振段道床				1. 预制支承块及安装 2. 整体道床浇筑
040602004	高架减振段道床				
040602005	地面段正线道床				铺碎石道床
040602006	车辆段、停车场道床				1. 支承块预制、安装 2. 整体道床浇筑 3. 铺碎石道床
040602007	地下一般段轨道	1. 类型 2. 规格	铺轨 km	按设计图示（不含道岔）以长度计算	1. 铺设 2. 焊轨
040602008	高架一般段轨道				
040602009	地下减振段轨道			按设计图示以长度计算	
040602010	高架减振段轨道				
040602011	地面段正线轨道			按设计图示（不含道岔）以长度计算	
040602012	车辆段、停车场轨道				
040602013	道　岔	1. 区段 2. 类型 3. 规格	组	按设计图示以组计算	铺设
040602014	护轮轨	1. 类型 2. 规格	单侧 km	按设计图示以长度计算	
040602015	轨距杆		1000 根	按设计图示以根计算	安装

续表

项目编码	项目名称	项目特征	计量单位	工程量计算规则	工程内容
040602016	防爬设备	类型	1000个	按设计图示数量计算	1. 防爬器安装 2. 防爬支撑制作、安装
040602017	钢轨伸缩调节器		对		安装
040602018	线路及信号标志		铺轨km	按设计图示以长度计算	1. 洞内安装 2. 洞外埋设 3. 桥上安装
040602019	车 挡		处	按设计图示数量计算	安装

3. 信号（《清单计价规范》附录D.6.3）

工程量清单项目设置及工程量计算规则，应按表6-35（表D.6.3）的规定执行。

信号（表D.6.3）（编码：040603） **表6-35**

项目编码	项目名称	项目特征	计量单位	工程量计算规则	工程内容
040603001	信号机	1. 类型 2. 规格	架	按设计图示数量计算	1. 基础制作 2. 安装与调试
040603002	电动转辙装置		组		安装与调试
040603003	轨道电路		区段		1. 箱、盒基础制作 2. 安装与调试
040603004	轨道绝缘		组		安装
040603005	钢轨接续线				
040603006	道岔跳线				
040603007	极性叉回流线				
040603008	道岔区段传输环路	长度	个		安装与调试
040603009	信号电缆柜	1. 类型 2. 规格	架		安装
040603010	电气集中分线柜				安装与调试
040603011	电气集中走线架				安装

续表

项目编码	项目名称	项目特征	计量单位	工程量计算规则	工程内容
040603012	电气集中组合柜	1. 类型 2. 规格	架	按设计图示数量计算	1. 继电器等安装与调试 2. 电缆绝缘测试盘安装与调试 3. 轨道电路测试盘安装与调试 4. 报警装置安装与调试 5. 防雷组合安装与调试
040603013	电气集中控制台		台		安装与调试
040603014	微机联锁控制台				
040603015	人工解锁按钮台				
040603016	调度集中控制台				
040603017	调度集中总机柜				
040603018	调度集中分机柜				
040603019	列车自动防护（ATP）中心模拟盘	1. 类型 2. 规格	面		安装与调试
040603020	列车自动防护（ATP）架	类型	架		1. 轨道架安装与调试 2. 码发生器架安装与调试
040603021	列车自动运行（ATO）架				安装与调试
040603022	列车自动监控（ATS）架				1.DPU 柜安装与调试 2.RTU 架安装与调试 3.LPU 柜安装与调试
040603023	信号电源设　备	1. 类型 2. 规格	台		1. 电源屏安装与调试 2. 电源防雷箱安装与调试 3. 电源切换箱安装与调试 4. 电源开关柜安装与调试 5. 其他电源设备安装与调试

续表

项目编码	项目名称	项目特征	计量单位	工程量计算规则	工程内容
040603024	信号设备接地装置	1. 位置 2. 类型 3. 规格	处	按设计列车配备数量计算	1. 接地装置安装 2. 标志桩埋设
040603025	车载设备	类型	车组		1. 列车自动防护（ATP）车载设备安装与调试 2. 列车自动运行（ATO）车载设备安装与调试 3. 列车识别装置（PTI）车载设备安装与调试
040603026	车站联锁系统调试		站	按设计图示数量计算	1. 继电联锁调试 2. 微机联锁调试
040603027	全线信号设备系统调试		系统		1. 调度集中系统调试 2. 列车自动防护（ATP）系统调试 3. 列车自动运行（ATO）系统调试 4. 列车自动监控（ATS）系统调试 5. 列车自动控制（ATC）系统调试

4. 电力牵引（《清单计价规范》附录 D.6.4）

工程量清单项目设置及工程量计算规则，应按表 6-36（表 D.6.4）的规定执行。

电力牵引（表 D.6.4）（编码：040604）　　**表 6-36**

项目编码	项目名称	项目特征	计量单位	工程量计算规则	工程内容
040604001	接触轨	1. 区段 2. 道床类型 3. 防护材料 4. 规格	km	按单根设计长度扣除接触轨弯头所占长度计算	1. 接触轨安装 2. 焊轨 3. 断轨
040604002	接触轨设备	1. 设备类型 2. 规格	台	按设计图示数量计算	安装与调试
040604003	接触轨试运行	区段名称	km	按设计图示以长度计算	试运行
040604004	地下段接触网节点	1. 类型 2. 悬挂方式	处	按设计图示数量计算	1. 钻孔 2. 预埋件安装 3. 混凝土浇筑

续表

项目编码	项目名称	项目特征	计量单位	工程量计算规则	工程内容
040604005	地下段接触网悬挂	1. 类型 2. 悬挂方式 3. 材料 4. 规格	处	按设计图示数量计算	悬挂安装
040604006	地下段接触网架线及调整		条 km	按设计图示以长度计算	1. 接触网架设 2. 附加导线安装 3. 悬挂调整
040604007	地面段、高架段接触网支柱	1. 类型 2. 材料品种 3. 规格	根	按设计图示数量计算	1. 基础制作 2. 立柱
040604008	地面段、高架段接触网悬挂	1. 类型 2. 悬挂方式 3. 材料 4. 规格	处		悬挂安装
040604009	地面段、高架段接触网架线及调整		条 km	按设计图示数量以长度计算	1. 接触网架设 2. 附加导线安装 3. 悬挂调整
040604010	接触网设备	1. 类型 2. 设备 3. 规格	台	按设计图示数量计算	安装与调试
040604011	接触网附属设施	1. 区段 2. 类型	处		1. 牌类安装 2. 限界门安装
040604012	接触网试运行	区段名称	条 km	按设计图示长度计算	试运行

5. 其他相关问题，应按下列规定处理（《清单计价规范》附录 D.6.5）

（1）土石方工程应按 D.1 中相关项目编码列项。

（2）高架结构应按 D.3 中相关项目编码列项。

（3）钢筋混凝土中钢筋、道床钢筋应按《清单计价规范》附录 D.7 中相关项目编码列项。

（4）信号电缆敷设与防护应按《清单计价规范》附录 C 中相关项目编码列项。

（5）通信、供电、通风、空调、暖气、给水、排水、消防、电视监控等工程，应按《清单计价规范》附录 C 中相关项目编码列项。

第八节　钢　筋　工　程

钢筋工程《清单计价规范》附录 D.7 不分节共设立 5 个项目，分别为预埋铁件、非预应力钢筋、先张法预应力钢筋、后张法预应力钢筋、型钢。适用于《清单计价规范》本附录各章的钢筋制作安装项目。

一、钢筋工程工程量清单项目设置及工程量计算规则的原则

1. 本章的清单工程量均按设计重量计算。设计注明搭接的应计算搭接长度；设计未注明搭接的，则不计算搭接长度。预埋铁件的计量单位为千克（kg），其他均以吨（t）为计量单位。

2. 本章所列的型钢指劲性骨架，凡型钢与钢筋组合（除预埋铁件外）如钢格栅应分型钢和钢筋分别列清单项目。

3. 先张法预应力钢筋项目的工程内容包括张拉台座制作、安装、拆除和钢筋、钢丝束制作安装等全部内容。

4. 后张法预应力钢筋项目的工程内容包括钢丝束孔道制作安装，钢筋、钢丝束制作张拉，孔道压浆和锚具。

二、钢筋工程工程量清单项目设置及工程量计算规则的规定

1. 钢筋工程（《清单计价规范》附录 D.7.1）

工程量清单项目设置及工程量计算规则，应按表 6-37（表 D.7.1）的规定执行。

2. 其他相关问题，应按下列规定处理（《清单计价规范》附录 D.7.2)：

(1)“钢筋工程”所列型钢项目是指劲性骨架的型钢部分。

(2) 凡型钢与钢筋组合（除预埋铁件外）的钢格栅，应分别列项。

(3) 钢筋、型钢工程量计算中，设计注明搭接时，应计算搭接长度；设计未注明搭接时，不计算搭接长度。

钢筋工程（表 D.7.1）（编码：040701） **表 6-37**

项目编码	项目名称	项目特征	计量单位	工程量计算规则	工程内容
040701001	预埋铁件	1. 材质 2. 规格	kg	按设计图示尺寸以质量计算	制作、安装
040701002	非预应力钢筋	1. 材质 2. 部位	t		
040701003	先张法预应力钢筋	1. 材质 2. 直径 3. 部位			1. 张拉台座制作、安装、拆除 2. 钢筋及钢丝束制作、张拉
040701004	后张法预应力钢筋				1. 钢丝束孔道制作、安装 2. 锚具安装 3. 钢筋、钢丝束制作、张拉 4. 孔道压浆
040701005	型　钢	1. 材质 2. 规格 3. 部位			1. 制作 2. 运输 3. 安装、定位

第九节　拆　除　工　程

《清单计价规范》附录 D.8 不分节共设立 8 个项目，适用于市政拆除工程。

一、拆除工程工程量清单项目设置及工程量计算规则的原则

1. 拆除项目应根据拆除项目的特征列项。路面、人行道、基层的清单工程量按设计图示尺寸以面积计算；拆除侧缘石、管道及其基础的清单工程量按设计图示尺寸以长度计算；拆除砖石结构、混凝土结构的构筑物的清单工程量按设计图示尺寸以体积计算。工程内容包括拆除、运输弃置等全部工程内容。

2. 伐树、挖树篼的清单项目的清单工程量按设计图示以棵计量，按不同的胸径范围分别列清单项目。工程内容包括：伐树、挖树蔸、运输弃置等全部内容。

二、拆除工程工程量清单项目设置及工程量计算规则的规定

拆除工程（《清单计价规范》附录 D.8.1），工程量清单项目设置及工程量计算规则应按表 6-38（表 D.8.1）的规定执行。

拆除工程（表 D.8.1）（编码：040801）　　**表 6-38**

项目编码	项目名称	项目特征	计量单位	工程量计算规则	工程内容
040801001	拆除路面	1. 材质 2. 厚度	m^2	按施工组织设计或设计图示尺寸以面积计算	1. 拆除 2. 运输
040801002	拆除基层				
040801003	拆除人行道				
040801004	拆除侧缘石	材质	m	按施工组织设计或设计图示尺寸以长度计算	
040801005	拆除管道	1. 材质 2. 管径			
040801006	拆除砖石结构	1. 结构形式 2. 强度	m^3	按施工组织设计或设计图示尺寸以体积计算	
040801007	拆除混凝土结构				
040801008	伐树、挖树蔸	胸径	棵	按施工组织设计或设计图示尺寸以数量计算	1. 伐树 2. 挖树蔸 3. 运输

复 习 思 考 题

1. 市政工程工程量清单的项目是如何划分的？

2. 市政工程的工程量计算规则具有什么特点？工程量计算要点有哪些？

3. 以某市政道路工程施工为例，讨论工程量清单项目应如何设置？其工程量如何计算？各清单项目工程量计算之间有无联系？

第七章　园林绿化工程工程量计算规则

第一节　概　　述

按不同的专业和不同的工程对象，《建设工程工程量清单计价规范》附录E将园林绿化工程划分为绿化工程，园路、园桥、假山工程，园林景观工程3个分部工程，并规定了工程量清单项目及计算规则。

一、园林绿化工程工程量清单计价编制的内容及适用范围

1. 项目内容

园林绿化工程清单项目包括绿化工程，园路、园桥、假山工程，园林景观工程，共3章2节87个项目。

2. 适用范围

该类工程清单项目适用于采用工程量清单计价的公园、小区、道路等园林绿化工程。

二、章、节、项目的设置原则

1.《清单计价规范》附录E清单项目与建设部（88）建标字第451号文颁发的《仿古建筑及园林工程预算定额》（以下简称《园林定额》）中园林绿化工程项目设置进行适当对应衔接。

2.《清单计价规范》附录E清单项目将《园林定额》第六章的节进行新项目的补充并划分为章。

3.《清单计价规范》附录E清单项目“节”的设置是将《园林定额》适当划细变为节。如原绿化工程，分为绿地整理、栽植花木、绿地喷灌3节。

4.《清单计价规范》附录E清单项目“子目”设置，在《园林定额》基础上增加了以下内容：屋顶花园基底处理、喷播植草、喷灌设施、树池围牙盖板、嵌草砖铺装、石桥、木桥、原木桩驳岸、原木构件、竹构件、竹屋面、树皮屋面、斜屋面、亭屋面、穹顶、金属花架、木制飞来椅、竹制飞来椅、钢筋混凝土飞来椅、石桌、石凳、塑料铁艺座椅、金属座椅、喷泉设施等项目。

三、有关问题的说明

1. 附录之间的衔接

《清单计价规范》附录E清单项目中未列项的清单项目，如亭、台、楼、阁，长廊的柱、梁、墙，喷泉的水池等可按《清单计价规范》附录A相关项目编码列项，混凝土花架、桌凳等的饰面可按《清单计价规范》附录B相关项目编码列项。

2.《清单计价规范》附录E共性问题的说明

(1)《清单计价规范》附录E清单项目所需模板费用和需搭设脚手架费用，应列在工程量清单措施项目费内。

(2)《清单计价规范》附录E中未列钢筋制作、安装清单项目，发生时按《清单计价规范》附录A相关项目编码列项。

(3)《清单计价规范》附录E未单独列项的平整场地、挖土、凿石和基础等清单项目，发生时按《清单计价规范》附录A相关项目编码列项，清单项目中已包括挖土、凿石和基础的，不再单独列项。

四、园林绿化工程工程量计算规则

1. 工程量计算规则是按形成工程实物的净量计算规定的。
2. 计算规则绝大部分是与预算定额中的计算规则相一致。
3. 计算分项工程实物数量时，采取从施工图纸中摘取数值的取定原则。
4. 按照《清单计价规范》附录E规定的计算规则进行计算。

第二节　绿　化　工　程

一、绿化工程工程量清单项目设置及工程量计算规则的原则

1. 绿化工程共3节19个项目。包括绿地整理、栽植苗木、绿地喷灌等工程项目，适用于绿化工程。

(1) 整理绿化地是指土石方的挖方、凿石、回填、运输、找平、找坡、耙细。

(2) 伐树，挖树蔸，砍挖灌木林，挖竹根，挖芦苇根，除草项目包括：砍、锯、挖、剔枝、截断，废弃物装、运、卸、集中堆放，清理现场等全部工序。

(3) 屋顶花园基底处理项目包括：铺设找平层、粘贴防水层、闭水试验、透水管、排水口埋设、填排水材料、过滤材料剪切、黏结、填轻质土、材料水平、垂直运输等全部工序。

(4) 栽植苗木项目，包括：起挖苗木、临时假植、苗木包装、装卸押运、回土填塘、挖穴假植、栽植、支撑、回土踏实、筑水围浇水、覆土保墒、养护等全部工序。

(5) 喷播植草项目，包括：人工细整坡地、阴坡、草籽配制、洒黏结剂（丙烯酰胺、丙烯酸钾交链共聚物等）、保水剂（无毒高分子聚合物）、喷播草籽、铺覆盖物、钉固定钉、施肥浇水、养护及材料运输等全部工序。

(6) 喷灌设施安装项目，包括：阀门井砌筑或浇筑、井盖安装、管道检查、清扫、切割、焊接（黏结）、套丝、调直和阀门、管件、喷头安装、感应电控装置安装、管道固筑、管道水压实验调试、管沟回填等全部工序。

2. 有关项目特征的说明

(1) 屋顶高度指室外地面至屋顶顶面的高度。

(2) 屋顶花园基底处理的垂直运输方式，包括人工、电梯或采用井字架等垂直运输。

(3) 苗木种类应根据设计具体描述苗木的名称。

(4) 喷灌设施项目防护材料种类，包括阀门井需要的防护材料（如防潮、防水材料），管道、管材、阀门的防护材料。

3. 有关工程量计算规则的说明

(1) 伐树、挖树根项目应根据树干的胸径或区分不同胸径范围（如胸径150~250mm等），以实际树木的株数计算。

(2) 砍挖灌木丛项目应根据灌木丛高或区分不同丛高范围（如丛高800~1200mm等），以实际灌木丛数计算。

(3) 栽植乔木等项目应根据胸径、株高、丛高或区分不同胸径、株高、丛高范围，以设计数量计算。

(4) 喷灌设施项目工程量应分不同管径从供水主管接口处算至喷头各支管（不扣除阀门所占长度，喷头长度不计算）的总长度计算。

4. 有关工程内容的说明

(1) 屋顶花园基底处理项目的材料运输，包括水平运输和垂直运输。

(2) 苗木栽植项目，如苗木由市场购入，投标人则不计起挖苗木、临时假植、苗木包装、装卸押运、同土填塘等的价值，以苗木购入价及相关费用进行报价。

二、绿化工程工程量清单项目及计算规则的规定

1. 绿地整理（《清单计价规范》附录E.1.1）

工程量清单项目设置及工程量计算规则，应按表7-1（表E.1.1）的规定执行。

绿地整理（表 E.1.1）（编码：050101）　　**表 7-1**

项目编码	项目名称	项目特征	计量单位	工程量计算规则	工程内容
050101001	伐树、挖树根	树干胸径	株	按估算数量计算	1. 伐树、挖树根 2. 废弃物运输 3. 场地清理
050101002	砍挖灌木丛	丛高	株（株丛）		1. 灌木砍挖 2. 废弃物运输 3. 场地清理
050101003	挖竹根				1. 砍挖竹根 2. 废弃物运输 3. 场地清理
050101004	挖芦苇根		m^2	按估算面积计算	1. 苇根砍挖 2. 废弃物运输 3. 场地清理
050101005	清除草皮				1. 除草 2. 废弃物运输 3. 场地清理
050101006	整理绿化用地	1. 土壤类别 2. 土质要求 3. 取土运距 4. 回填厚度 5. 弃渣运距		按设计图示尺寸以面积计算	1. 排地表水 2. 土方挖、运 3. 耙细、过筛 4. 回填 5. 找平、找坡 6. 拍实
050101007	屋顶花园基底处理	1. 找平层厚度、砂浆种类、强度等级 2. 防水层种类、做法 3. 排水层厚度、材质 4. 过滤层厚度、材质 5. 回填轻质土厚度、种类 6. 屋顶高度 7. 垂直运输方式			1. 抹找平层 2. 防水层铺设 3. 排水层铺设 4. 过滤层铺设 5. 填轻质土 6. 运输

2. 栽植花木（《清单计价规范》附录 E）

工程量清单项目设置及工程量计算规则应按表 7-2（表 E.1.2）的规定执行。

栽植花木（表 E.1.2）（编码：050102）　　**表 7-2**

项目编码	项目名称	项目特征	计量单位	工程量计算规则	工程内容
050102001	栽植乔木	1. 乔木种类 2. 乔木胸径 3. 养护期	株（株丛）	按设计图示数量计算	1. 起挖 2. 运输 3. 栽植 4. 养护
050102002	栽植竹类	1. 竹种类 2. 竹胸径 3. 养护期			
050102003	栽植棕榈类	1. 棕榈种类 2. 株高 3. 养护期	株		
050102004	栽植灌木	1. 灌木种类 2. 冠丛高 3. 养护期			
050102005	栽植绿篱	1. 绿篱种类 2. 篱高 3. 行数 4. 养护期	m	按设计图示以长度计算	
050102006	栽植攀缘植物	1. 植物种类 2. 养护期	株	按设计图示数量计算	
050102007	栽植色带	1. 苗木种类 2. 苗木株高 3. 养护期	m^2	按设计图示尺寸以面积计算	
050102008	栽植花卉	1. 花卉种类 2. 养护期	株	按设计图示数量计算	
050102009	栽植水生植物	1. 植物种类 2. 养护期	丛		
050102010	铺种草皮	1. 草皮种类 2. 铺种方式 3. 养护期	m^2	按设计图示尺寸以面积计算	
050102011	喷播植草	1. 草籽种类 2. 养护期			1. 坡地细整 2. 阴坡 3. 草籽喷播 4. 覆盖 5. 养护

3. 绿地喷灌（《清单计价规范》附录 E.1.3）

工程量清单项目设置及工程量计算规则，应按表 7-3（表 E.1.3）的规定执行。

绿地喷灌（表 E.1.3）（编码：050103）　　表 7-3

项目编码	项目名称	项目特征	计量单位	工程量计算规则	工程内容
050103001	喷灌设施	1. 土石类别 2. 阀门井材料种类、规格 3. 管道品种、规格、长度 4. 管件、阀门、喷头品种、规格、数量 5. 感应电控装置品种、规格、品牌 6. 管道固定方式 7. 防护材料种类 8. 油漆品种、刷漆遍数	m	按设计图示尺寸以长度计算	1. 挖土石方 2. 阀门井砌筑 3. 管道铺设 4. 管道固筑 5. 感应电控设施安装 6. 水压试验 7. 刷防护材料、油漆 8. 回填

4. 其他相关问题，应按下列规定处理（《清单计价规范》附录 E.1.4）：

(1) 挖土外运、借土回填、挖（凿）土（石）方应包括在相关项目内。

(2) 苗木计量应符合下列规定：

1）胸径（或干径）应为地表面向上 1.2m 高处树干的直径；

2）株高应为地表面至树顶端的高度；

3）冠丛高应为地表面至乔（灌）木顶端的高度；

4）篱高应为地表面至绿篱顶端的高度；

5）生长期应为苗木种植至起苗的时间；

6）养护期应为招标文件中要求苗木栽植后承包人负责养护的时间。

第三节　园路、园桥、假山工程

一、工程量清单项目设置及工程量计算规则的原则与说明

《清单计价规范》附录 E.2 共 3 节 17 个项目。包括园路、园桥，堆砌、塑假山，驳岸工程等项目。适用于公园、小游园等园林建设工程。

1. 有关项目的说明

(1) 园路、园桥、假山（除堆筑土山丘）、驳岸工程项目等挖土方、开凿石

方、土石方运输、回填土石方按《清单计价规范》附录A有关项目编码列项。

(2) 园桥分为石桥、木桥项目，石桥由石基础、石桥台、石桥墩、石桥面及石栏杆等组成；木桥由木桩基础、木梁、木桥面及木栏杆等组成，如遇某些构配件使用钢筋混凝土或金属构件时，按《清单计价规范》附录A有关项目编码列项。

(3) 山石护角项目指土山或堆石山的山角堆砌的山石，起挡土石和点缀的作用。

(4) 山坡石台阶指随山坡而砌，多使用不规整的块石，无严格统一的每步台阶高度限制，踏步和踢脚无需石表面加工或有少许加工（打荒）。

(5) 原木桩驳岸指公园、小区、街边绿地等的溪流河边造境驳岸。

2. 有关项目特征的说明

(1) 园路项目路面材料种类有混凝土路面、沥青路面、石材路面、砖砌路面、卵石路面、片石路面、碎石路面、瓷片路面等；石材应分块石、石板，砖砌应分平砌、侧砌，卵石应分选石、选色、拼花、不拼花，瓷片应分拼花、不拼花等。上述内容应在工程量清单中进行描述。

(2) 树池围牙铺设方式指围牙的平铺、侧铺。

(3) 石桥基础类型指矩形、圆形等石砌基础。如采用混凝土基础应按《清单计价规范》附录A相关项目编码列项。

(4) 石桥项目的勾缝要求同《清单计价规范》附录A石墙勾缝。

(5) 石桥项目中构件的雕饰要求，以园林景观工程石浮雕种类划分。

(6) 石桥面铺筑，设计规定需做混凝土垫层或回填土时，可按《清单计价规范》附录A相关项目编码列项。

(7) 木制步桥项目中的桥宽度、桥长度均以桥板的铺设宽度与长度为准。

(8) 木制步桥项目的部件，可分为木桩、木梁、木桥板、木栏杆、木扶手，各部件的规格应在工程量清单中进行描述。

(9) 山丘、假山的高度，如山丘、假山设计有多个山头时，以最高的山头进行描述。

(10) 木桩驳岸项目的桩直径，可以标注梢径，也可用梢径范围（如 $\phi100$ ~ $\phi140$）描述。

(11) 自然护岸如有水泥砂浆黏结卵石要求的，应在工程量清单中进行描述。

3. 有关工程量计算的说明

(1) 园路如有坡度时，工程量以斜面积计算。

(2) 路牙铺设如有坡度时，工程量按斜长计算。

(3) 嵌草砖铺设工程量不扣除漏空部分的面积，如在斜坡上铺设时，按斜面积计算。

(4) 石旋脸工程量以看面面积计算。

(5) 堆筑土山丘形状过于复杂的，工程量也可以估算体积计算。

(6) 山石护角过于复杂的，工程量也可以估算体积计算，并在工程量清单中进行描述。

(7) 凡以重量、面积、体积计算的山丘、假山等项目，竣工后按核实的工程量，根据合同条件规定进行调整。

4. 有关工程内容的说明

(1) 混凝土园路设置伸缩缝时，预留或切割伸缩缝及嵌缝材料应包括在报价内。

(2) 围牙、盖板的制作或购置费应包括在报价内。

(3) 嵌草砖的制作或购置费应包括在报价内，嵌草砖漏空部分填土有施肥要求时，也应包括在报价内。

(4) 石桥基础在施工时，根据施工方案规定需筑围堰时，筑拆围堰的费用，应列在工程量清单措施项目费内。

(5) 石桥面铺筑，设计规定需回填土或做垫层时，可将回填土或垫层包括在石桥面铺筑报价内，相关的回填土或混凝土垫层项目不再报价。

(6) 凡石构件发生铁扒锔、银锭制作安装时，应包括在报价内。

二、园路、园桥、假山工程工程量清单项目设置及工程量计算规则的规定

1. 园路桥工程（《清单计价规范》附录 E.2.1）

工程量清单项目设置及工程量计算规则，应按表 7-4（表 E.2.1）的规定执行。

园路桥工程（表 E.2.1）（编码：050201）　　**表 7-4**

项目编码	项目名称	项目特征	计量单位	工程量计算规则	工程内容
050201001	园　路	1. 垫层厚度、宽度、材料种类 2. 路面厚度、宽度、材料种类 3. 混凝土强度等级 4. 砂浆强度等级	m^2	按设计图示尺寸以面积计算，不包括路牙	1. 园路路基、路床整理 2. 垫层铺筑 3. 路面铺筑 4. 路面养护
050201002	路牙铺设	1. 垫层厚度、材料种类 2. 路牙材料种类、规格 3. 混凝土强度等级 4. 砂浆强度等级	m	按设计图示尺寸以长度计算	1. 基层清理 2. 垫层铺设 3. 路牙铺设
050201003	树池围牙、盖　板	1. 围牙材料种类、规格 2. 铺设方式 3. 盖板材料种类、规格			1. 基层清理 2. 围牙、盖板运输 3. 围牙、盖板铺设

续表

项目编码	项目名称	项目特征	计量单位	工程量计算规则	工程内容
050201004	嵌草砖铺装	1. 垫层厚度 2. 铺设方式 3. 嵌草砖品种、规格、颜色 4. 漏空部分填土要求	m^2	按设计图示尺寸以面积计算	1. 原土夯实 2. 垫层铺设 3. 铺砖 4. 填土
050201005	石桥基础	1. 基础类型 2. 石料种类、规格 3. 混凝土强度等级 4. 砂浆强度等级	m^3	按设计图示尺寸以体积计算	1. 垫层铺筑 2. 基础砌筑、浇筑 3. 砌石
050201006	石桥墩、石桥台	1. 石料种类、规格 2. 勾缝要求 3. 砂浆强度等级、配合比			1. 石料加工 2. 起重架搭、拆 3. 墩、台、旋石、旋脸砌筑 4. 勾缝
050201007	拱旋石制作、安装	1. 石料种类、规格 2. 旋脸雕刻要求 3. 勾缝要求 4. 砂浆强度等级、配合比			
050201008	石旋脸制作、安装		m^2	按设计图示尺寸以面积计算	
050201009	金刚墙砌筑		m^3	按设计图示尺寸以体积计算	1. 石料加工 2. 起重架搭、拆 3. 砌石 4. 填土夯实
050201010	石桥面铺筑	1. 石料种类、规格 2. 找平层厚度、材料种类 3. 勾缝要求 4. 混凝土强度等级 5. 砂浆强度等级	m^2	按设计图示尺寸以面积计算	1. 石材加工 2. 抹找平层 3. 起重架搭、拆 4. 桥面、桥面踏步铺设 5. 勾缝
050201011	石桥面檐板	1. 石料种类、规格 2. 勾缝要求 3. 砂浆强度等级、配合比			1. 石材加工 2. 檐板、仰天石、地伏石铺设 3. 铁锔、银锭安装 4. 勾缝
050201012	仰天石、地伏石		m	按设计图示尺寸以长度计算	

续表

项目编码	项目名称	项目特征	计量单位	工程量计算规则	工程内容
050201013	石望柱	1. 石料种类、规格 2. 柱高、截面 3. 柱身雕刻要求 4. 柱头雕饰要求 5. 勾缝要求 6. 砂浆配合比	根	按设计图示数量计算	1. 石料加工 2. 柱身、柱头雕刻 3. 望柱安装 4. 勾缝
050201014	栏杆、扶手	1. 石料种类、规格 2. 栏杆、扶手截面 3. 勾缝要求 4. 砂浆配合比	m	按设计图示尺寸以长度计算	1. 石料加工 2. 栏杆、扶手安装 3. 铁锔、银锭安装 4. 勾缝
050201015	栏板、撑鼓	1. 石料种类、规格 2. 栏板、撑鼓雕刻要求 3. 勾缝要求 4. 砂浆配合比	块	按设计图示数量计算	1. 石料加工 2. 栏板、撑鼓雕刻 3. 栏板、撑鼓安装 4. 勾缝
050201016	木制步桥	1. 桥宽度 2. 桥长度 3. 木材种类 4. 各部件截面长度 5. 防护材料种类	m^2	按设计图示尺寸以桥面板长乘桥面宽以面积计算	1. 木桩加工 2. 打木桩基础 3. 木梁、木桥板、木桥栏杆、木扶手制作、安装 4. 连接铁件、螺栓安装 5. 刷防护材料

2. 堆塑假山（《清单计价规范》附录 E.2.2）

工程量清单项目设置及工程量计算规则，应按表 7-5（表 E.2.2）的规定执行。

堆塑假山（表 E.2.2）（编码：050202） **表 7-5**

项目编码	项目名称	项目特征	计量单位	工程量计算规则	工程内容
050202001	堆筑土山丘	1. 土丘高度 2. 土丘坡度要求 3. 土丘底外接矩形面积	m^3	按设计图示山丘水平投影外接矩形面积乘以高度的 1/3 以体积计算	1. 取土 2. 运土 3. 堆砌、夯实 4. 修整

续表

项目编码	项目名称	项目特征	计量单位	工程量计算规则	工程内容
050202002	堆砌石假山	1. 堆砌高度 2. 石料种类、单块重量 3. 混凝土强度等级 4. 砂浆强度等级、配合比	t	按设计图示尺寸以估算质量计算	1. 选料 2. 起重架搭、拆 3. 堆砌、修整
050202003	塑假山	1. 假山高度 2. 骨架材料种类、规格 3. 山皮料种类 4. 混凝土强度等级 5. 砂浆强度等级、配合比 6. 防护材料种类	m^2	按设计图示尺寸以估算面积计算	1. 骨架制作 2. 假山胎模制作 3. 塑假山 4. 山皮料安装 5. 刷防护材料
050202004	石 笋	1. 石笋高度 2. 石笋材料种类 3. 砂浆强度等级、配合比	支	按设计图示数量计算	1. 选石料 2. 石笋安装
050202005	点风景石	1. 石料种类 2. 石料规格、重量 3. 砂浆配合比	块		1. 选石料 2. 起重架搭、拆 3. 点石
050202006	池石、盆景山	1. 底盘种类 2. 山石高度 3. 山石种类 4. 混凝土强度等级 5. 砂浆强度等级、配合比	座（个）		1. 底盘制作、安装 2. 池石、盆景山石安装、砌筑
050202007	山石护角	1. 石料种类、规格 2. 砂浆配合比	m^3	按设计图示尺寸以体积计算	1. 石料加工 2. 砌石
050202008	山坡石台阶	1. 石料种类、规格 2. 台阶坡度 3. 砂浆强度等级	m^2	按设计图示尺寸以水平投影面积计算	1. 选石料 2. 台阶砌筑

3. 驳岸（《清单计价规范》附录 E.2.3）

工程量清单项目设置及工程量计算规则，应按表 7-6（表 E.2.3）的规定执行。

驳岸（表 E.2.3）（编码：050203）　　表 7-6

项目编码	项目名称	项目特征	计量单位	工程量计算规则	工程内容
050203001	石砌驳岸	1. 石料种类、规格 2. 驳岸截面、长度 3. 勾缝要求 4. 砂浆强度等级、配合比	m^3	按设计图示尺寸以体积计算	1. 石料加工 2. 砌石 3. 勾缝
050203002	原木桩驳岸	1. 木材种类 2. 桩直径 3. 桩单根长度 4. 防护材料种类	m	按设计图示以桩长（包括桩尖）计算	1. 木桩加工 2. 打木桩 3. 刷防护材料
050203003	散铺砂卵石护岸（自然护岸）	1. 护岸平均宽度 2. 粗细砂比例 3. 卵石粒径 4. 大卵石粒径、数量	m^2	按设计图示平均护岸宽度乘以护岸长度以面积计算	1. 修边坡 2. 铺卵石、点布大卵石

4. 其他相关问题，应按下列规定处理（《清单计价规范》附录 E.2.4）：

（1）园路、园桥、假山（堆筑土山丘除外）、驳岸工程等的挖土方、开凿石方、回填等应按《清单计价规范》附录 A.1 相关项目编码列项；

（2）如遇某些构配件使用钢筋混凝土或金属构件时，应按《清单计价规范》附录 A 或《清单计价规范》附录 D 相关项目编码列项。

第四节　园林景观工程

一、工程量清单项目设置及工程量计算规则的原则与说明

《清单计价规范》附录 E.3 共 6 节 41 个项目。包括原木、竹构件、亭廊屋面、花架、园林桌椅、喷泉和杂项等。适用于园林景观工程。

1. 有关项目的说明

（1）本章项目中未包括的基础、柱、梁、墙、屋架等项目，发生时按《清单计价规范》附录 A 相关项目编码列项。

（2）本章所列原木构件是指不剥树皮的原木。

（3）原木（带树皮）墙项目也可用于在墙体上铺钉树皮项目。

（4）竹编墙项目也可用于在墙体上铺钉竹板的墙体项目。

（5）树枝、竹编制的花牙子按树枝吊挂楣子和竹吊挂楣子项目编码列项。

（6）草屋面、竹屋面、树皮屋面的木基屋按《清单计价规范》附录 A 木结构的屋面木基层（包括檩子、椽子、屋面板等）项目编码列项。

（7）混凝土斜屋面板、亭屋面板上盖瓦，盖瓦应按《清单计价规范》附录A瓦屋面项目编码列项。

（8）膜结构的亭、廊按《清单计价规范》附录A膜结构屋面项目编码列项。

（9）花架项目中的“梁”包括盖梁和连系梁。

（10）石桌、石凳项目可用于经人工雕凿的石桌、石凳，也可用于选自然石料的石桌、石凳。

（11）喷泉水池按《清单计价规范》附录A相关项目编码列项。

（12）仿石音箱项目可用于人工雕凿的石音箱。

（13）标志牌项目适用于各种材料的指示牌、指路牌、警示牌等。

2. 有关项目特征的说明

（1）木构件的连接方式有开榫连接、铁件连接、扒钉连接、铁钉连接、黏结等。

（2）竹构件的连接方式有钻孔竹钉固定、竹篾绑扎、铁丝绑扎等。

（3）原木（带树皮）墙项目的龙骨材料、底层材料是指铺钉树皮的墙体龙骨材料和铺钉树皮底层材料。如木龙骨钉铺木板墙，在木墙板上再铺钉树皮。

（4）防护材料指防水、防腐、防虫涂料等。

（5）铺草种类指麦草、谷草、山草、丝茅草等。

（6）竹屋面的竹材一般使用毛竹（楠竹）。

（7）花架应描述柱、梁的截面尺寸和高度以及根数。

（8）飞来椅的座凳楣子是指座凳面下面的楣子，类似于固定窗，所以在四川称为地脚窗。

（9）飞来椅靠背形状指靠背是直形的还是弯形（鹅颈）的，尺寸指截面尺寸和长度。

（10）塑料座凳包括仿竹、仿树木的塑料椅。

3. 有关工程量计算的说明

（1）树枝、竹制的花牙子以框外围面积或“个”计算。

（2）穹顶的肋和壁基梁拼入穹顶体积内计算。

（3）喷泉管道工程量从供水主管接头算至喷头接口（不包括喷头长度）。

（4）水下艺术装饰灯具工程量以每个灯泡、灯头、灯座以及与之配套的配件为1套。

（5）砖石砌小摆设工程量以体积计算，如外形比较复杂难以计算体积，也可以个计算。如有雕饰的须弥座，以个计算工程量时，工程量清单中应描述其外形主要尺寸，如长、宽、高尺寸。

4. 有关工程内容的说明

（1）混凝土构件的钢筋、铁件制作安装应按《清单计价规范》附录A相关项目编码列项。

(2) 原木（带树皮）、树枝和竹制构配件需加热煨弯或校直时，加热费用应包括在报价内。

(3) 草屋面需捆把的竹片和篾条应包括在报价内。

(4) 就位预制亭屋面和穹顶使用土胎模时，应计算挖土、过筛、夯筑、抹灰以及构件出槽后的回填等，也可将土胎模发生的费用列入工程量清单措施项目内。

(5) 彩色压型板（夹芯板）亭屋面板、穹顶屋面采用金属骨架的，若工程量清单单独列出金属骨架项目的，骨架不应包括在亭屋面或穹顶屋面报价内。

(6) 预制混凝土花架、木花架、金属花架的构件安装包括吊装。

(7) 飞来椅铁件如由投标人制作时，还应包括铁件制作、运输费用。

(8) 飞来椅铁件包括靠背、扶手、座凳面与柱或墙的连接铁件、座凳腿与地面的连接铁件。

二、园林景观工程工程量清单项目设置及工程量计算规则的规定

1. 原木、竹构件（《清单计价规范》附录 E.3.1）

工程量清单项目设置及工程量计算规则，应按表 7-7（表 E.3.1）的规定执行。

原木、竹构件（表 E.3.1）（编码：050301）　　**表 7-7**

<table>
<tr><th>项目编码</th><th>项目名称</th><th>项目特征</th><th>计量单位</th><th>工程量计算规则</th><th>工程内容</th></tr>
<tr><td>050301001</td><td>原木（带树皮）柱、梁、檩、椽</td><td rowspan="3">1. 原木种类
2. 原木梢径（不含树皮厚度）
3. 墙龙骨材料种类、规格
4. 墙底层材料种类、规格
5. 构件连接方式
6. 防护材料种类</td><td>m</td><td>按设计图示尺寸以长度计算（包括榫长）</td><td rowspan="6">1. 构件制作
2. 构件安装
3. 刷防护材料</td></tr>
<tr><td>050301002</td><td>原木（带树皮）墙</td><td rowspan="2">m^2</td><td>按设计图示尺寸以面积计算（不包括柱、梁）</td></tr>
<tr><td>050301003</td><td>树枝吊挂楣子</td><td>按设计图示尺寸以框外围面积计算</td></tr>
<tr><td>050301004</td><td>竹柱、梁、檩、椽</td><td>1. 竹种类
2. 竹梢径
3. 连接方式
4. 防护材料种类</td><td>m</td><td>按设计图示尺寸以长度计算</td></tr>
<tr><td>050301005</td><td>竹编墙</td><td>1. 竹种类
2. 墙龙骨材料种类、规格
3. 墙底层材料种类、规格
4. 防护材料种类</td><td rowspan="2">m^2</td><td>按设计图示尺寸以面积计算（不包括柱、梁）</td></tr>
<tr><td>050301006</td><td>竹吊挂楣子</td><td>1. 竹种类
2. 竹梢径
3. 防护材料种类</td><td>按设计图示尺寸以框外围面积计算</td></tr>
</table>

2. 亭廊屋面（《清单计价规范》附录 E.3.2）

工程量清单项目设置及工程量计算规则，应按表 7-8（表 E.3.2）的规定执行。

亭廊屋面（表 E.3.2）（编码：050302） **表 7-8**

项目编码	项目名称	项目特征	计量单位	工程量计算规则	工程内容
050302001	草屋面	1. 屋面坡度 2. 铺草种类 3. 竹材种类 4. 防护材料种类	m^2	按设计图示尺寸以斜面积计算	1. 整理、选料 2. 屋面铺设 3. 刷防护材料
050302002	竹屋面				
050302003	树皮屋面				
050302004	现浇混凝土斜屋面板	1. 檐口高度 2. 屋面坡度 3. 板厚 4. 椽子截面 5. 老角梁、子角梁截面 6. 脊截面 7. 混凝土强度等级	m^3	按设计图示尺寸以体积计算。混凝土屋脊并入屋面体积内	混凝土制作、运输、浇筑、振捣、养护
050302005	现浇混凝土攒尖亭屋面板				
050302006	就位预制混凝土攒尖亭屋面板	1. 亭屋面坡度 2. 穹顶弧长、直径 3. 肋截面尺寸 4. 板厚 5. 混凝土强度等级 6. 砂浆强度等级 7. 拉杆材质、规格		按设计图示尺寸以体积计算。混凝土脊和穹顶的肋、基梁并入屋面体积内	1. 混凝土制作、运输、浇筑、振捣、养护 2. 预埋铁件、拉杆安装 3. 构件出槽、养护、安装 4. 接头灌缝
050302007	就位预制混凝土穹顶				
050302008	彩色压型钢板（夹芯板）攒尖亭屋面板	1. 屋面坡度 2. 穹顶弧长、直径 3. 彩色压型钢板（夹芯板）品种、规格、品牌、颜色 4. 拉杆材质、规格 5. 嵌缝材料种类 6. 防护材料种类	m^2	按设计图示尺寸以面积计算	1. 压型板安装 2. 护角、包角、泛水安装 3. 嵌缝 4. 刷防护材料
050302009	彩色压型钢板（夹芯板）穹顶				

3. 花架（《清单计价规范》附录 E.3.3）

工程量清单项目设置及工程量计算规则，应按表 7-9（表 E.3.3）的规定执行。

花架（表 E.3.3）（编码：050303）　**表 7-9**

项目编码	项目名称	项目特征	计量单位	工程量计算规则	工程内容
050303001	现浇混凝土花架柱、梁	1. 柱截面、高度、根数 2. 盖梁截面、高度、根数 3. 连系梁截面、高度、根数 4. 混凝土强度等级	m^3	按设计图示尺寸以体积计算	1. 土（石）方挖运 2. 混凝土制作、运输、浇筑、振捣、养护
050303002	预制混凝土花架柱、梁	1. 柱截面、高度、根数 2. 盖梁截面、高度、根数 3. 连系梁截面、高度、根数 4. 混凝土强度等级 5. 砂浆配合比			1. 土（石）方挖运 2. 混凝土制作、运输、浇筑、振捣、养护 3. 构件制作、运输、安装 4. 砂浆制作、运输 5. 接头灌缝、养护
050303003	木花架柱、梁	1. 木材种类 2. 柱、梁截面 3. 连接方式 4. 防护材料种类		按设计图示截面乘长度（包括榫长）以体积计算	1. 土（石）方挖运 2. 混凝土制作、运输、浇筑、振捣、养护 3. 构件制作、运输、安装 4. 刷防护材料、油漆
050303004	金属花架柱、梁	1. 钢材品种、规格 2. 柱、梁截面 3. 油漆品种、刷漆遍数	t	按设计图示尺寸以质量计算	

4. 园林桌椅（《清单计价规范》附录 E.3.4）

工程量清单项目设置及工程量计算规则，应按表 7-10（表 E.3.4）的规定执行：

园林桌椅（表 E.3.4）（编码：050304）　**表 7-10**

项目编码	项目名称	项目特征	计量单位	工程量计算规则	工程内容
050304001	木制飞来椅	1. 木材种类 2. 座凳面厚度、宽度 3. 靠背扶手截面 4. 靠背截面 5. 座凳楣子形状、尺寸 6. 铁件尺寸、厚度 7. 油漆品种、刷油遍数	m	按设计图示尺寸以座凳面中心线长度计算	1. 座凳面、靠背扶手、靠背、楣子制作、安装 2. 铁件安装 3. 刷油漆

续表

项目编码	项目名称	项目特征	计量单位	工程量计算规则	工程内容
050304002	钢筋混凝土飞来椅	1. 座凳面厚度、宽度 2. 靠背扶手截面 3. 靠背截面 4. 座凳楣子形状、尺寸 5. 混凝土强度等级 6. 砂浆配合比 7. 油漆品种、刷油遍数	m	按设计图示尺寸以座凳面中心线长度计算	1. 混凝土制作、运输、浇筑、振捣、养护 2. 预制件运输、安装 3. 砂浆制作、运输、抹面、养护 4. 刷油漆
050304003	竹制飞来椅	1. 竹材种类 2. 座凳面厚度、宽度 3. 靠背扶手梢径 4. 靠背截面 5. 座凳楣子形状、尺寸 6. 铁件尺寸、厚度 7. 防护材料种类			1. 座凳面、靠背扶手、靠背、楣子制作、安装 2. 铁件安装 3. 刷防护材料
050304004	现浇混凝土桌凳	1. 桌凳形状 2. 基础尺寸、埋设深度 3. 桌面尺寸、支墩高度 4. 凳面尺寸、支墩高度 5. 混凝土强度等级、砂浆配合比	个	按设计图示数量计算	1. 土方挖运 2. 混凝土制作、运输、浇筑、振捣、养护 3. 桌凳制作 4. 砂浆制作、运输 5. 桌凳安装、砌筑
050304005	预制混凝土桌凳	1. 桌凳形状 2. 基础形状、尺寸、埋设深度 3. 桌面形状、尺寸、支墩高度 4. 凳面尺寸、支墩高度 5. 混凝土强度等级 6. 砂浆配合比			1. 混凝土制作、运输、浇筑、振捣、养护 2. 预制构件制作、运输、安装 3. 砂浆制作、运输 4. 接头灌缝、养护
050304006	石桌石凳	1. 石材种类 2. 基础形状、尺寸、埋设深度 3. 桌面形状、尺寸、支墩高度 4. 凳面形状、尺寸、支墩高度 5. 混凝土强度等级 6. 砂浆配合比			1. 土方挖运 2. 混凝土制作、运输、浇筑、振捣、养护 3. 桌凳制作 4. 砂浆制作、运输 5. 桌凳安装、砌筑

续表

项目编码	项目名称	项目特征	计量单位	工程量计算规则	工程内容
050304007	塑树根桌凳	1. 桌凳直径 2. 桌凳高度 3. 砖石种类 4. 砂浆强度等级、配合比 5. 颜料品种、颜色	个	按设计图示数量计算	1. 土（石）方运挖 2. 砂浆制作 、运输 3. 砖石砌筑 4. 塑树皮 5. 绘制木纹
050304008	塑树节椅				
050304009	塑料、铁艺、金属椅	1. 木座板面截面 2. 塑料、铁艺、金属椅规格、颜色 3. 混凝土强度等级 4. 防护材料种类			1. 土（石）方挖运 2. 混凝土制作、运输、浇筑、振捣、养护 3. 座椅安装 4. 木座板制作、安装 5. 刷防护材料

5. 喷泉安装（《清单计价规范》附录 E.3.5）

工程量清单项目设置及工程量计算规则，应按表 7-11（表 E.3.5）的规定执行。

喷泉安装（表 E.3.5）（编码：050305） **表 7-11**

项目编码	项目名称	项目特征	计量单位	工程量计算规则	工程内容
050305001	喷泉管道	1. 管材、管件、水泵、阀门、喷头品种、规格、品牌 2. 管道固定方式 3. 防护材料种类	m	按设计图示尺寸以长度计算	1. 土（石）方挖运 2. 管道、管件、水泵、阀门、喷头安装 3. 刷防护材料 4. 回填
050305002	喷泉电缆	1. 保护管品种、规格 2. 电缆品种、规格			1. 土（石）方挖运 2. 电缆保护管安装 3. 电缆敷设 4. 回填
050305003	水下艺术装饰灯具	1. 灯具品种、规格、品牌 2. 灯光颜色	套	按设计图示数量计算	1. 灯具安装 2. 支架制作、运输、安装
050305004	电气控制柜	1. 规格、型号 2. 安装方式	台		1. 电气控制柜（箱）安装 2. 系统调试

6. 杂项（《清单计价规范》附录 E.3.6）

工程量清单项目设置及工程量计算规则，应按表 7-12（表 E.3.6）的规定执行。

杂项（表 E.3.6）（编码：050306）　　表 7-12

项目编码	项目名称	项目特征	计量单位	工程量计算规则	工程内容
050306001	石灯	1. 石料种类 2. 石灯最大截面 3. 石灯高度 4. 混凝土强度等级 5. 砂浆配合比	个	按设计图示数量计算	1. 土（石）方挖运 2. 混凝土制作、运输、浇筑、振捣、养护 3. 石灯制作、安装
050306002	塑仿石音箱	1. 音箱石内空尺寸 2. 铁丝型号 3. 砂浆配合比 4. 水泥漆品牌、颜色			1. 胎模制作、安装 2. 铁丝网制作、安装 3. 砂浆制作、运输、养护 4. 喷水泥漆 5. 埋置仿石音箱
050306003	塑树皮梁、柱	1. 塑树种类 2. 塑竹种类 3. 砂浆配合比 4. 颜料品种、颜色	m^2 (m)	按设计图示尺寸以梁柱外表面积计算或以构件长度计算	1. 灰塑 2. 刷涂颜料
050306004	塑竹梁、柱				
050306005	花坛铁艺栏杆	1. 铁艺栏杆高度 2. 铁艺栏杆单位长度质量 3. 防护材料种类	m	按设计图示尺寸以长度计算	1. 铁艺栏杆安装 2. 刷防护材料
050306006	标志牌	1. 材料种类、规格 2. 镌字规格、种类 3. 喷字规格、颜色 4. 油漆品种、颜色	个	按设计图示数量计算	1. 选料 2. 标志牌制作 3. 雕凿 4. 镌字、喷字 5. 运输、安装 6. 刷油漆
050306007	石浮雕	1. 石料种类 2. 浮雕种类 3. 防护材料种类	m^2	按设计图示尺寸以雕刻部分外接矩形面积计算	1. 放样 2. 雕琢 3. 刷防护材料
050306008	石镌字	1. 石料种类 2. 镌字种类 3. 镌字规格 4. 防护材料种类	个	按设计图示数量计算	
050306009	砖石砌小摆设	1. 砖种类、规格 2. 石种类、规格 3. 砂浆强度等级、配合比 4. 石表面加工要求 5. 勾缝要求	m^3 （个）	按设计图示尺寸以体积计算或以数量计算	1. 砂浆制作、运输 2. 砌砖、石 3. 抹面、养护 4. 勾缝 5. 石表面加工

7. 其他相关问题，应按下列规定处理（《清单计价规范》附录 E.3.7）：

(1) 柱顶石（磉蹬石）、木柱、木屋架、钢柱、钢屋架、屋面木基层和防水层等，应按《清单计价规范》附录 A 相关项目编码列项；

(2) 需要单独列项目的土石方和基础项目，应按《清单计价规范》附录 A 相关项目编码列项；

(3) 木构件连接方式应包括开榫连接、铁件连接、扒钉连接、铁钉连接；

(4) 竹构件连接方式应包括竹钉固定、竹篾绑扎、铁丝绑扎；

(5) 膜结构的亭、廊，应按《清单计价规范》附录 A 相关项目编码列项；

(6) 喷泉水池应按《清单计价规范》附录 A 相关项目编码列项；

(7) 石浮雕应按表 7-13 分类；

(8) 石镌字种类应是指阴文和阴包阳；

(9) 砌筑果皮箱、放置盆景的须弥座等，应按《清单计价规范》附录 E.3.6 中砖石砌小摆设项目编码列项。

不同石浮雕的加工内容 **表 7-13**

浮雕种类	加工内容
阴线刻	首先磨光磨平石料表面，然后以刻凹线（深度在 2～3mm）勾画出人物、动植物或山水
平浮雕	首先扁光石料表面，然后凿出堂子（凿深在 60mm 以内），凸出欲雕图案。图案凸出的平面应达到"扁光"、堂子达到"钉细麻"
浅浮雕	首先凿出石料初形，凿出堂子（凿深在 60～200mm 以内）。凸出欲雕图形，再加工雕饰图形，使其表面有起有伏，有立体感。图形表面应达到"二遍剁斧"，堂子达到"钉细麻"
高浮雕	首先凿出石料初形，然后凿掉欲雕图形多余部分（凿深在 200mm 以上），凸出欲雕图形，再细雕图形，使之有较强的立体感（有时高浮雕的个别部位与堂子之间漏空）。图形表面达到"四遍剁斧"，堂子达到"钉细麻"或"扁光"

复习思考题

1. 园林绿化工程清单项目包括哪些内容？

2. 根据给定的工程量清单项目，你认为影响绿化工程、园林景观工程造价的关键因素是什么？

第八章　建筑安装工程、市政工程、园林绿化工程造价计算示例

第一节　建筑安装工程造价计算示例

一、给排水工程工程量的计算

某砖混住宅共有3个单元，每个单元5层，一梯两户。图8-1给出了该建筑中一个单元的水气施工平面图；图8-2为水气系统图。设计的具体规定如下：

(1) 建筑物每单元每层每户的水气系统均相同；

(2) 管材及连接方式为：给水管道采用镀锌钢管，螺纹连接，明管安装；排水管道采用排水铸铁管，水泥接口，明管安装。明装管道表面除锈后，先刷红丹一遍，后刷银粉漆二遍；埋地铸铁管除锈后刷冷底子油一遍，热沥青二遍。

下面按照设计要求，对其中的给排水系统的工程量进行计算。在计算过程中，按建筑平面轴线尺寸和标准图有关构造尺寸计算管道的水平长度，按标高及系统图计算垂直长度，然后计算阀门安装、卫生器具、除锈刷油等部分的工程量。

工程量计算表见8-1。

工程量计算表（给排水工程）　　**表8-1**

序号	部　位	项目名称及特征	计　算　式	单位	数量
一	给水系统				
(一)	JL_1 系统				
1	引入管及室内埋地部分	镀锌钢管安装，丝接，*DN*40	1.5+（1.5−0.3）+0.24+ 室外　　室外立管　墙厚 (2.1−0.12)+(1+0.3)=6.22 室内埋地　室内立管 或者1.5+（2.1+0.12） 室外　室内埋地（含穿墙） +（1+1.5）=6.22 二段立管总长	m	6.22
2	立管	镀锌钢管安装，丝接，*DN*25	（6+1）−1=6 二支管标高差	m	6

续表

序号	部位	项目名称及特征	计算式	单位	数量
		镀锌钢管安装，丝接，*DN*20	13－（6+1）=6 两端标高差	m	6
3	各层水平支管	镀锌钢管安装，丝接，*DN*20	[2.1+(2.1－0.24－0.6)]×5 沿C轴墙 沿②轴墙 层数 =16.8	m	16.8
4	管道附件	截止阀安装 *DN*40,J11T-1.0	1(立管下端)	个	1
		截止阀安装 *DN*20	1×5=5(各户给水支管)	个	5
		水表安装(丝接)*DN*20,LXS-20	1×5=5 各户给水支管始端	个	5
(二)	JL_2 系统	(各项目名称及数量均与 JL_1 系统相同)			
	三个单元 JL_1 与 JL_2 系统合计	镀锌钢管安装,丝接 *DN*40 镀锌钢管安装,丝接 *DN*25 镀锌钢管安装,丝接 *DN*20 截止阀安装 J11T-1.0 *DN*40 截止阀安装 J11T-1.0 *DN*20 水表 LXS－20*DN* 20	(6.22+6.22)×3=37.32 (6+6)×3=36 (6+16.8)×2×3=136.8 1×2×3=6 5×2×3=30 5×2×3=30	m m m 个 个 组	37.32 36 136.8 6 30 30
二	排水系统				
(一)	PL_1 系统	铸铁排水管安装 *DN*150 水泥接口	3.3+（1.9－0.4）=4.8 埋地 立管	m	4.8
		铸铁排水管安装 *DN*100	(15.7+0.4)+0.6×5=19.1 立管 各户支管层数	m	19.1
(二)	PL_2 系统	铸铁排水管安装 *DN*150 水泥接口 铸铁排水管安装 *DN*100	5+（1.9－0.4）=6.5 同 PL_1 系统中的 *DN*100	m m	6.5 19.1
	三个单元 PL_1 与 PL_2 系统合计	铸铁排水管安装 *DN*150 水泥接口 铸铁排水管安装 *DN*100	（4.8+6.5）×3=33.9 （19.1+19.1）×3=114.6	m m	33.9 114.6
三	污水系统				
(一)	WL_1 系统	铸铁排水管安装 *DN*150 水泥接口	3+（1.9－0.3）=4.6 埋地 立管	m	4.6
		铸铁排水管安装 *DN*100 水泥接口	15.7+0.3=16（立管）	m	16
		铸铁排水管安装 *DN*50 水泥接口	(1.8+0.3+0.55)×5=13.25 水平 地漏 洗涤盆 层数 支管 立管 立管	m	13.25

续表

序号	部 位	项目名称及特征	计 算 式	单位	数量
(二)	WL_2 系统	铸铁排水管安装 DN150 水泥接口	4.1+(1.9-0.3)=5.7 埋地 立管	m	5.7
		铸铁排水管安装 DN100 水泥接口	(同 WL_1 系统中的 DN100)	m	16
		铸铁排水管安装 DN50 水泥接口	(同 WL_1 系统中的 DN50)	m	13.25
	三个单元 WL_1 与 WL_2 系统合计	铸铁排水管安装 DN150 水泥接口	(4.6+5.7)×3=30.9	m	30.9
		铸铁排水管安装 DN100 水泥接口	16×2×3=96	m	96
		铸铁排水管安装 DN50 水泥接口	13.25×2×3=79.5	m	79.5
四	卫生设备	自闭阀冲洗大便器安装	3×(1×5+1×5)=30	组	30
		洗涤盆安装	3×(1×5+1×5)=30	组	30
		淋浴器组成与安装(冷水)	3×(1×5+1×5)=30	组	30
		铸铁地漏安装 DN50	3×(1×5+1×5)=30	个	30
五		管道消毒冲洗 DN50 以内	37.32+36+136.8=210.12	m	210.12
六		铸铁排水管人工除锈(轻锈)	DN50: πDL=3.14×0.06×79.5=15 DN100: πDL=3.14×0.11×(114.6+96)=72.74 DN150: πDL=3.14×0.16×(33.9+30.9)=32.56 合计:15+72.74+32.56=120.3	m^2	120.3
		铸铁管表面刷红丹漆一遍	15+72.74=87.74	m^2	87.74
		铸铁管表面刷银粉漆(第一遍)	15+72.74=87.74	m^2	87.74
		铸铁管表面刷银粉漆(第二遍)	15+72.74=87.74	m^2	87.74
		铸铁管表面刷冷底子油	同 DN150 管子表面除锈	m^2	32.56
		铸铁管表面刷热沥青(第一遍)	同 DN150 管子表面除锈	m^2	32.56
		铸铁管表面刷热沥青(第二遍)	同 DN150 管子表面除锈	m^2	32.56

上表中计算的工程量是按照设计要求进行的，在编制工程量清单时，要充分考虑清单项目的设置，将相互关联的项目进行合并。例如，“管道消毒冲洗”、“管道除锈、刷油、防腐”这些项目在《清单计价规范》中被列入“给排水管道”相应项目的工程内容中，因此在分部分项工程量清单中不能单独列项，而应在确定管道工程综合单价时予以考虑。则按照《清单计价规范》编制的该给排水工程的分部分项工程量清单如表 8-2 所示。

分部分项工程量清单（给排水工程）　　表 8-2

序号	项目编码	项目名称	计量单位	工程数量
	给排水管道			
1	030801001001	镀锌钢管安装，丝接，*DN*40	m	37.3
2	030801001002	镀锌钢管安装，丝接，*DN*25	m	36
3	030801001003	镀锌钢管安装，丝接，*DN*20	m	136.8
4	030801003001	铸铁排水管安装，*DN*150，水泥接口	m	64.8
5	030801003002	铸铁排水管安装，*DN*100，水泥接口	m	210.6
6	030801003003	铸铁排水管安装，*DN*50，水泥接口	m	79.5
	管道附件			
7	030803001001	截止阀安装，丝接，J11T-1.0 *DN*40	个	6
8	030803001002	截止阀安装，丝接，J11T-1.0 *DN*20	个	30
9	030803010001	水表安装 LXS-20 *DN*20	组	30
	卫生器具制作安装			
10	030804005001	洗涤盆安装	组	30
11	030804007001	淋浴器组成与安装（冷水）	组	30
12	030804012001	自闭阀冲洗大便器安装	组	30
13	030804017001	铸铁地漏安装 *DN*50	组	30

二、采暖工程工程量的计算

某采暖单位工程设计施工说明如下：

1. 供暖管道采用低压流体输送用焊接钢管，管径大于 32mm 时，采用焊接(与阀门连接采用丝扣连接)；管径小于或等于 32mm 时，采用螺纹连接。室内供暖管均不保温。

2. 供暖系统中，所有立管管径均为 *DN*20，所有支管管径均为 *DN*15，其余管径为图中标注。

3. 房间层高为 3m。

4. 散热器为铸铁四柱 813 型，散热器中心安装在外窗中心位置。一层散热器为挂装，2、3 层散热器立于地上。

5. 集气罐采用 2 号（$D=150$mm），其放气管接至室外散水处。

6. 阀门：入口处采用螺纹闸阀；放气阀采用螺纹旋塞；其余用螺纹截止阀。

7. 管道及散热器表面除锈后，分别刷防锈漆、银粉各二遍。采暖工程施工图如图 8-3、图 8-4 所示。前者为采暖平面图，后者为采暖系统图。

按照设计要求计算的采暖工程工程量如表 8-3 所示。这里计算的工程量可以作为采暖工程综合单价计算的依据。

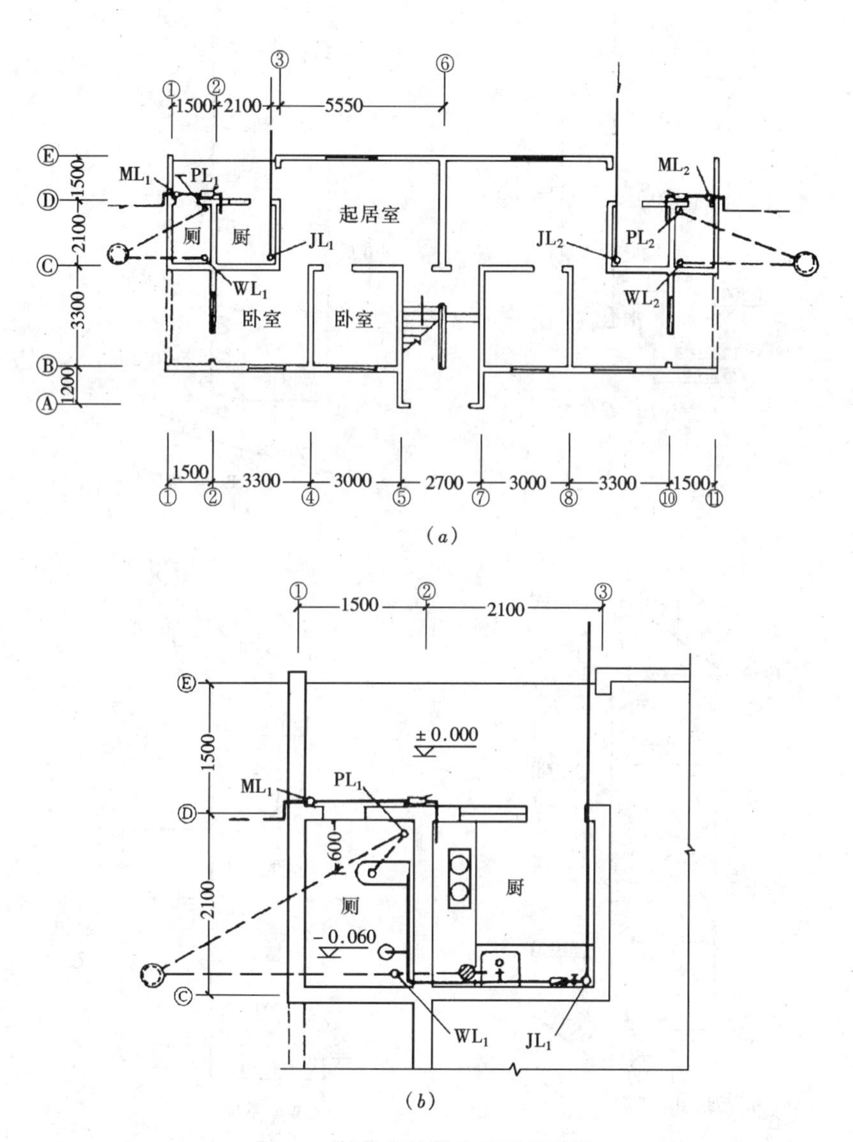

图 8-1　某住宅给排水工程施工图

（a）某住宅一单元一层水气平面图；（b）某住宅厨厕水气大样图

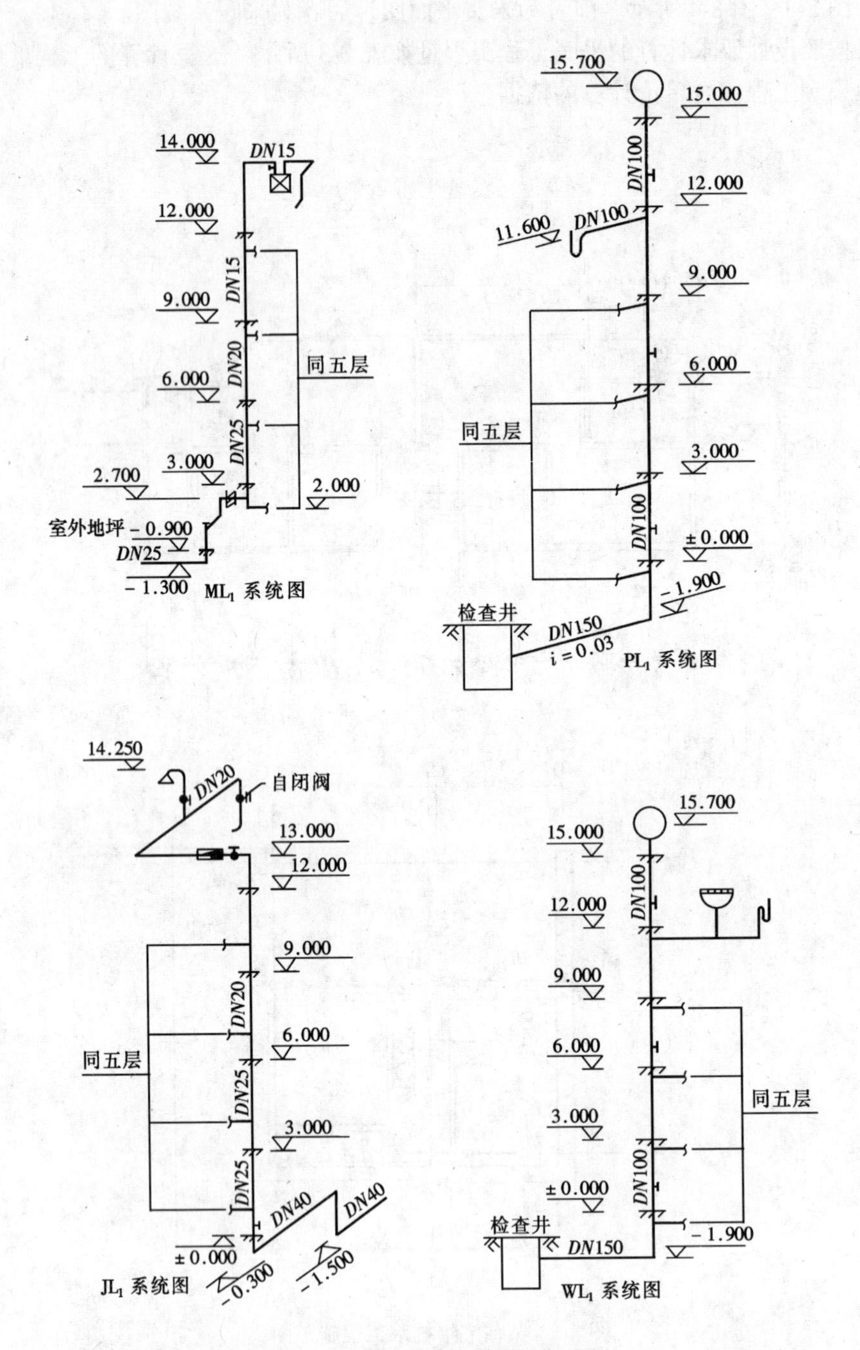

图 8-2　某住宅给排水工程系统图

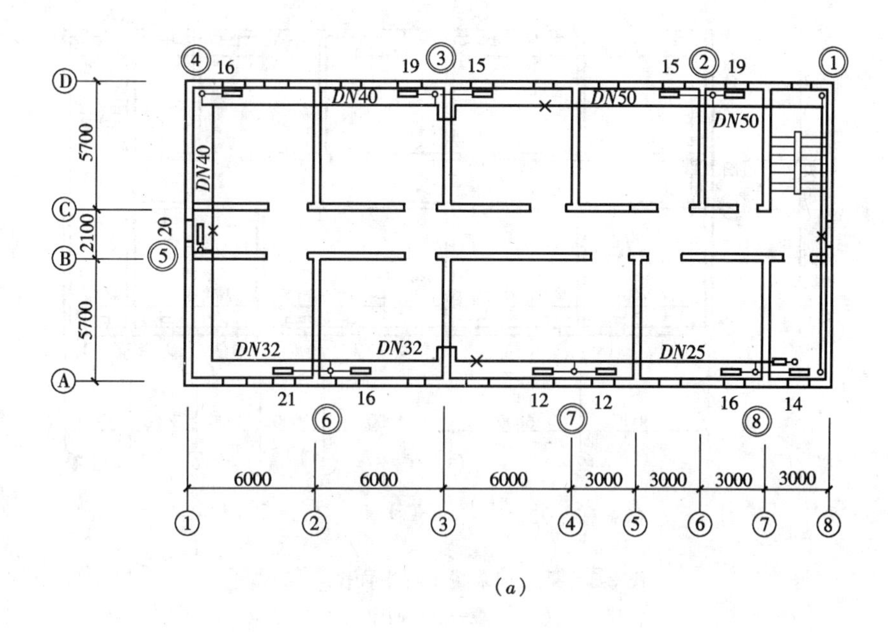

(a)

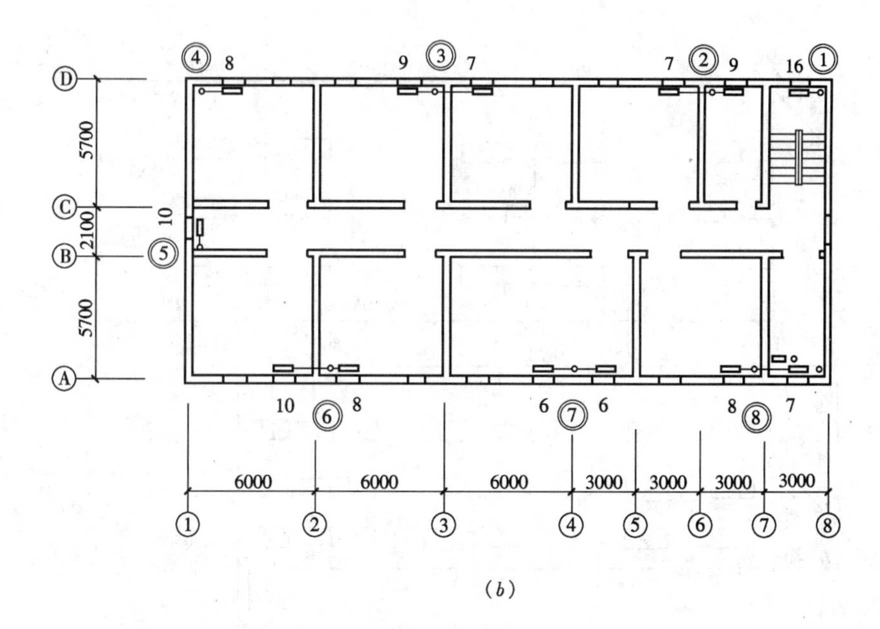

(b)

图 8-3　某工程采暖工程平面图（一）

（a）供暖三层平面图；（b）供暖二层平面图

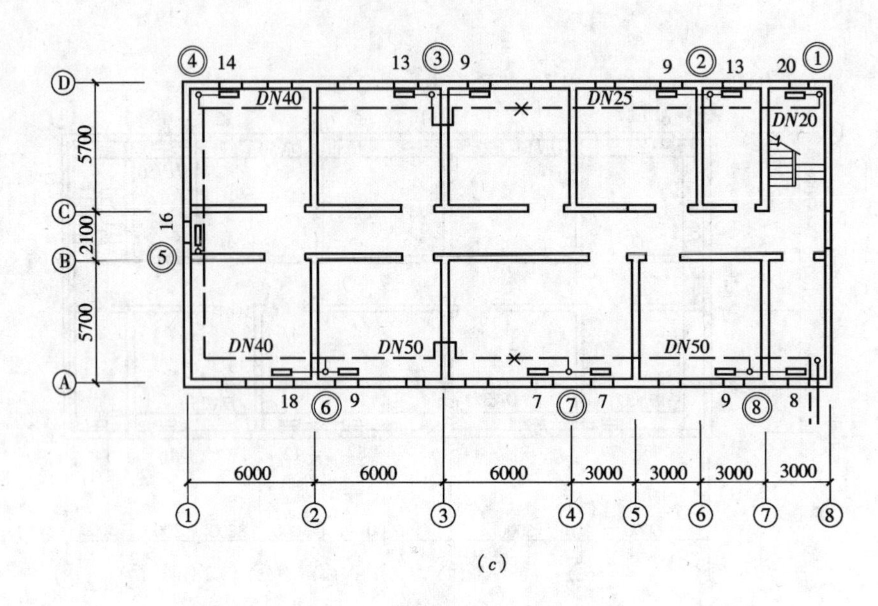

(c)

图 8-3　某工程采暖工程平面图（二）
（c）供暖一层平面图

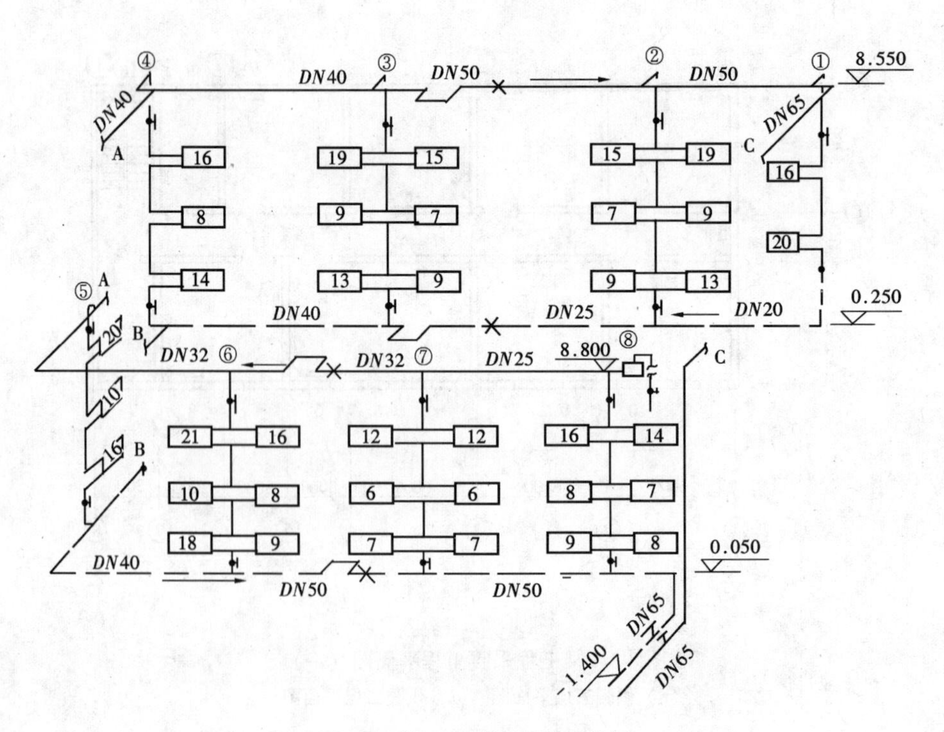

图 8-4　某工程采暖工程系统图

工程量计算表（采暖工程） 表 8-3

序号	部 位	项目名称及特征	计 算 式	单位	数量
一	管道				
(一) 供水	采暖引入管	焊接钢管安装，焊接 DN65	1.5（室内外采暖分界线至外墙墙皮）+0.24（墙厚）+0.15（采暖总立管中心至外墙内皮）=1.91	m	1.89
	采暖总立管	焊接钢管安装，焊接 DN65	8.55+1.40=9.95（总立管上下端标高差）	m	9.95
	沿 8 轴总干管	焊接钢管安装，焊接 DN65	13.5-0.24-0.15（采暖总立管中心至外墙内皮）-0.15（供水干管中心至外墙内皮）=12.96	m	12.96
	沿 D 轴总干管	焊接钢管安装，焊接 DN65	0.1（总干管弯头至 1 号立管顶端三通）	m	0.1
	沿 D 轴供水干管	焊接钢管安装，焊接 DN50	6+6+6+0.24（两个半墙厚度）+0.065（立管中心距墙皮）×2=18.37	m	18.37
	沿 D 轴供水干管	焊接钢管安装，焊接 DN40	6+6-0.24-0.065×2=11.63	m	11.63
	沿 1 轴供水干管	焊接钢管安装，焊接 DN40	5.7+2.1-0.15-0.065=7.585	m	7.59
	沿 1 轴供水干管	焊接钢管安装，丝接 DN32	5.7-0.15+0.065=5.615	m	5.62
	沿 A 轴供水干管	焊接钢管安装，丝接 DN32	6×3-0.15-0.12=17.73	m	17.7
	沿 A 轴供水干管	焊接钢管安装，丝接 DN25	3×3+1.5=10.5	m	10.5

续表

序号	部　位	项目名称及特征	计　算　式	单位	数量
(二)回水	沿D轴回水干管	焊接钢管安装，丝接 *DN*20	6 - 0.24 - 0.065 × 2 = 5.63	m	5.63
	沿D轴回水干管	焊接钢管安装，丝接 *DN*25	6×2+0.24+0.065×2 = 12.37	m	12.4
	沿D轴回水干管	焊接钢管安装，焊接 *DN*40	6×2-0.065×2 = 11.87	m	11.9
	沿1轴回水干管	焊接钢管安装，焊接 *DN*40	13.5-0.24-0.1（回水干管距墙）×2 = 13.06	m	13.1
	沿A轴回水干管	焊接钢管安装，焊接 *DN*40	6+0.12-0.1+0.065 = 6.085	m	6.09
	沿A轴回水干管	焊接钢管安装，焊接 *DN*50	6×3+3-0.24-0.065×2 = 20.63	m	20.6
	沿A轴回水干管	焊接钢管安装，焊接 *DN*65	3+0.065+(0.05+1.4)+1.5 = 6.02	m	6.0
(三)立管	供水立管1号	焊接钢管安装，丝接 *DN*20	8.55-0.25-0.6（散热器进出口中心距）×2 = 7.1	m	7.1
	供水立管2号	焊接钢管安装，丝接 *DN*20	8.55-0.25-0.6×3 = 6.5	m	6.5
	供水立管3~8号	焊接钢管安装，丝接 *DN*20	各立管长度同立管2，则总长为6.5×6 = 39	m	39
	合　计			m	52.6
(四)支管	散热器支管	焊接钢管安装，丝接 *DN*15	1号立管的支管：{1.5-0.12-0.065+［0.13（散热器中心距墙）-0.065（立管中心距墙）］}×4-0.057(每片散热器宽度)×18(散热器片数的一半) = 4.50 2号立管的支管： ［3×2×3+3×4×(0.13-0.065)］-0.057×36 = 16.84 其他立管长度的计算可参考上式	m	100.46

续表

序号	部　位	项目名称及特征	计　算　式	单位	数量
（五）	放气管	焊接钢管安装，丝接 *DN*15	0.24 +（8.55 - 0）（排至室外散水处）	m	8.79
二	散热器	散热器安装		片	458
三	阀件	闸阀安装 Z15T-1.0，*DN*65	入口处	个	2
		截止阀安装 J11T-1.6，*DN*20	2（立管上下端）×8（立管数）	个	16
		旋塞安装 X11T - 1.6，*DN*15	集气罐放气阀	个	1
四		集气罐制作安装 *DN*150		个	1
五	伸缩器	方形伸缩器制作安装 *DN*32		个	2
		方形伸缩器制作安装 *DN*50		个	2
六	套管	镀锌铁皮套管制作安装 *DN*25		个	13
		镀锌铁皮套管制作安装 *DN*32		个	17
		镀锌铁皮套管制作安装 *DN*40		个	5
		镀锌铁皮套管制作安装 *DN*50		个	3
		镀锌铁皮套管制作安装 *DN*65		个	7
		镀锌铁皮套管制作安装 *DN*80		个	7
七	管道、散热器加工	钢管人工除锈	*DN*15：8.1（每 100m 管道长度的表面积）×1.09 = 8.83 *DN*20：8.1×0.582 = 4.71 *DN*25：10.52 × 0.229 = 2.41 *DN*32：13.27 × 0.234 = 3.11 *DN*40：15.08 × 0.503 = 7.59 *DN*50：18.85×0.39 = 7.35 *DN*65：27.3×0.309 = 8.44	m^2	42.44

续表

序号	部位	项目名称及特征	计算式	单位	数量
七	管道、散热器加工	钢管刷红丹漆（第一遍） 钢管刷红丹漆（第二遍）	42.44 42.44	m^2 m^2	42.44 42.44
		钢管刷银粉漆（第一遍） 钢管刷银粉漆（第二遍）	42.44 42.44	m^2 m^2	42.44 42.44
		散热器人工除锈	$0.28 \times 458 = 128$ 0.28 为每片散热器的表面积	m^2	128
		散热器刷防锈漆（第一遍） 散热器刷防锈漆（第二遍）	同散热器人工除锈	m^2 m^2	128 128
		散热器刷银粉漆（第一遍） 散热器刷银粉漆（第二遍）	同散热器人工除锈	m^2 m^2	128 128

按照《工程量清单计价规范》编制的采暖工程的工程量清单如表 8-4 所示。

表 8-3 中的套管制作安装、管道除锈及表面处理等工作内容被包括在工程量清单相应管道项目内，散热器的表面处理也被包含在工程量清单散热器项目中，需要在计算综合单价时予以考虑。

分部分项工程量清单（采暖工程）　　表 8-4

序号	项目编码	项 目 名 称	计量单位	工程数量
	采暖管道			
1	030801001001	镀锌钢管安装，焊接，*DN*65	m	30.9
2	030801001002	镀锌钢管安装，焊接，*DN*50	m	39.0
3	030801001003	镀锌钢管安装，焊接，*DN*40	m	50.3
4	030801001004	镀锌钢管安装，丝接，*DN*32	m	23.4
5	030801001005	镀锌钢管安装，丝接，*DN*25	m	22.9
6	030801001006	镀锌钢管安装，丝接，*DN*20	m	58.2
7	030801001007	镀锌钢管安装，丝接，*DN*15	m	109
	管道附件			
8	030803002001	闸阀安装 Z15T-1.0，*DN*65	个	2
9	030803002002	截止阀安装 J11T-1.6，*DN*20	个	16
10	030803005001	旋塞安装 X11T-1.6，*DN*15	个	1
11	030803013001	方形伸缩器制作安装 *DN*32	个	2
12	030803013002	方形伸缩器制作安装 *DN*50	个	2
	供暖器具			
13	030805001001	铸铁散热器	片	458

续表

序号	项目编码	项 目 名 称	计量单位	工程数量
	容器制作安装			
14	030501001001	集气罐制作	台	1
15	030502002001	集气罐安装	台	1
	采暖工程系统调整			
16	030807001001	采暖工程系统调整	系统	1

三、工程造价的计算

在本教材的第一章第二节工程估价的方法中，我们介绍了两种计价方法，即“概预算定额估价法”和“工程量清单计价法”。故这里将以给排水工程为例，首先介绍预算定额估价法的计算过程及计算结果。然后针对管道工程中的分部分项工程介绍其综合单价的确定。我们可以从这两种方法的应用中体会二者的关系。

1. 给排水工程预算定额估价

(1) 定额的选用

这里选择《全国统一安装工程预算定额》，并以某地区某时期的生产要素市场价格为依据确定定额中有关分项工程的单价，据以计算给排水工程的直接工程费。

(2) 计算步骤

按照预算定额估价法确定单位工程直接工程费的计算步骤为：

1）确定定额中相关子目的单价。单价的计算方法可以参考本教材第四章第五节单位估价表的内容，具体确定过程这里将不再赘述。

2）调查建筑安装工程施工使用的主要材料的市场价格，用以确定“主材费”。

3）按照预算定额的规定，计算给排水工程的工程量。安装工程预算定额规定的工程量计算规则与《建设工程工程量清单计价规范》基本相同。具体的计算结果见本章第一节。

4）编制给排水工程直接工程费预算书。

即用各分部分项工程的工程量与相应的定额单价相乘，并进行汇总。

按照上述步骤编制的给排水工程直接工程费预算书如表 8-5 所示。

给排水工程直接工程费预算书 **表 8-5**

定额编号	名称及规格	单位	数量	定额单价	合价（元）	主材费（元）
	（一）给水管道					
8-27	镀锌钢管安装，丝接，*DN*20	10m	13.68	37.52	513.27	1066

续表

定额编号	名称及规格	单位	数量	定额单价	合价（元）	主材费（元）
8-73	镀锌钢管安装，丝接，$DN25$	10m	3.6	45.32	163.15	398
8-75	镀锌钢管安装，丝接，$DN40$	10m	3.73	49.70	185.38	665
8-231	截止阀安装，丝接，J11T-1.0$DN20$	个	30	3.24	97.20	1091
8-234	截止阀安装，丝接，J11T-1.0$DN40$	个	6	8.22	49.32	665
8-339	水表安装 LXS-20$DN20$	组	30	13.24	397.20	990
8-209	管道消毒冲洗 $DN50$ 以内	100m	2.1	8.51	17.87	
	小　计				1423.39	
	（二）卫生器具					
8-377	自闭阀冲洗大便器安装	10组	3	393.77	1181.31	
	瓷大便器					1061
	大便器手压阀					3878
8-362	洗涤盆安装	10组	3	460.28	1380.84	1364
8-369	淋浴器组成与安装（冷水）	10组	3	311.99	935.97	
	莲蓬喷头					402
8-400	铸铁地漏安装 $DN50$	10个	3	36.75	110.25	480
	小　计				3608.37	
	（三）排水管道					
8-128	铸铁排水管安装，$DN50$，水泥接口	10m	7.95	71.09	565.17	1084
8-130	铸铁排水管安装，$DN100$，水泥接口	10m	21.1	162.35	3425.59	4319
8-131	铸铁排水管安装，$DN150$，水泥接口	10m	6.48	155.35	1006.67	2611
13-1	铸铁排水管人工除锈(轻锈)	$10m^2$	12.03	6.13	73.74	
13-126	铸铁管表面刷红丹漆一遍	$10m^2$	8.77	15.95	139.88	
13-128	铸铁管表面刷银粉漆（第一遍）	$10m^2$	8.77	13.91	121.99	
13-129	铸铁管表面刷银粉漆（第二遍）	$10m^2$	8.77	12.73	111.64	
13-97	铸铁管表面刷冷底子油	$10m^2$	3.26	19.47	63.47	
13-134	铸铁管表面刷热沥青（第一遍）	$10m^2$	3.26	53.05	172.94	
13-135	铸铁管表面刷热沥青（第二遍）	$10m^2$	3.26	24.09	78.53	
	小　计				5759.62	
	合　计				10791.38	20074
	直接工程费	30865.38				

计算出直接工程费之后，即可按照第二章规定的工程造价计算程序，选取适当的费率计算工程的含税造价。

2. 给排水工程的工程量清单计价

由于《清单计价规范》中项目的设置具有较大的综合性，所以在计算工程量清单中各分部分项工程综合单价时，要将与之有关而清单中又没有列出的项目一并考虑。下面以“镀锌钢管 *DN*40”项目为例说明综合单价的确定。

依据工程量计算表可知：镀锌钢管 *DN*40 的工程量为 37.3m，其中综合了管道消毒冲洗的工作内容。取定管理费率为直接工程费的 10%，利润为直接工程费的 5%。则该项目综合的计算过程及计算结果如图 8-6 所示。

分项工程（镀锌钢管）综合单价计算　　表 8-6

1	清单项目序号	1	
2	清单项目编码	030801001001	
3	清单项目名称	镀锌钢管安装，丝接，*DN*40	
4	计量单位	m	
5	清单工程量	37.3	
6	定额编号	8-75	8-209
7	定额子目名称	镀锌钢管安装，丝接，*DN*40	管道消毒冲洗 *DN*50 以内
8	定额计量单位	10m	100m
9	计价工程量	3.73	0.373
10	定额单价（元）	49.7	8.51
11	合价（元）	185.38	3.17
12	主材费	665.00	
13	直接工程费（元）	853.55	
14	管理费（元）	85.36	
15	利润（元）	42.68	
16	成本价（元）	981.59	
17	综合单价（元/m）	26.32	

第二节　市政工程造价计算示例

本节将以道路土方工程、道路工程为例说明市政工程造价的计算。

一、土方工程

某市三号道路修筑起点 0+000，终点 0+600，路面修筑。路面宽度为 12m，路肩两侧各宽 1m，土质为四类，余土运至 5km 处弃置点，填方要求密实度达到

95%。计算土方工程的工程量并计价。

1. 土方工程量的计算

此例中采用平均断面法进行土方工程量的计算。计算过程及结果如表 8-7 所示。

道路工程土方工程量计算表　　**表 8-7**

桩　号	挖　土			填　土		
	断面积 (m^2)	平均断面积 (m^2)	体积 (m^3)	断面积 (m^2)	平均断面积 (m^2)	体积 (m^3)
0+000	0	1.5	75	3.00	3.2	160
0+050	3.00	3.0	150	3.40	4.0	200
0+100	3.00	3.4	170	4.60	4.5	225
0+150	3.80	3.6	180	4.40	5.2	260
0+200	3.40	4.0	200	6.00	5.2	260
0+250	4.60	4.4	220	4.40	6.2	310
0+300	4.20	4.6	230	8.00	6.6	330
0+350	5.00	5.1	255	5.20	8.1	405
0+400	5.20	6.0	300	11.00		
0+450	6.80	4.8	240			
0+500	2.80	2.4	120			
0+550	2.00	6.8	340			
0+600	11.60					
合　计			2480			2150

编制的工程量清单如表 8-8 所示。

土方工程分部分项工程量清单　　**表 8-8**

序　号	项目编码	项目名称	计量单位	工程量
1	040101001001	挖一般土方（四类土）	m^3	2480
2	040103001001	填方（密实度 95%）	m^3	2150
3	040103002001	余方弃置（运距 5km）	m^3	330

2. 道路工程土方工程计价

(1) 施工方案

由于挖土量不大，拟采用人工挖土；土方平衡部分场内运输考虑用手推车，从道路工程土方计算表可见运距在 200m 以内；余方弃置采用人工装车，自卸汽车运输；路基填土压实采用压路机辗压，辗压厚度每层不超过 30cm，并分层检验密实度；为保证路床辗压质量，按路面宽度每边加宽 30cm。

由施工方案计算路床辗压工程量为：

$$(12+0.6)\times 600=7560\text{m}^2$$

路肩整形辗压面积为：

$$2\times 600=1200\text{m}^2$$

（2）参照定额及管理费、利润的取定

计算直接工程费所使用的定额按照《全国统一市政工程预算定额》，价格参考某地区的《全国统一市政工程预算定额》价目表。管理费按直接工程费的10%计取；利润按直接工程费的5%计取。则各分项工程综合单价计算如表8-9～表8-11所示。

分项工程（挖土方）综合单价计算　　表8-9

1	清单项目序号	1		
2	清单项目编码	040101001001		
3	清单项目名称	挖一般土方（四类土）		
4	计量单位	m^3		
5	清单工程量	2480		
6	定额编号	1-3	1-45	1-46
7	定额子目名称	人工挖土方（四类土）	双轮斗车运土（运距50m以内）	双轮斗车运土（500m以内每增加50m）
8	定额计量单位	$100m^3$	$100m^3$	$100m^3$
9	计价工程量	24.80	24.80	24.80
10	定额单价（元）（均为人工费）	1020.78	390.16	77.18
11	合价（元）	25315.34	9675.97	5742.19
12	直接工程费（元）	40733.50		
13	管理费（元）	4073.35		
14	利润（元）	2036.68		
15	成本价（元）	46843.53		
16	综合单价（元/m^3）	18.89		

分项工程（填方）综合单价计算　　表8-10

1	清单项目序号	2		
2	清单项目编码	040103001001		
3	清单项目名称	填方（密实度95%）		
4	计量单位	m^3		
5	清单工程量	2150		
6	定额编号	1-359	2-1	2-2

续表

7	定额子目名称	填土压路机碾压			路床辗压检验			路肩整形辗压		
8	定额计量单位	1000m³			100m²			100m²		
9	计价工程量	2.15			75.60			12.00		
10	定额单价（元）	2005.73			83.98			43.16		
11	其中	人工费	材料费	机械费	人工费	材料费	机械费	人工费	材料费	机械费
		121.86	18.60	1865.27	7.31		76.67	34.93		8.23
12	合价（元）	4312.32			6348.89			517.92		
	其中	人工费	材料费	机械费	人工费	材料费	机械费	人工费	材料费	机械费
		262.00	39.99	4010.33	552.64		5796.25	419.16		98.76
13	直接工程费（元）	11179.13								
14	管理费（元）	1117.91								
15	利润（元）	558.96								
16	成本价（元）	12856.00								
17	综合单价（元/m³）	5.98								

分项工程（余方弃置）综合单价计算　　　　表 8-11

1	清单项目序号	3					
2	清单项目编码	040103002001					
3	清单项目名称	余方弃置（运距 5km）					
4	计量单位	m³					
5	清单工程量	330					
6	定额编号	1-49			1-272		
7	定额子目名称	人工装汽车（土方）			自卸汽车运土（运距 5km）		
8	定额计量单位	100m³			1000m²		
9	计价工程量	3.3			0.33		
10	定额单价（元）	335.12			12718.24		
11	其中	人工费	材料费	机械费	人工费	材料费	机械费
		335.12				14.88	12703.36
12	合价（元）	1105.90			4197.02		
	其中	人工费	材料费	机械费	人工费	材料费	机械费
		1105.90				4.91	4192.11
13	直接工程费（元）	5302.92					
14	管理费（元）	530.29					
15	利润（元）	265.15					
16	成本价（元）	6098.36					
17	综合单价（元/m³）	18.48					

道路工程土方工程的工程量清单报价表如表 8-12 所示。

道路工程土方工程分部分项工程综合单价表　　表 8-12

序号	项目编码	项目名称	工程量	综合单价（元/m^3）	合价（元）
1	040101001001	挖一般土方（四类土）	2480m^3	18.89	46843.53
2	040103001001	填方（密实度 95%）	2150m^3	5.98	12856.00
3	040103002001	余方弃置（运距 5km）	330m^3	18.48	6098.36

二、道路工程

上述道路 0+000～0+300 为沥青混凝土结构；0+300～0+600 为混凝土结构。道路结构如图 8-5 所示。道路宽度为 12m，路面两边铺侧缘石，路肩各宽 1m。计算道路工程的工程量并计价。

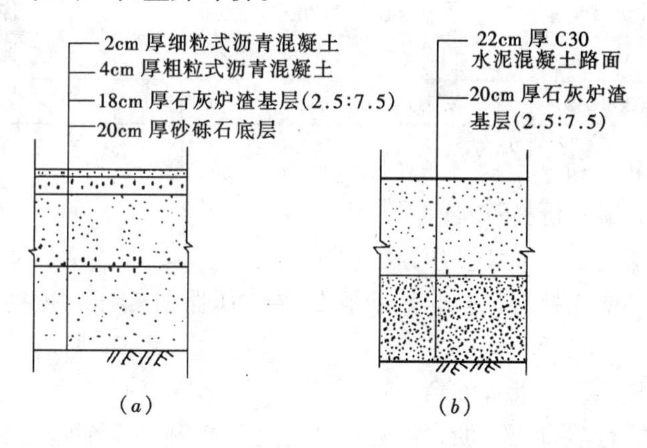

图 8-5　道路结构示意图

1. 道路工程工程量的计算

（1）0+000～0+300 工程量

20cm 厚砂砾石底层面积：$300\times12=3600m^2$

18cm 厚石灰炉渣基层（2.5:7.5）：$3600m^2$

4cm 厚粗粒式沥青混凝土：$3600m^2$

2cm 厚细粒式沥青混凝土：$3600m^2$

（2）0+300～0+600 工程量

20cm 厚石灰炉渣基层（2.5:7.5）:$3600m^2$

22cm 厚 C30 水泥混凝土路面：$3600m^2$

（3）安砌侧缘石工程量

$$600\times2=1200m$$

则工程量清单如表 8-13 所示。

道路工程分部分项工程量清单 表 8-13

序号	项目编码	项目名称	计量单位	工程量
	040202	道路基层		
1	040202008001	砂砾石（厚 20cm）	m^2	3600
2	040202006001	石灰炉渣（2.5∶7.5，厚 20cm）	m^2	3600
3	040202006002	石灰炉渣（2.5∶7.5，厚 18cm）	m^2	3600
	040203	道路面层		
4	040203004001	沥青混凝土（厚 4cm，最大粒径 5cm，石油沥青）	m^2	3600
5	040203004002	沥青混凝土（厚 2cm，最大粒径 3cm，石油沥青）	m^2	3600
6	040203005001	水泥混凝土（C30，厚 22cm）	m^2	3600
	040204	人行道及其他		
7	040204003001	安砌侧缘石	m	1200

2. 道路工程计价

(1) 施工方案及价格资料

砂砾石底层用人工铺装、压路机辗压。

石灰炉渣基层用拌合机拌合、机械铺装、压路机辗压，顶层用人工洒水养生。

用喷洒机喷洒黏层沥青油料

机械摊铺沥青混凝土，沥青混凝土由拌制厂拌制并运至施工现场，运距 5km 粗粒式沥青混凝土运到施工现场的价格为 245 元/t，细粒式沥青混凝土260 元/t。

水泥混凝土采用现场机械拌合、人工筑铺，用草袋覆盖洒水养生，C30 水泥混凝土现场材料价格为 310 元/m^3。

侧缘石长 50cm，每块 8.00 元。

(2) 施工工程量计算

1）路床面积 3780m^2（300×12.6，为保证压实质量每边加宽 0.3m）

2）砂砾石底层面积 3780m^2

3）石灰炉渣基层面积 3780m^2

4）沥青混凝土路面面积 3600m^2

5）水泥混凝土路面面积 3600 m^2

6）安砌侧缘石长度 1200m（600×2）

7）伸缝面积 23.76m^2（108m）

8）机锯缝灌缝长度 240m（20×12）

9）水泥混凝土路面养生（草袋）面积 3600m^2

按上述条件作工程量清单综合单价分析表（见表8-14～表8-18）。

分项工程综合单价计算　　表8-14

1	清单项目序号	1			2					
2	清单项目编码	040202008001			040202006001					
3	清单项目名称	砂砾石底层（厚20cm）			石灰炉渣基层（2.5:7.5，厚20cm）					
4	计量单位	m^2			m^2					
5	清单工程量	3600			3600					
6	定额编号	2-182			2-157			2-178		
7	定额子目名称	人工铺装砂砾石底层（厚20cm）			石灰炉渣（2.5:7.5，厚20cm）			顶层多合土养生（人工洒水）		
8	定额计量单位	$100m^2$			$100m^2$			$100m^2$		
9	计价工程量	37.80			37.80			37.80		
10	定额单价（元）	225.47			278.41			8.41		
11	其中	人工费	材料费	机械费	人工费	材料费	机械费	人工费	材料费	机械费
		145.22	4.98	75.27	81.65	13.71	183.05	5.69	2.72	
12	合价（元）	8522.77			10523.90			317.90		
13	其中	人工费	材料费	机械费	人工费	材料费	机械费	人工费	材料费	机械费
		5489.32	188.24	2845.21	3086.37	518.24	6919.29	215.08	102.82	
14	主材费（元）	41065.92			65726.64					
15	直接工程费（元）	49588.69			76568.44					
16	管理费（元）	4958.87			7656.84					
17	利润（元）	2479.43			3828.42					
18	成本价（元）	57026.99			88053.70					
19	综合单价（元/m^2）	15.84			24.46					

分项工程综合单价计算　　表8-15

1	清单项目序号	3		
2	清单项目编码	040202006002		
3	清单项目名称	石灰炉渣基层（2.5:7.5，厚18cm）		
4	计量单位	m^2		
5	清单工程量	3600		
6	定额编号	2-157	2-158	2-178
7	定额子目名称	石灰炉渣（2.5:7.5，厚20cm）	石灰炉渣（2.5:7.5，减2cm）	顶层多合土养生（人工洒水）
8	定额计量单位	$100m^2$	$100m^2$	$100m^2$

续表

9	计价工程量	37.80			37.80			37.80		
10	定额单价（元）	278.41			$-4.19\times2=-8.38$			8.41		
11	其中	人工费	材料费	机械费	人工费	材料费	机械费	人工费	材料费	机械费
		145.22	4.98	75.27	−5.28	−1.38	−1.72	5.69	2.72	
12	合价（元）	8522.77			−316.76			317.90		
13	其中	人工费	材料费	机械费	人工费	材料费	机械费	人工费	材料费	机械费
		5489.32	188.24	2845.21	199.58	52.16	65.02	215.08	102.82	
14	主材费	62510.72								
15	直接工程费（元）	71034.63								
16	管理费（元）	7103.46								
17	利润（元）	3551.73								
18	成本价（元）	81689.82								
19	综合单价（元/m^2）	22.69								

分项工程综合单价计算 **表 8-16**

1	清单项目序号	4						5		
2	清单项目编码	040203004001						040203004002		
3	清单项目名称	沥青混凝土（厚 4cm，最大粒径 5cm，石油沥青）						沥青混凝土（厚 2cm，最大粒径 3cm，石油沥青）		
4	计量单位	m^2						m^2		
5	清单工程量	3600						3600		
6	定额编号	2－267			2－249			2－284		
7	定额子目名称	机械摊铺粗粒式沥青混凝土路面（厚 4cm）			喷洒石油沥青			机械摊铺粗细式沥青混凝土路面（厚 2cm）		
8	定额计量单位	$100m^2$			$100m^2$			$100m^2$		
9	计价工程量	36.00			36.00			36.00		
10	定额单价（元）	224.86			24.97			128.71		
11	其中	人工费	材料费	机械费	人工费	材料费	机械费	人工费	材料费	机械费
		44.68	18.67	161.51	1.62	0.90	22.45	33.51	9.94	85.26
12	合价（元）	8094.96			898.92			4633.56		
13	其中	人工费	材料费	机械费	人工费	材料费	机械费	人工费	材料费	机械费
		1608.48	672.12	5814.36	58.32	32.4	808.2	1206.36	357.84	3069.36
14	主材费	84804.3						45751.68		

续表

15	直接工程费（元）	93798.18	50385.24
16	管理费（元）	9379.82	5038.52
17	利润（元）	4689.91	2519.26
18	成本价（元）	107867.91	57943.02
19	综合单价（元/ m²）	29.96	16.10

分项工程综合单价计算 **表 8-17**

1	清单项目序号	6			
2	清单项目编码	040203005001			
3	清单项目名称	水泥混凝土（C30，厚 22cm）			
4	计量单位	m²			
5	清单工程量	3600			
6	定额编号	2－290	2－294	2－298	2－300
7	定额子目名称	水泥混凝土路面（C30，厚 22cm）	伸缩缝	锯缝机锯缝	水泥混凝土路面养生
8	定额计量单位	100m²	10m²	10m	100m²
9	计价工程量	36.00	2.376	24	36.00
10	定额单价（元）	892.63	713.81	78.41	122.46
11	合价（元）	32134.68	1696.01	1881.84	4408.56
12	主材费	250430.4			
13	直接工程费（元）	290551.49			
14	管理费（元）	29055.15			
15	利润（元）	14527.57			
16	成本价（元）	334134.21			
17	综合单价（元/ m²）	92.82			

分项工程综合单价计算 **表 8-18**

1	清单项目序号	7	
2	清单项目编码	040204003001	
3	清单项目名称	安砌侧缘石	
4	计量单位	m	
5	清单工程量	1200	
6	定额编号	2-331	2-334
7	定额子目名称	砂垫层	混凝土缘石（长 50cm）
8	定额计量单位	m³	100m

续表

9	计价工程量	18	12.00
10	定额单价（元）	13.69	124.55
11	合价（元）	246.42	1494.60
12	主材费		19488
13	直接工程费（元）	21229.02	
14	管理费（元）	2122.90	
15	利润（元）	1061.45	
16	成本价（元）	24413.37	
17	综合单价（元/m）	20.34	

则道路工程工程量清单报价表如表 8-19 所示。

道路工程分部分项工程量清单综合单价表 **表 8-19**

序号	项目编码	项目名称	工程量	综合单价	合价（元）
	040202	道路基层		元/ m^2	
1	040202008001	砂砾石（厚 20cm）	3600m^2	15.84	57026.99
2	040202006001	石灰炉渣（2.5：7.5，厚 20cm）	3600m^2	24.46	88053.70
3	040202006002	石灰炉渣（2.5：7.5，厚 18cm）	3600m^2	22.69	81689.82
	040203	道路面层		元/ m^2	
4	040203004001	沥青混凝土（厚 4cm，最大粒径 5cm，石油沥青）	3600m^2	29.96	107867.91
5	040203004002	沥青混凝土（厚 2cm，最大粒径 3cm，石油沥青）	3600m^2	16.10	57943.02
6	040203005001	水泥混凝土（C30，厚 22cm）	3600m^2	92.82	334134.21
	040204	人行道及其他		元/m	
7	040204003001	安砌侧缘石	1200m	20.34	24413.37

第三节　园林景观工程造价计算示例

某公园步行木桥，桥面长6m、宽1.5m，桥板厚25mm，满铺平口对缝；采用木桩基础，原木梢径ϕ80、长5m，共16根；横梁原木梢径ϕ80、长1.8m，共9根；纵梁原木梢径ϕ100、长5.6m，共5根。栏杆、栏杆柱、扶手、扫地杆、斜撑采用枋木80mm×80mm（刨光），栏杆高900mm。全部采用杉木。

解：1. 经业主根据施工图计算步行木桥工程量为9.00m^2。

2. 投标人计算

（1）原木桩工程量（查原木材积表）为0.64m^3。

1）人工费：25元/工日×5.12工日=128元

2）材料费：原木800元/m^3×0.64m^3=512元

3）合计：640.00元

（2）原木横、纵梁工程量（查原木材积表）为0.472m^3。

1）人工费：25元/工日×3.42工日=85.44元

2）材料费：原木800元/m^3×0.472m^3=377.60元

扒钉3.2元/kg×15.5kg=49.60元

小计：427.20元

3）合计：512.64元

（3）桥板工程量3.142m^3。

1）人工费：25元/工日×22.94工日=573.44元

2）材料费：板材1200元/m^3×3.142m^3=3770.4元

铁钉2.5元/kg×21kg=52.5元

小计：3822.90元

3）合计：4396.34元

（4）栏杆、扶手、扫地杆、斜撑工程量0.24m^3。

1）人工费：25元/工日×3.08工日=77.12元

2）材料费：枋材1200/m^3×0.24m^3=288.00元

铁件3.2元/kg×6.4kg=20.48元

小计：308.48元

3）合计：385.60元

（5）综合

1）直接费用合计：5934.58元

2）管理费：直接费×25%=1483.65元

3）利润：直接费×8%=474.77元

4）总计：7893.00元

5）综合单价：877.00 元

以上分部分项工程量清单计价及综合单价计算见表 8-20 和表 8-21。

分部分项工程量清单计价表　　**表 8-20**

工程名称：某公园　　第　页共　页

序号	项目编码	项目名称	计量单位	工程数量	金额（元）	
					综合单价	合价
	050201016001	E.3 园林景观工程 木制步桥 桥面长 6m、宽 1.5m、桥板厚 0.025m 原木桩基础、梢径 ϕ80、长 5m、16 根原木横梁、梢径 ϕ80、长 1.8m、9 根 原木纵梁、梢径 ϕ100、长 5.6m、5 根栏杆、扶手、扫地杆、斜撑枋木 80mm×80mm（刨光），栏高 900mm 全部采用杉木	m^2	9	877.00	7893.00
		合 计				

分部分项工程量清单计价综合单价计算表　　**表 8-21**

工程名称：某公园　　计量单位：m^2

项目编码：0502010160001　　工程数量：9

项目名称：木制步桥　　综合单价：877.02 元

序号	定额编号	工程内容	单位	数量	其中（元）					
					人工费	材料费	机械费	管理费	利润	小计
	估算	原木桩基础	m^3	0.071	14.22	56.89		17.78	5.69	94.58
	估算	原木梁	m^3	0.052	9.49	47.47		14.24	4.56	75.76
	估算	桥板	m^3	0.349	63.72	424.76		122.12	39.08	649.69
	估算	栏杆、扶手、斜撑	m^3	0.027	8.57	34.27		10.71	3.43	56.99
		合 计			96	563.39	—	164.85	52.76	877.00

（注：该计算示例选自徐占发主编《工程量清单计价编制与实例详解（市政、园林绿化工程分册）》）

第四节　措施费用的计算

措施费用是指工程量清单中，除工程量清单项目费用之外，为保证工程顺利进行，按照国家现行有关建设工程施工及验收规范、规程，必须配套完成的工程内容所需的费用。措施费用一般包含的内容参见教材第三章的有关内容。

一、措施费用的计算方法

措施费用可以分为实体措施费用和配套措施费用。

1. 实体措施费的计算

实体措施费是指工程量清单中，为保证某类工程实体项目顺利进行，按照国家现行有关建设工程施工及验收规范、规程要求，必须配套完成的工程内容所需的费用。实体措施费计算方法有两种：

(1) 系数计算法

系数计算法是用与措施项目有直接关系的工程项目直接工程费（或人工费或人工费与机械费之和）合计作为计算基数，乘以实体措施费用系数。

实体措施费用系数是根据以往有代表性工程的资料，通过分析计算取得的。

(2) 方案分析法

方案分析法是通过编制具体的措施实施方案，对方案所涉及的各种经济技术参数进行计算后，确定实体措施费用。

2. 配套措施费的计算

配套措施费不是为某类实体项目，而是为保证整个工程项目顺利进行，按照国家现行有关建设工程施工及验收规范、规程要求，必须配套完成的工程内容所需的费用。配套措施费计算方法也包括系数计算法和方案分析法两种：

(1) 系数计算法

系数计算法是用整体工程项目直接工程费（或人工费，或人工费与机械费之和）合计作为计算基数，乘以配套措施费用系数。

配套措施费用系数是根据以往有代表性工程的资料，通过分析计算取得的。

(2) 方案分析法

方案分析法是通过编制具体的措施实施方案，对方案所涉及的各种经济技术参数进行计算后，确定配套措施费用。

在实施工程量清单计价后，一些地区的造价管理部门发布了措施项目计价的计算基数与参考费率，供有关单位参考使用。例如，在进行市政工程措施费用计算时，某地区的临时设施费的参考计价方式为：

市政（建筑）工程临时设施费 = 分部分项工程的人工费与机械费之和 × 7.21%

市政（安装）工程临时设施费 = 分部分项工程的人工费 × 13.51%

此外，一些措施费用的计算还可以参考有关的定额。例如，大型机械设备进出场及安拆费用的计算可以参考《全国统一施工机械台班费用编制规则》；混凝土模板及脚手架、施工排降水等费用的计算可以参考有关消耗量定额。

混凝土模板及脚手架费用的参考计算方法如下：

模板及支架费用 = 模板工程量 × 综合单价

模板工程量计算方法：

1) 现浇混凝土结构按模板与混凝土的接触面积计算；

2) 预制混凝土构件按混凝土构件的实际体积计算。

脚手架计价 = 脚手架工程量 × 综合单价

脚手架工程量计算方法：

1）墙体的竹脚手架、钢管脚手架按墙面的面积计算，即墙面水平边线长度乘以墙面砌筑高度；

2）柱体的竹脚手架、钢管脚手架按柱体外围周长另加3.6m乘以柱体砌筑高度以面积计算。

其他用途及类型的脚手架可以参考有关的消耗量定额，这里不再赘述。

上式中的综合单价可先从有关的消耗量定额中查取其综合工日定额、材料消耗定额、机械台班定额，再按人工工日单价、材料单价、机械台班单价，计算出相应的人工费、材料费、机械使用费。

鉴于模板及支架计价计算较复杂，如施工企业有经验，也可按施工现场模板量，对其费用进行估算。

二、措施费用计算示例

下面举例说明措施费用的方案分析计算法。

某装置大型吊车使用费用清单 **表8-22**

序号	费 用 名 称	单程费用（元）	往复费用（元）
一	1200t吊车		5676142
（一）	码头各项费用		577302
1	检验、检疫费	103	206
2	报关、报检打单费	70	140
3	理货公司理货费	2160	4320
4	码头收费：外贸港口建设费	8394	16788
	外贸港口港务费	4859	9718
	外贸港口航道建设费	2099	4198
	货物卸货费	182966	365932
5	卸船浮吊费（4件，分别为73t 1件、50t 2件、48t 1件）	88000	176000
（二）	码头至工地汽车运输费卸车费		230000
1	运输费	80000	160000
2	装卸车费用	35000	70000
（三）	现场费用		4561200
1	吊车租金		3612000
2	完税费用		361200
3	组（拆）车费	50000	100000

续表

序号	费　用　名　称	单程费用（元）	往复费用（元）
4	道路及场地处理费		200000
5	吊车燃料费		55000
6	走道板及吊梁		203000
7	其他措施费用		30000
（四）	其他费用		307640
1	银行担保费		100000
2	技术监督局特种设备检验费		100000
3	外国人员工资及通勤费		47640
4	经营费用		60000

复 习 思 考 题

1. 表 8-1 的工程量计算和表 8-2 的工程量清单有什么联系？为什么表 8-2 中没有列出表 8-1 的所有计算项目？

2. 按照上述要求对表 8-3 和表 8-4 进行讨论。

3. 从给排水工程直接工程费的预算定额估价和给排水工程的工程量清单计价中，分析两种计价方法的区别和联系。

4. 收集工程估价所依据的相关资料和数据，计算表 8-2 中“铸铁排水管安排 *DN*100”项目、表 8-4 中“铸铁散热器”项目的综合单价。

第九章　建设工程招标投标

第一节　概　　述

一、建设工程招投标的概念与意义

建设工程招标投标是建筑市场中业主选择承包商的基本方式，也就是招标方（业主）与投标方（承包商）进行公开的市场交易的一种方式。业主为发包拟建的工程项目，招请具备法定条件的承包商投标，称为“招标”。经资格审查合格后取得招标文件的承包商按规定填定标书，提出报价，在限定的时间内送达招标单位，称为“投标”。然后经过开标评标等程序，业主选定承包商并书面通知接受其投标报价及有关条件，称为“授标”，即承包商“中标”。接着双方即可就所承包工程的技术、经济问题进行谈判，签订承包合同。这样就完成了招标投标的全过程。

建设工程实行招标投标，有利于开展竞争，鼓励先进，鞭策落后，使建设工程得到科学的有效的控制与管理，从而提高建设工程的经济效益。

二、建设工程招标投标的程序

要使建设工程的经济效益随招标投标的推行而不断提高，就必须按照科学的程序进行工程招标投标。科学的招标投标程序是以工程建设程序为基础制定的。具有代表性的公开招标程序如图 9-1 所示。

三、建设工程招标的类型与方式

1. 建设工程招标的类型

（1）全过程招标即从项目建议书开始，包括可行性研究、勘察设计、设备材料询价与采购、工程施工、生产准备、投料试车，直到竣工投产、交付使用，实行全面招标。

（2）勘察设计招标。

（3）材料、设备供应招标。

（4）工程施工招标。

2. 建设工程招标的方式

建设工程招标，可以根据项目的性质、规模、复杂程度及其他客观条件分别

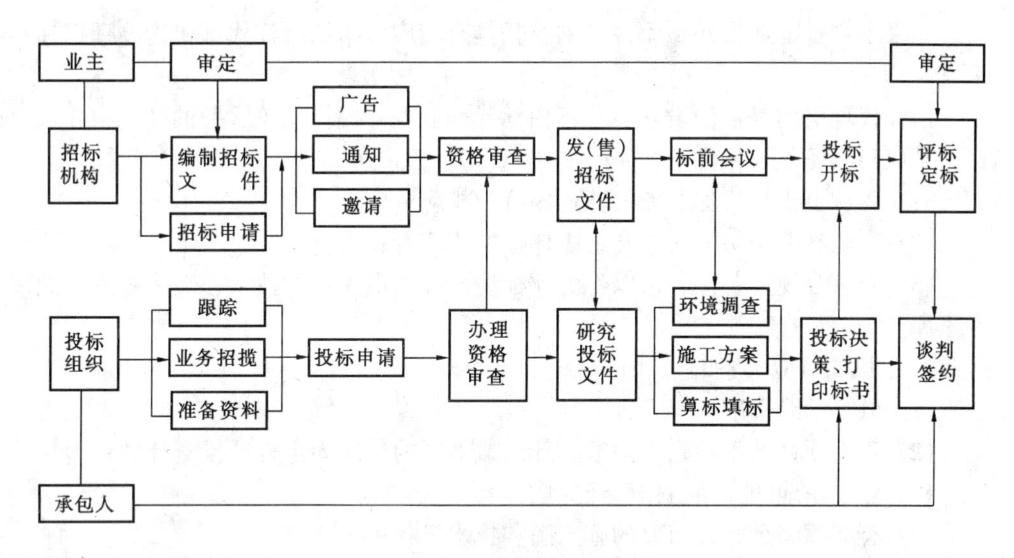

图 9-1　招标投标程序

采用以下方式：

(1) 公开招标

即由招标人以招标公告的方式邀请不特定的法人或其他组织投标。招标公告应当通过国家指定的报刊、信息网络或者其他媒介发布。其中应当载明招标人的名称、地址、招标项目的性质、数量、实施地点和时间以及获取招标文件的办法等事项。

(2) 邀请招标

即招标人以投标邀请书的方式邀请特定的法人或者其他组织投标。招标人采用邀请招标方式的，应当向三个以上具备承担招标项目的能力、资信良好的特定的法人或者其他组织发出投标邀请书，其内容与上述招标公告的相似。

涉及国家安全、国家秘密、抢险救灾或者属于利用扶贫资金实行以工代赈、需要使用农民工等特殊情况，不宜进行招标的项目，按照国家有关规定可以不进行招标。

四、建设工程招标应具备的条件

工程项目要进行施工招标，必须具备两个方面的条件：

1. 建设单位必备的条件

(1) 是法人或依法成立的其他组织；

(2) 有与招标工程相适应的经济、技术管理人员；

(3) 有编制招标文件的能力；

(4) 有审查投标单位资质的能力；

(5) 有组织开标、评标、定标的能力。

如果不具备上述后四项条件的须委托具有相应资格的招标代理机构办理招标事宜。

招标代理机构是依法设立、从事招标代理业务并提供相关服务的社会中介机构。其应当具备下列条件：

(1) 有从事招标代理业务的营业场所和相应资金；

(2) 有能够编制招标文件和组织评标的相应专业力量；

(3) 有符合规定条件、可以作为评标委员会成员人选的技术、经济等方面的专家库。

2. 建设项目应具备的条件

(1) 概算已经批准；

(2) 建设项目已正式列入国家、部门或地方的年度固定资产投资计划；

(3) 建设用地的征用工作已经完成；

(4) 有能够满足施工需要的施工图和技术资料；

(5) 建设资金和主要建筑材料、设备的来源已经落实；

(6) 已经建设项目所在地规划部门批准，施工现场的“三通一平”已经完成或一并列入施工招标的范围。

五、招标文件的内容

国内工程招标文件一般应包括：对投标人资格审查的标准、工程综合说明、设计图纸和技术资料、工程量清单和单价表、由银行出具的建设资金证明和工程款的支付方式及预付款的百分比、主要材料与设备的供应方式及加工定货情况、材料设备价差的处理方法、特殊工程的施工要求及采用的技术规范、投标书的编制要求及评标和定标条件、招标活动日程安排、合同主要条件及调整要求、要求交纳的投标保证金额度等。

国际工程招标文件一般包括：投标邀请、投标人须知、合同的通用与专用条件、技术规范、投标书和投标保证书格式、工程量清单、补充资料明细表、协议书格式、履约保证书和动员预付款银行保函格式、图纸等。

工程标底是招标文件中惟一保密的内容，相关内容见本章第二节。

六、工程投标

投标是承包单位在报送申请，并通过资格预审以后，领取（或购买）招标文件，据以编制并投送标函，通过竞争承接工程任务的一系列工作的总称。在实际工作中，往往把投送标函理解为狭义的投标。

标函即投标文件，它的内容和格式因工程制宜，实际中并不完全统一，一般由招标单位确定，或根据招标文件的内容和要求，由投标单位拟定。其基本内容包括：

1. 综合说明（投标致函）；

2. 工程总报价及报价单；

3. 计划开竣工日期和主要形象进度；

4. 工程质量标准及保证措施；

5. 主要施工方案、施工方法和施工机械。

投标的实质是争夺承包权。在我国，凡持有营业执照和资格证书并符合招标文件规定条件的企业均可参加投标。

在投标单位递送的投标书中，投标报价是关系投标成败的关键因素，对控制工程造价、维护企业利益具有重要作用。有关内容见本章第三节。

七、开标、评标、决标

按照招标文件的具体规定，招标单位在规定的时间、地点，在有投标单位、管理与监督部门的参加下，当众启封标函，宣布各投标单位的标价、工期及质量保证等主要内容，记录在案并进行公证，这个过程叫开标。随工程特点及复杂程度的不同，开标可选择不同的方式，一般有以下三种：

1. 公开开标，剔除废标，宣布标函主要内容，但不当场宣布中标单位，也不对投标单位排名次；

2. 公开开标，剔除废标，按报价高低初步排出名次；

3. 技术简单的小型项目，公开开标，当场确定并宣布中标单位。

开标以后，要以招标文件为依据，由招标人依法组建的评标委员会对预选“中标”单位的投标书进行全面地审查，对报价、工期及质量保证等条件进行综合性分析，这个过程叫评标。

评标包括技术评标和商务评标两个方面。所谓技术评标就是综合分析与评价标函中所采用的施工技术、组织、方案、施工方法、技术装备、进度安排以及各项保证质量和安全的措施等是否先进合理，标函的编制方法和手段是否先进合理，例如是否采用网络计划，是否采用计算机编制报价等。商务评标主要评价报价的高低，包括对报价计算资料（分析表、汇总表、单价等）进行细致地分析。只有在技术评标和商务评标的基础上，才有可能对投标单位在标函中的各种承诺作出正确的评价，为决标提供充分的依据。评标工作草率从事，单纯根据“报价最低”确定中标单位，对招标和投标单位都是有害无益的。

决标就是确定中标单位并授与合同。决标是在评标的基础上，通过同预选单位就合同条件以及标函中所提出的有关问题作进一步谈判所进行的决策。这个谈判过程中，招标单位的主要目的，是为了通过谈判维持自己的合同条件并进一步压低报价；而投标单位则要力图修改合同条件中的不合理部分，取得公正而于己有利的地位。在谈判双方意见基本取得一致之后，招标方就向中标单位发出中标通知书，并由双方签定工程承包合同。

第二节 标底价格的编制与审查

工程招标标底是业主掌握工程造价，控制工程投资，评价各投标单位的工程报价的依据。在以往的招投标工作中，标底价格在评标、定标过程中都起到了不可替代的作用。在实施工程量清单报价条件下，形成了由招标人按照国家统一的工程量计算规则计算工程数量，由投标人自主报价，经评审低价中标的工程造价管理模式。标底价格的作用在招标投标中的重要性逐渐弱化，这也是工程造价管理与国际接轨的必然趋势。经评审低价中标的工程造价管理模式，必然会引导我国建筑市场形成国际上一般的无标底价格的工程招投标模式。

一、工程标底价格的编制原则

1. 根据《建设工程工程量清单计价规范》的要求，工程量清单的编制与计价必须遵循四统一原则，即统一项目编码、统一项目名称、统一计量单位、统一工程量计算规则。

四统一原则即是在同一工程项目内对内容相同的分部分项工程只能有一组项目编码与其对应。同一编码下分部分项工程的项目名称、计量单位、工程量计算规则必须一致。四统一原则下的分部分项工程计价必须一致。

2. 遵循市场形成价格的原则

市场形成价格是市场经济条件下的必然产物。长期以来我国工程招投标标底价格的确定受国家（或行业）工程预算定额的制约，标底价格反映的是社会平均消耗水平，不能表现个别企业的实际消耗量，不能全面反映企业的技术装备水平、管理水平和劳动生产率，不利于市场经济条件下企业间的公平竞争。

工程量清单计价由投标人自主报价，有利于企业发挥自己的最大优势。各投标企业在工程量清单报价条件下必须对单位工程成本、利润进行分析，统筹考虑，精心选择施工方案，并根据企业自身能力合理地确定人工、材料、施工机械等生产要素的投入与配置，优化组合，有效地控制现场费用和技术措施费用，形成最具有竞争力的报价。因此，工程量清单下的标底价格应反映由市场形成的具有社会先进水平的生产要素价格，按照市场经济规律确定。

3. 体现公开、公平、公正的原则

工程造价是工程建设的核心内容，也是建设市场运行的核心。建设市场上存在的许多不规范行为大多与工程造价有关。工程量清单下的标底价格应充分体现公开、公平、公正原则。公开、公平、公正不仅是投标人之间的公开、公平、公正，亦包括招投标双方间的公开、公平、公正。即标底价格（工程建设产品价格）的确定，应同其他商品一样，由市场价值规律来决定（采用生产要素市场价格），不能人为地盲目压低或提高。

4. 风险合理分担原则

对建设工程项目而言，存在风险是必然的。

工程量清单计价方法，是在建设工程招投标中，招标人按照国家统一的工程量计算规则计算提供工程数量，由投标人依据工程量清单所提供的工程数量自主报价，即由招标人承担工程量计量的风险，投标人承担工程价格的风险。在标底价格的编制过程中，编制人应充分考虑招投标双方风险可能发生的几率，风险对工程量变化和工程造价变化的影响，在标底价格中应予以体现。

5. 标底的计价内容、计价口径，与工程量清单计价规范下招标文件的规定完全一致的原则。标底的计价过程必须严格按照工程量清单给出的工程量及其所综合的工程内容进行计价，不得随意变更或增减。

6. 一个工程只能编制一个标底的原则

要素市场价格是工程造价构成中最活跃的成分，只有充分把握其变化规律才能确定标底价格的惟一性。一个标底的原则，即是确定市场要素价格惟一性的原则。

二、工程标底价格的编制依据

标底价格的编制依据主要包括：

1.《建设工程工程量清单计价规范》；

2. 招标文件的商务条款；

3. 工程设计文件；

4. 有关工程施工规范及工程验收规范；

5. 施工组织设计及施工技术方案；

6. 施工现场地质、水文、气象，以及地上情况的有关资料；

7. 招标期间建筑安装材料及工程设备的市场价格；

8. 工程项目所在地劳动力市场价格；

9. 由招标方采购的材料、设备的到货计划；

10. 招标人制订的工期计划。

三、工程标底价格的编制程序

工程标底价格的编制一般按照下列程序进行：确定标底价格的编制单位，搜集审阅标底价格编制依据，取定生产要素市场价格，确定工程计价要素消耗量指标，参加工程招投标交底会，勘察施工现场及招标文件质疑；在上述工作的基础上，按工程量清单表述的工程项目特征和描述的综合工程内容进行计价，形成标底价格初稿，最后经审核定稿。

四、工程标底价格的编制方法

1. 分部分项工程综合单价的计算

(1) 分部分项工程量清单计价有预算定额调整法、工程成本测算法两种方法。

预算定额调整法是根据企业的实际情况对预算定额中工、料、机消耗量进行调整（参照第四章），按取定的生产要素市场价格计算直接成本费用。

工程成本测算法是根据施工经验和历史资料预测分部分项工程实际可能发生的工、料、机消耗量，并按取定的生产要素市场价格计算直接成本费用。

(2) 管理费的计算可分为费用定额系数计算法和预测实际成本法。费用定额系数计算法是利用原配套的费用定额取费标准，按一定的比例计算管理费。安装工程费用定额一般是以基本直接费中的人工费为基数计取管理费。在工程量清单计价条件下，基本直接费的组成内容比较定额基本直接费的组成内容已经发生变化。一部分费用进入措施清单项目，造成人工费基数不完整。在利用费用定额系数法计算管理费时，要注意调整因基数不同造成的影响。

预测实际成本法是把施工现场和总部为本工程项目预计要发生的各项费用逐项进行计算，汇总出管理费总额，以人工费或直接工程费为权数，分摊到各分部分项工程量清单中。

(3) 利润是招投标报价竞争最激烈的项目，在标底编制时其利润率的确定应根据拟建项目的竞争程度，以及参与投标各单位在投标报价中的竞争能力而确定。例如，有五家单位投标，其中三家企业近期施工量不足急于承揽新的工程，这样就会产生激烈的竞争。竞争的手段首先是消减工程利润。标价的编制就要顺应形势以低利润报价，以免投标价与标底价产生较大的偏离。

综上所述，工程量清单下的标底价必须严格遵照《建设工程工程量清单计价规范》进行编制，以工程量清单给出的工程数量和综合的工程内容，按市场价格计价。对工程量清单开列的工程数量和综合的工程内容不得随意更改、增减，必须保持与各投标单位计价口径的统一。

2. 措施项目的计价

进行措施项目计价时，标底编制人要对表内内容逐项计价。如果编制人认为表内提供的项目不全，亦可列项补充。措施项目计价按每单位工程计取，其计算依据主要来源于施工组织设计和施工技术方案。措施项目标底价的计算，宜采用成本预测法估算。计价规范提供的措施项目费分析表可用于计算此项费用。

3. 其他项目的计价

其他项目清单计价按单位工程计取。分为招标人、投标人两部分，分别由招标人与投标人填写。由招标人填写的内容包括预留金、材料购置费等。由投标人填写的包括总承包服务费、零星工作项目费等。按计价规范的规定，规范中列项不包括的内容，招投标人均可增加列项并计价；招标人部分的数据由招标人填写，并随同招标文件一同发至投标人或标底编制人。在标底计价中，编制人如数填写不得更改。投标人部分由投标人或标底编制人填写，其中总承包服务费要根据工程规模、工程的复杂程度、投标人的经营范围、划分拟分包工程来计取，一般是不大于分包工程总造价的5%。零星工作项目表，由招标人提供具体项目和数量，由投标人或标底编制人对其进行计价。零星工作项目计价表中的单价为综合单价，其中人工费综合了管理费与利润，材料费综合了材料购置费及采购保管费，机械综合了机械台班使用费，车船使用税以及设备的调遣费。

4. 规费

规费亦称地方规费，是税金之外由政府机关或政府有关部门收取的各种费用。各地收取的内容多有不同，在标底编制时应按工程所在地的有关规定计算此项费用。

5. 税金

税金包括营业税、城市维护建设税、教育费附加等三项内容。因为工程所在地的不同，税率也有所区别。标底编制时应按工程所在地规定的税率计取税金。

五、标底价格的审查

1. 标底价格审查的意义

标底价格编制完成后，需要认真进行审查。加强标底价格的审查，对于提高工程量清单计价水平，保证标底质量具有重要作用。主要表现在：

(1) 发现错误，修正错误，保证标底价格的正确性；

(2) 促进工程造价人员提高业务素质，成为懂技术、懂造价的复合型人才，以适应市场经济环境下工程建设对工程造价人员的要求；

(3) 提供正确工程造价基准，保证招投标工作的顺利进行。

标底价格的审查要经过编制人自审，编制人之间互审，专家（上级）或审核组审查等阶段。

2. 标底价格审查的内容

(1) 符合性

符合性包括计价价格对招标文件的符合性，对工程量清单项目的符合性，对招标人真实意图的符合性。

(2) 计价基础资料的合理性

合理的计价基础资料是标底价格合理的前提。计价基础资料包括工程施工规范、工程验收规范、企业生产要素消耗水平、工程所在地生产要素价格水平等。

(3) 标底整体价格水平

主要审查标底价格是否大幅度偏离概算价，是否无理由偏离已建同类工程造价，各专业工程造价比例是否失调，实体项目与非实体项目价格比例是否失调等。

(4) 标底单项价格水平

审查标底的单项价格水平是否偏离概算值。

3. 标底价格的审查方法

(1) 专家评审法

由工程造价方面的专家，分专业对标底价格逐一审查，发现问题，纠正错误。清单计价伊始，使用此法比较妥当，可以避免重大失误，确保标底价格的可利用性。

(2) 分组计算审查法

按专业分组，按分部分项工程，就生产要素消耗水平、生产要素价格水平，对工程量清单项目理解，进行全面审查。

(3) 筛选审查法

利用原定额建立分部分项工程基本综合单价数值表，统一口径对应筛选，选出不合理的偏离基本数值表的分部分项工程计价数据。再对该分部分项工程计价详细审查。

(4) 定额水平调整对比审查法

利用原定额，按清单给定的范围，组成分部分项工程量清单综合单价。再按市场生产要素价格水平、市场工程生产要素消耗水平测定比例，调整单位工程造价。对比单位工程标底价，找出偏差，对标底价进行调整。该法可以把握各单位工程标底价的准确性，但是不能保证各个分部分项工程计价是否合理。

六、标底价格的应用

标底价格最基本的应用形式，是将标底价格与各投标单位的投标价格进行对比，从中发现投标价格的偏离与谬误，为招标答疑会提供招标人质疑素材，澄清投标价格涵盖范围。对比分为工程项目总价对比、单项工程总价对比、单位工程总价对比、分部分项工程综合单价对比、措施项目列项与计价对比、其他项目列项与计价对比。

在《建设工程工程量清单计价规范》下的工程量清单报价，为标底价格在商务标测评中建立了一个基准的平台，即标底价格的计价基础与各投标单位报价的计价基础完全一致，方便了标底价格与投标报价的对比。

第三节 工程投标报价

一、投标报价的概念

投标报价是投标单位根据招标文件的内容要求，工程图纸及技术要求，根据自己制定的施工方案和采取的技术措施，结合自己企业的生产组织管理水平，制定该项投标工程的总估价，在此基础上再考虑投标策略以及各种影响工程造价的因素，然后提出投标报价，报送招标单位。投标报价是工程施工投标的关键。

投标报价的构成可参见工程造价的构成，同时要按招标文件的有关规定确定投标报价的构成并予以确定。

工程投标的程序是：取得招标信息——准备资料报名参加——提交资格预审资料——通过预审得到招标文件——研究招标文件——准备与投标有关的所有资料——实地考查工程场地，并对招标人进行考查——确定投标策略——核算工程量清单——编制施工组织设计及施工方案——计算施工方案工程量——采用多种方法进行询价——计算工程综合单价——确定工程成本价——报价分析决策确定最终的报价——编制投标文件——投送投标文件——参加开标会议。

二、确定投标报价的准备工作

为及时确定一个合理的、有竞争力的工程报价，就必须抓紧进行各项准备工作。主要包括取得招标信息、提交资格预审资料、研究招标文件、准备投标资料、确定投标策略等。这一时期是为后面准确报价的必要工作阶段，往往有好多投标人对前期工作不重视，得到招标文件就开始编制投标文件，在编制过程中会出现缺这缺那，这不明白那不清楚，造成无法挽回的损失。

1. 得到招标信息并参加资格审查

招标信息的主要来源是招投标交易中心。交易中心会定期不定期地发布工程招标信息。但是，如果投标人仅仅依靠从交易中心获取工程招标信息，就会在竞争中处于劣势。因为我国招投标法规定了两种招标方式，公开招标和邀请招标，交易中心发布的主要是公开招标的信息，邀请招标的信息在发布时，招标人常常已经完成了考察及选择招标邀请对象的工作，投标人此时才去报名参加，已经错过了被邀请的机会。所以，投标人日常建立广泛的信息网络是非常关键的。有时投标人从工程立项甚至从项目可行性研究阶段就开始跟踪，并根据自身的技术优势和施工经验为招标人提供合理化建议，获得招标人的信任。投标人取得招标信息的主要途径有：

(1) 通过招标广告或公告来发现投标目标，这是获得公开招标信息的方式；

(2) 搞好公共关系，经常派业务人员深入各个单位和部门，广泛联系，收集信息；

(3) 通过政府有关部门，如计委、建委、行业协会等单位获得信息；

(4) 通过咨询公司、监理公司、科研设计单位等代理机构获得信息；

(5) 取得老客户的信任，从而承接后续工程或接受邀请而获得信息；

(6) 与总承包商建立广泛的联系；

(7) 利用有形的建筑交易市场及各种报刊、网站的信息；

(8) 通过社会知名人士的介绍得到信息。

投标人得到信息后，应及时表明自己的意愿，报名参加，并向招标人提交资格审查资料。投标人资料主要包括：营业执照、资质证书、企业简历、技术力量、主要的机械设备、近三年内的主要施工工程情况及与投标同类工程的施工情况、在建工程项目及财务状况。

对资格审查的重要性投标人必须重视，它是招标人认识本企业的第一印象。经常有一些缺乏经验的投标人，尽管实力雄厚，但在投标资格审查时，由于对投标资格审查资料的不重视而在投标资格审查阶段就被淘汰。

2. 分析投标环境

要对工程自然、经济、社会、法律等各方面进行调查分析，如了解工程项目所在地的社会状况，了解当地与承包工程有关的法律、法规，了解当地的经济发展计划及其实施情况，交通运输情况，工业和技术水平，建筑行业的情况以及金融情况等。此外，还要作市场商情和物资询价。

3. 认真研究招标文件

招标文件是工程报价的基础和主要依据。研究招标文件主要是为了了解工程的规模、结构类型、质量标准、工期要求、现场条件及建设单位可能提供的条件等。这些都是影响工程造价的重要因素，是编制施工组织设计的依据。此外，也有利于制定合理的投标策略。

在研究招标文件时，必须对招标文件的每句话，每个字都认认真真地研究，投标时要对招标文件的全部内容响应，如误解招标文件的内容，会造成不必要的损失。必须掌握招标范围，经常会出现图纸、技术规范和工程量清单三者之间的范围、做法和数量之间互相矛盾的现象。招标人提供的工程量清单中的工程量是工程净量，不包括任何损耗及施工方案和施工工艺造成的工程增量，所以要认真研究工程量清单包括的工程内容及采取的施工方案，有时清单项目的工程内容是明确的，有时并不那么明确，要结合施工图纸、施工规范及施工方案才能确定。除此之外对招标文件规定的工期、投标书的格式、签署方式、密封方法、投标的截止日期要熟悉，并形成备忘录，避免由于失误而造成不必要的损失。

(1) 研究评标办法

评标办法是招标文件的组成部分，投标人中标与否是按评标办法的要求进行评定的。我国一般采用两种评标办法：综合评议法和最低报价法，综合评议法又有定性综合评议法和定量综合评议法两种，最低报价法就是合理低价中标。

定量综合评议法采用综合评分的方法选择中标人，是根据投标报价、主要材料、工期、质量、施工方案、信誉、荣誉、已完或在建工程项目的质量、项目经理的素质等因素综合评议投标人，选择综合评分最高的投标人中标。定性综合评议法是在无法把报价、工期、质量等诸多因素定量化打分的情况下，评标人根据经验判断各投标方案的优劣。采用综合评议法时，投标人的投标策略就是如何做到报价最高，综合评分最高，这就得在提高报价的同时，必须提高工程质量，要有先进科学的施工方案、施工工艺水平作保证，以缩短工期为代价。但是这种办法对投标人来说，必须要有丰富的投标经验，并能对全局很好地分析才能做到综合评分最高。如果一味地追求报价，而使综合得分降低就失去了意义，是不可取的。

最低报价法也叫合理低价中标法，是根据最低价格选择中标人，是在保证质量、工期的前提下，以最合理低价中标。这里主要是指"合理"低价，是指投标人报价不能低于自身的成本。对于投标人就要做到如何报价最低，利润相对最高，不注意这一点，有可能会造成中标工程越多亏损越多的现象。

(2) 研究合同条款

合同的主要条款是招标文件的组成部分，双方的最终法律制约作用就在合同上，履约价格的体现方式和结算的依据主要是依靠合同。因此投标人要对合同特别重视。合同主要分通用条款和专用条款。要研究合同首先得知道合同的构成及主要条款，主要从以下几方面进行分析：

一是价格，这是投标人成败的关键，主要看清单综合单价的调整，能不能调，如何调。根据工期和工程的实际预测价格风险。

二是分析工期及违约责任，根据编制的施工方案或施工组织设计分析能不能按期完工，如完不了会有什么违约责任；工程有没有可能会发生变更，如对地质资料的充分了解等。

三是分析付款方式，这是投标人能不能保质保量按期完工的条件，有好多工程由于招标人不按期付款而造成了停工的现象，给双方造成了损失。

因此投标人要对各个因素进行综合分析，并根据权利义务进行对比分析，只有这样才能很好地预测风险，并采取相应的对策。

(3) 研究工程量清单

工程量清单是招标文件的重要组成部分，是招标人提供的投标人用以报价的工程量，也是最终结算及支付的依据。所以必须对工程量清单中的工程量在施工过程及最终结算时是否会变更等情况进行分析，并分析工程量清单包括的具体内容。只有这样，投标人才能准确把握每一清单项的内容范围，并做出正确的报价。不然会造成分析不到位，由于误解或错解而造成报价不全导致损失。尤其是采用合理低价中标的招标形式时，报价显得更加重要。

4. 现场勘察

施工现场的条件不仅直接关系工程施工的难易和工程费用，而且也包含施工单位在工程施工中可能遇到的风险。按国际惯例，承包商的投标报价被认为是在全面地研究了招标文件和详细地勘察了现场条件以后提出的，已考虑了风险因素可能造成的费用增加，承包商如中标承包则不能以现场勘察不细而要求增加费用。因此，对与工程施工和工程费用有关的各种现场条件都应该仔细地调查清楚。另外，现场勘察还可以及时发现招标文件与现场条件的差异并予以澄清。

现场勘察的主要内容包括自然条件、施工条件及其他条件。

5. 分析建设单位和竞争对手的情况

首先要对建设单位资金来源和支付可靠性进行调查以决定是否投标。通过对建设单位的资金来源、支付能力及对工程的急需程度的了解，可以对建设单位的心理状况做出正确分析，以确定正确有效的报价策略。例如，如其资金紧缺，可考虑最低价中标；如其资金富裕，支付条件好则多半要求工程技术先进，质量可靠，即使标价高一些也可能中标。另外，承包商还应了解建设单位希望的分包商的情况以及对工程技术的要求水平。

其次要调查了解竞争对手的情况。一方面要了解拟参加投标竞争的公司的能力和过去几年内他们的工程承包业绩，及这些公司的主要特点。另一方面还应通过对以往投标资料的分析，得出报价与投标单位多少的关系，不同报价的得标概率，以制定投标策略，即不能只依标价高低考虑问题，还要考虑中标可能性的大小。在了解竞争对手的同时，还应防范其采用迷惑战术，作为决策的主要资料依据应当是自己算标人员的计算书和分析。

6. 拟定施工组织设计大纲（方案）

在正式估算工程造价以前，首先要拟定出一个组织科学、技术先进、费用经济的施工组织设计大纲。施工组织设计大纲应包括以下主要内容：合理的施工进度控制计划表，经济合理、技术可行的施工方案，施工所需的主要施工机械等，施工所需的重要资源的供应计划等。

7. 收集和整理与报价有关的定额、费用、价格资料。

三、投标策略

投标报价虽然是承包商综合实力的体现，但企业要想在投标竞争中求得生存和发展，除了增强企业实力、提高企业信誉外，还必须认真研究投标策略。正确的投标策略一方面可以解决企业如何选择投标项目的问题，另一方面可以指导投标报价与作价技巧的采用，以做出正确的投标决策。

1. 投标项目的选择

企业为了能够选择适当的投标项目，首先必须要广泛了解和掌握招标项目的分布与动态。即通过各种渠道广泛收集和掌握招标项目的情报或信息，如项目名称、分布地区、建设规模、大致内容、资金来源、建设要求、招标时间等。企业掌握了这些情况，就可以对招标项目进行早期跟踪，主动地选择对自己有利的招标项目，同时有目的地预先做好投标的各项准备工作。这对时间性很强的现代建设来说，是投标取胜的一项重要策略。

在了解了工程信息之后，企业就要从中正确地选择于已有利的投标项目。企业参与投标竞争，不仅是为了中标，更重要地是为了在工程建设中取得良好的经济效益。为此企业必须从各方面对各项工程进行综合评价。在项目选择过程中主要考虑以下一些因素：

(1) 工程的性质、特征；

(2) 工程社会环境的特征，如与该工程直接有关的政策、法令和法规等；

(3) 工程的自然环境；

(4) 工程的经济环境；

(5) 本企业对该工程的承担能力，如自身的技术水平、管理水平、施工经验、职工队伍素质和企业类别等能否与招标工程相适应；

(6) 对后续工程的考虑，如果招标工程有后续项目，则可考虑低价中标，力争取得后续项目施工任务的有利地位；

(7) 投资单位的信誉与竞争对手的情况。

确定是否参与一项工程的投标取决于多种因素，企业需要从长期战略任务出发，综合考虑诸因素，以求战略目标的实现。

2. 投标策略

当充分分析了主客观条件并选定投标项目后，还应确定一定的投标策略，以达到中标取胜并赢利的目的。常见的投标策略有以下几种：

(1) 靠经营管理水平高取胜。这主要是靠做好施工组织设计，采取合理的施工技术和施工机械，精心采购材料、设备，选择可靠的分包单位，节省管理费等，有效降低工程成本从而获得利润。

(2) 靠改进设计和缩短工期取胜。即仔细研究原设计图纸，当发现有不够合理的设计时，提出能降低造价的修改设计建议，并据此做另一报价，以提高对招标单位的吸引力。

另外，如果招标文件的工期有可能缩短，即达到早投产、早收益，有时即使报价稍高，对招标单位也是有吸引力的。

(3) 低利润策略。主要适用于承包任务不足或竞争非常激烈时，以低利承包工程，以维持公司日常运转或击败竞争对手。此外，有的承包商为了进入一个新地区的承包市场，建立信誉，也往往采用这种策略。

(4) 低标价、高索赔策略。即企业通过严密的合同管理，设法从合同、设计图纸、标书等方面寻找索赔机会，减少损失，增加利润。

(5) 从企业自身条件、兴趣、能力和近期、长远目标出发进行投标决策。

在国际工程投标时，还可采用联合投标、串通投标、选择最有利的机会投出标书及在投标过程中的公共关系策略等。

以上各种投标策略并不互相排斥，企业可在详细调查的基础上，根据实际情况，灵活地加以应用。

四、确定投标报价

1. 审核工程量清单并计算施工工程量

一般情况，投标人必须按招标人提供的工程量清单进行组价，并按综合单价的形式进行报价。但投标人在按招标人提供的工程量清单组价时，必须把施工方案及施工工艺造成的工程增量以价格的形式包括在综合单价内。有经验的投标人在计算施工工程量时就对工程量清单工程量进行审核，这样可以知道招标人提供的工程量的准确度，为投标人不平衡报价及结算索赔做好伏笔。

在实行工程量清单模式计价后，建设工程项目分为三部分进行计价：分部分项工程项目计价、措施项目计价及其他项目计价。招标人提供的工程量清单是分部分项工程项目清单中的工程量，但措施项目中的工程量及施工方案工程量招标人不提供，必须由投标人在投标时按设计文件及施工组织设计、施工方案进行二次计算。因此这部分用价格的形式分摊到报价内的量必须要认真计算，要全面考虑。由于清单下报价最低是占优，投标人由于没有考虑全而造成低价中标亏损，招标人会不予承担。

2. 编制施工组织设计及施工方案

施工组织设计及施工方案是招标人评标时考虑的主要因素之一，也是投标人确定施工工程量的主要依据。它的科学性与合理性直接影响到报价及评标，是投标过程一项主要的工作，是技术性比较强、专业要求比较高的工作。主要包括：项目概况、项目组织机构、项目保证措施、前期准备方案、施工现场平面布置、总进度计划和分部分项工程进度计划、分部分项的施工工艺及施工技术组织措施、主要施工机械配置、劳动力配置、主要材料保证措施、施工质量保证措施、安全文明措施、保证工期措施等。

施工组织设计主要应考虑施工方法、施工机械设备及劳动力的配置、施工进度、质量保证措施、安全文明措施及工期保证措施等，因此施工组织设计不仅关系到工期，而且对工程成本和报价也有密切关系。好的施工组织设计，应能紧紧抓住工程特点，采用先进科学的施工方法，降低成本。既要采用先进的施工方法，安排合理的工期，又要充分有效地利用机械设备和劳动力，尽可能减少临时设施和资金的占用。如果同时能向招标人提出合理化建议，在不影响使用功能的前提下为招标人节约工程投资，则会大大提高投标人的低价的合理性，增加中标的可能性。还要在施工组织设计中进行风险管理规划，以防范风险。

3. 确定投标报价

确定投标报价的方法可参考本章第二节的相关内容。

五、作价技巧

投标策略一经确定，就要具体反映到作价上，但作价也需技巧。技巧选用的是否得当，在一定程度上可以决定能否中标和盈利。常用的作价技巧有以下几种：

1. 根据工程项目特点决定报价高低

一般来说下列情况下报价可高一些：

（1）施工条件差的工程；

（2）专业要求高的技术密集型工程而本公司在这方面有专长；

（3）总价低的小工程，以及自己不愿意做而被邀请投标时，不便于不投标的工程；

（4）特殊的、竞争对手少的工程；

（5）业主对工期要求紧的工程；

（6）支付条件不理想的工程。

下列情况报价则应低一些：

（1）施工条件好的工程；

（2）本公司目前急于打入某一市场、某一地区，或虽已在某地区经营多年，但即将面临没有工程的情况；

（3）本项目可利用附近工程的设备、劳务或有条件短期内突击完成的；

（4）投标者多、竞争激烈时；

（5）支付条件好的工程。

2. 采用不平衡报价法

不平衡报价法也叫做前重后轻法。它是指一个工程项目的投标报价，在总价基本确定后，调整内部各个项目的报价以达到既不提高总价，不影响中标，又能在结算时得到更理想的经济效益的目的。这种方法宜在采用单价合同形式时利用。一般可以在以下几个方面考虑采用：

（1）能够早日结算价款的项目（如开办费、基础工程、土方开挖、桩基等）可以报得高些，以利资金周转，后期工程项目（如机电设备安装、装饰等）可适当降低。

（2）经过工程量核算，预计今后工程量会增加的项目，单价适当提高，这样在最终结算时可多赚钱，而将工程量完不成的项目单价降低。

（3）图纸不明确或有错误的，估计今后会修改的项目，单价可提高；工程内容说明不清楚的，单价可降低，这样有利于以后索赔。

（4）无工程量，只填单价的项目，其单价宜高，因为它不在投标总价之内，这样做既不影响投标总价，以后发生时又可获利。

（5）暂定金额的估计，经过分析如果它做的可能性大，价格可定高些，估计不一定发生的，价格可低些。

3. 计日工作单价的报价

多数招标文件中，要求投标人列出计日工作的工日单价和不同机械的台班单价。这种单价可不计入投标总报价中，而是用来计算工程实施过程中的零星用工的。填报这种计日工作单价时，可在工程单价计算书中工日基价和机械台班基价及各项应分摊费用的基础上，再适当增加一定比例的额外管理费用。如果实际发生计日付酬的零星工程，实报实销，就可获利。

4. 突然降价法

在填写工程报价单时，到投标截止日期将至时，根据情报信息与分析判断，做最后决策，突然降价。降价幅度需在报价过程中确定。

六、投标报价分析决策

初步报价提出后，应当对这个报价进行多方面分析。分析的目的是探讨这个报价的合理性、竞争性、盈利及风险，从而做出最终报价的决策。分析的方法可以从静态分析和动态分析两方面进行。

1. 报价的静态分析

先假定初步报价是合理的，分析报价的各项组成及其合理性。分析步骤如下：

(1) 分析组价计算书中的汇总数字，并计算其比例指标：

1) 统计总建筑面积和各单项建筑面积；

2) 统计材料费用价及各主要材料数量和分类总价，计算单位面积的总材料费用指标和各主要材料消耗指标和费用指标，计算材料费占报价的比重；

3) 统计人工费总价及主要工人、辅助工人和管理人员的数量，按报价、工期、建筑面积及统计的工日总数算出单位面积的用工数，单位面积的人工费，并算出按规定工期完成工程时，生产工人和全员的平均人月产值和人年产值。计算人工费占总报价的比重；

4) 统计临时工程费用，机械设备使用费、模板、脚手架和工具等费用，计算它们占总报价的比重，以及分别占购置费的比例，即以摊销形式摊入本工程的费用和工程结束后的残值；

5) 统计各类管理费汇总数，计算它们占总报价的比重，计算利润、贷款利息的总数和所占比例；

6) 如果报价人有意地分别增加了某些风险系数，可以列为潜在利润或隐匿利润提出，以便研讨；

7) 统计分包工程的总价及各分包商的分包价，计算其占总报价和投标人自己施工的直接费用的比例，并计算各分包人分别占分包总价的比例，分析各分包价的直接费、间接费和利润。

(2) 从宏观方面分析报价结构的合理性。例如分析总的人工费、材料费、机械台班费的合计数与总管理费用比例关系，人工费与材料费的比例关系，临时设施费及机械台班费与总人工费、材料费、机械费合计数的比例关系，利润与总报价的比例关系，判断报价的构成是否基本合理。如果发现有不合理的部分，应当初步探明原因。首先是研究本工程与其他类似工程是否存在某些不可比因素；如果扣掉不可比因素的影响后，仍然存在报价结构不合理的情况，就应当深入探索其原因，并考虑适当调整某些人工、材料、机械台班单价、定额含量及分摊系数。

(3) 探讨工期与报价的关系。根据进度计划与报价，计算出月产值、年产值。如果从投标人的实践经验角度判断这一指标过高或者过低，就应当考虑工期的合理性。

(4) 分析单位面积价格和用工量、用料量的合理性。参照实际施工同类工程的经验，如果本工程与同类工程有某些不可比因素，可以扣除不可比因素后进行分析比较。还可以收集当地类似工程的资料，排除某些不可比因素后进行分析对比，并探索本报价的合理性。

(5) 对明显不合理的报价构成部分进行微观方面的分析检查。重点是从提高工效、改变施工方案、调整工期、压低供货人和分包人的价格、节约管理费用等方面提出可行措施，并修正初步报价，测算出另一个低报价方案。根据定量分析方法可以测算出基础最优报价。

(6) 将原初步报价方案、低报价方案、基础最优报价方案整理成对比分析资料，提交内部的报价决策人或决策小组研讨。

2. 报价的动态分析

通过假定某些因素的变化，测算报价的变化幅度，特别是这些变化对报价的影响。对工程中风险较大的工作内容，采用扩大单价，增加风险费用的方法来减少风险。

例如很多种风险都可能导致工期延误。管理不善、材料设备交货延误、质量返工、监理工程师的刁难、其他投标人的干扰等而造成工期延误，不但不能索赔，还可能遭到罚款。由于工期延长可能使占用的流动资金及利息增加，管理费相应增大，工资开支也增多，机具设备使用费用增大。这种增加的开支部分只能用减小利润来弥补，因此，我们通过多次测算可以得知工期拖延多久利润将全部丧失。

3. 报价决策

报价决策就是依据工程造价计算书及上述对工程造价的分析，在投标策略的指导下，最终确定投标报价。

复习思考题

1. 建设工程招标投标的程序是什么？

2. 建设工程招标的类型与方式有哪些？工程招标应具备什么条件？招标文件的内容包括什么？

3. 编制工程标底价格应遵循什么原则?

4. 工程标底价格的编制依据包括哪些内容? 各类项目的编制方法是什么? 如何审查标底价格?

5. 什么是投标报价? 工程投标的程序是什么? 投标程序中的关键性工作有哪些?

6. 确定投标报价应做好哪些方面的准备工作?

7. 企业的投标策略有哪些具体内容? 对投标报价有什么影响? 这些投标策略与作价技巧有什么关系?

8. 如何对投标报价进行分析决策?

第十章 工程造价管理工作中的信息管理与计算机的应用

第一节 工程造价管理工作中的信息管理

工程造价管理需要收集整理大量的各种信息，并在工程估价及工程造价控制过程中加以应用，这是保证工程造价管理工作质量的基础和前提。

一、工程造价资料积累的内容

建设工程造价资料积累是工程造价管理的一项重要基础工作。经过认真挑选、整理、分析的工程造价资料是各类建设项目技术经济特点的反映，也是对不同时期基本建设工作各个环节（设计、施工、管理等）技术、经济、管理水平和建设经验教训的综合反映。各级建设行政主管部门、建设单位、设计单位、咨询单位、施工单位、建设银行和定额管理部门，都可以充分利用这些资料，使自己的工作达到更高的水平。

工程造价资料积累的目的是为了使上述不同的用户都可以使用这些资料来完成各自的与确定和控制工程造价有关的任务。工程造价资料一般包括建设项目可行性研究、投资估算、初步设计概算、施工图预算、合同价、结算价和竣工决算；另一方面要体现建设项目组成的特点，应包括建设项目、单项工程、单位工程的造价资料，也包括有关新材料、新工艺、新设备、新技术的分部分项工程造价资料。另外，工程造价资料积累的内容，不仅要有价，还要有量，如主要工程量、材料量、设备量，还应包括对工程造价确定有重要影响的技术经济条件，如建设规模、建设地点、结构特征，以利于对造价资料的合理利用和调整。需要积累的工程造价资料一般应包括以下具体内容：

1. 不同类型工程的组成结构

对于不同类型的工程，如厂房、矿山、码头、铁路、市政，应分别列出他们所包含的单项工程和单位工程的造价。每个建设项目可以分为若干个单项工程，每个单项工程又可划分为若干个单位工程。这样划分好之后，工程的造价资料才便于组织和管理，以便于查找和套用。这是积累造价资料的基础工作，必须下大力气来整理和设计，并在收集和使用造价资料的过程中逐步补充和完善。

2. 各项工程的基本情况

其内容可分为两个部分。一部分是工程名称、地点、类型、建设单位、设计单位、主要施工单位、开工竣工日期、占地面积、建筑面积、资金来源。这些内容是各类工程所共有的。另一部分内容则应按不同类型的工程以参数形式进行存储。例如，对于有色金属冶炼厂工程应填写以下参数：主要产品、生产能力、设备类型及重量、装机容量、总用水量、厂区铁路、厂区供排水管网、厂区热力管网等等。

3. 各项工程的组成结构及所属单项、单位工程的主要参数

这些参数对于选择合适的类比工程并进行替换和取舍是十分重要的，如建筑、结构特征等。不同的单项、单位工程有不同的参数要求，这些参数要求应在第一类数据——不同工程的组成结构中予以明确。应按照标明的参数要求，编入每个工程的组成结构及相应的各项参数。在对拟建工程造价进行估计时，这些参数是选择与其相类似的工程的重要准绳。

4. 各项工程的造价情况

这里所说的工程造价，既包括整个建设工程的造价，也包括各个单项工程和单位工程的造价。前者主要包括：估算、概算、建筑工程费用、安装工程费用、设备费用、工器具费用、其他费用以及每种费用的具体组成。

5. 主要设备和主要材料的用量及价格

设备和材料的支出在整个工程造价中占很大的比例，因此必须存储它们的用量和价格。特别是用量，与价格相比它有相对的稳定性。只要掌握了设备和材料的用量，就可以随时套用最新价格，从而得到对设备和材料支出的最新估计。用这一估计与原价格体系下作出的估计相比较，还可以看出设备和材料支出的变化情况。当然，不可能也没有必要把所有的设备和材料的用量、价格都存储起来，而只要选择主要设备和材料即可。而不同的工程其主要设备和材料是不同的，应该具体工程具体分析，只要保证同类工程的主要设备和主要材料选取的一致性就可以了。至于主要材料和主要设备之外的其他设备和材料，可以以百分率的方式存储和使用。

6. 各单位工程中主要分项工程的工程量

与设备和材料消耗量类似，工程量相对于价格来说比较稳定。因此存储单位工程的分项工程量比存储造价本身更利于替换和使用。这些数据也可以作为定额管理部门比较不同工程、不同地区技术水平的依据。

7. 建设阶段的投资分配曲线

它主要供主管部门对建设项目作经济评价时参考，也可供制定宏观规划时使用。

8. 造价调整情况

它主要是指设计变更所引起的造价变化，如施工过程中出现问题所引起的造价变化，材料供应变化所引起的造价变化，国家政治经济形势变化所引起的造价变化等等。收集、整理这些变化资料，有助于在规划其他项目时借鉴和参考，也

有助于在建工程本身的造价管理和成本核算。

工程造价资料虽然不具有法定性，但要真正实现它的使用价值，在收集、整理这些资料时也必须讲求质量。积累资料的工作不仅仅是原始资料的搜集，还必须对其进行加工、整理，以使资料具有真实性、合理性和可操作性。为保证资料的真实性，资料的收集就不能仅停留在设计概算和施工图预算上，而必须立足于竣工结算和决算上；为保证其合理性，就必须将竣工结算与决算资料与概预算资料进行分析对比，去粗取精，去伪存真。尤其重要的是，资料的收集必须符合国家的产业政策和行业发展方向，具有重复使用的价值。

二、工程造价资料的分析与使用

工程造价的分析与使用是积累资料的主要目的。一方面，资料分析可以研究某项工程在建设期间的造价变化，各单位工程在工程总造价中所占的比例，各种主要材料的用量及使用情况，各种影响工程造价的因素如何发挥作用等等。另一方面，工程造价资料的分析可以研究同类工程在造价方面出现的差异，以及引起这些差异的原因，找出同类工程所共同反映出的造价规律。

对于工程项目主管部门来说，主要考虑项目的投入及实施情况，因此可以利用工程造价资料进行建设成本分析，得出建设成本上升或下降的额度及比率。还可以进行工程造价的对比分析，例如找出同一时期不同工程造价之间的差异及其产生原因；不同时期同类工程的造价对比分析，找出造价及其构成的变化规律；还可以进行不同地区同类工程造价的对比分析，以反映出地区之间的造价差异，并分析原因。

对于建设单位、设计、施工、咨询单位来说，工程造价资料的作用主要表现在以下几个方面：它是编制投资估算和初步设计概算的重要依据，可用以审查施工图预算的可靠性，是确定标底和投标报价的参考资料，是工程结算和决算的基础资料。随着我国的工程造价管理体制与国际惯例的接轨，工程造价估算的理论、方法和手段的改进及逐步现代化，工程造价资料的用途必将越来越广泛。因此，作为建筑市场的主体，应该尽快完善工程造价资料的收集、整理、分析工作，并研究如何更好地使用这些资料，以进一步提高工程造价管理工作的水平。

对于定额管理部门来说，可以使用工程造价资料进行以下几个方面的工作：用以编制各类定额；用以测定调价系数、编制工程造价指数；用以研究同类工程造价变动的规律。

可见，工程造价资料的收集、分析与应用具有非常重要的意义，此项工作应当引起人们的重视。

第二节　工程造价管理信息技术应用的发展及应用现状

工程造价管理的相关工作长久以来一直以工作量巨大，计算繁复而著称，纯手工工作的效率非常低，而且容易出错。所以，为了提高工作效率，降低劳动强度，提升管理质量，使用信息技术来参与工程造价的计算和工程造价的管理工作就成为我国造价行业和相关信息技术行业一个不断追求的目标。而且，我国从很早就开始了这方面的探索。

早在微机技术还处在286时代，我国就诞生了第一批探索性质的计算造价的软件工具。但当时的软件功能十分简单，起到的作用也就是简单的运算和表格打印，而且受到早期硬件设备的能力和硬件普及范围的制约。早期软件基本都是非商业性质的个人开发产品，或者是单独为某个小范围应用而研制的软件工具，没有有效的大规模推广应用。

随着计算机应用技术和信息技术的飞速发展，以及计算机硬件设备性能的迅速提升和快速普及，进入20世纪90年代以后，我国工程造价行业进行大规模信息技术应用的硬件环境已经成熟。而且，随着我国经济的飞速发展，我们工程造价行业的业务规模和业务需求也快速扩大，提升效率，降低错误率，提升管理质量，加强信息的管理和利用等需求量不断增加，从需求上也为工程造价管理的信息技术应用创造了条件。所以，在这个时期，我国工程造价管理的信息技术应用进入了快速发展期。主要表现在以下几个方面：

首先，以计算工程造价为核心目的的软件飞速发展起来，并迅速在全国范围获得推广和深入的应用。推广和应用最广泛的就是辅助计算工程量和辅助计算造价的工具级软件。

其次，软件的计算机技术含量不断提高，语言从最早的FOXPRO等比较初级的语言，到现在的DELPHI，C + + BUILDER等，软件结构也从单机版，逐步过渡到局域网网络版，近年更向Internet网络应用逐步发展。

近期，随着互联网技术的不断发展，我国也出现了为工程造价及其相关管理活动提供信息和服务的网站。同时，随着用户业务需求的扩展，我国部分地区也出现了为行业用户提供整体解决方案的系列产品。

综上所述，虽然从信息技术的应用角度来讲，我国取得了长足的进展，应用技术也比较先进，但是从工程造价管理的专业应用深度来讲，信息技术应用的进展并不大，各种IT应用工具的关联性都不强，基本上都局限于各自狭小的功能范围，缺乏连贯性和整体关联应用，解决的问题比较单一。对互联网技术的应用也显得比较静态和表面，对各种信息的网络搜集、分析、发布还不完善，无法为行业用户提供核心应用服务。

同一些信息技术比较发达的国家，例如美国、英国相比，我国的工程造价管理的信息技术应用还有一定的差距，这些信息化应用水平比较高的国家的共同特点就是：

1. 面向应用者的实际情况实现了不同工具软件之间的关联应用，行业用户对工程造价管理的信息技术应用已经上升到解决方案级。并且，利用网络技术可以实现远程应用，从而可以对有效数据进行动态分析和多次利用，极大地提升了应用者的效率和竞争力。

2. 充分利用互联网技术的便利条件，实现了行业相关信息的发布、获取、收集、分析的网络化，可以为行业用户提供深入的核心应用，以及频繁的电子商务活动。

从以上两点看出，我国工程造价管理的信息技术应用虽然已经获得了长足的进步，但与国外先进同行来比，还有一定的差距，这也正是我国工程造价管理信息技术应用需要快速提升的地方。

第三节　工程量清单计价软件

随着工程量清单计价模式的应用，相关的工程量清单计价软件不断推陈出新，功能日益健全和完善，对于提高工程估价工作的效率和质量起到了非常重要的作用。

目前推出的工程量清单计价软件都能够全面贯彻和准确体现“企业自主报价、市场定价”的主旨，充分满足工程招标投标中工程计价的需要。

绝大部分软件都集成了单位工程、单项工程、建设项目多级工程量清单报价编制，人材机分析汇总，报表编辑输出，工程量清单项目及定额子目数据库编辑管理，工程量清单定额可视化排版等功能。还有一些软件具有强大的二次开发功能和网络化应用，为工程造价管理工作提供多功能的业务平台。

工程量清单计价软件一般具备的功能如下：

1. 工程量清单报价编制

工程量清单报价编制，一般都集成了套价窗口、工程量清单定额库分部树形目录窗口、工程量清单项目及其工程内容子目树形目录窗口、子目含量窗口、项目换算窗口、综合定额子目及其含量窗口、附注说明窗口等功能区域，各区域数据在工程量清单报价编制过程中可直接通过鼠标拖拉操作，动态调用，关联运算。

2. 人材机汇总分析

工程量清单计价软件一般都提供从普遍人材机分析汇总、价差分析汇总到大材分析汇总、特殊材料分析汇总、甲供材料分析汇总的全面人材机分析汇总功能，并可根据需要分列、合并配合比材料和机械台班中的人材机与费用，实现了详尽的全方位、多层次人材机分析汇总。

3. 综合单价分析

工程量清单计价软件可对工程量清单报价逐层逐项地进行单价分析，包括各工程量清单项目综合单价构成分析（所属各工程内容人工费、材料费、机械费、管理费、税金等）、工程量清单项目各工程内容定额子目的人材机消耗及费用分析。有些软件还能依据分析的结果、工程招投标特点和企业自身技术装备状况及管理水平，通过系统快速优化调整分部分项工程量清单项目、措施项目、其他项目费用（费率调整、单价调整、工程内容定额子目调整、直至子目消耗量项目含量调整），充分体现企业自主报价的理念，编制出投标人最具竞争力的投标报价。

4. 报表编辑输出功能

工程量清单计价软件都提供有报表输出编辑功能，具有智能版面、支持图形嵌入和彩色打印，提供页面设置、表格格式设置、字符格式编辑、多种打印输出选项的功能，使得报表输出美观实用。

5. 造价数据格式化存储与共享调用

工程量清单计价软件对全部造价数据采用数据库和多层次格式文件管理，方便用户全面、完整地保存并积累经验性造价数据资料，逐步建立起自己的企业定额和经验报价数据。定额数据、价格数据、人材机费用项目纳入数据库管理，用户可随时根据需要构造补充定额、综合定额；典型工程套价文件、常用工程量清单项目及其工程内容子目组合、常用费率表、取费表、自定义费用项目、人材机分析成果、报表输出格式等都可作为独立数据模块存储为专门格式文件，并可根据需要随时调用，载入系统运行。

6. 定额库编辑与管理

工程量清单计价软件定额管理模块集成了定额数据库建库编辑、子目增删、消耗量项目及其含量调整、单价调整、配合比与机械台班分解等系统化功能，可快捷方便地建立、编辑满足各地区、各专业要求的定额数据库，并能够打印输出多种格式的消耗量定额、估价表及材料价格表。

7. 系统维护

工程量清单计价软件应提供完善的系统维护功能，用户可根据业务需要和工作习惯灵活方便地设置系统参数和操作界面，提高工作效率。同时可通过口令密码的设定来保护数据安全和商业机密。

8. 操作帮助

工程量清单计价软件应系统提供全面、详细的帮助信息，以指导用户操作，包括控件智能提示条、系统帮助文件、定额说明文件与附注说明信息、各个编辑操作界面的技术说明信息等。以便帮助系统为用户迅速熟悉、掌握软件及灵活运用提供便利。

此外，一些公司还为工程量的计算提供解决方案。例如，北京广联达慧中软件技术有限公司开发的 GCLV6.0 清单算量模块和 GCJV8.0 钢筋抽样模块，深圳清华斯维尔公司开发的工程量“三维算量”软件，对提高工程量的计算效率和质量具有很好的作用。

复 习 思 考 题

1. 需要积累的工程造价资料包括哪些内容？如何对收集的工程造价资料进行分析和应用？

2. 工程造价管理信息技术应用的发展及应用现状如何？

3. 我国目前推出的工程量清单计价软件一般具备哪些功能？结合某一个具体的工程量清单计价软件了解其功能和使用。

参 考 文 献

1 中华人民共和国建设部．建设工程工程量清单计价规范（GB 50500—2003）．北京：中国计划出版社，2003

2 建设部标准定额研究所．《建设工程工程量清单计价规范》宣贯辅导教材．北京：中国计划出版社，2003

3 李希伦主编．建设工程工程量清单计价编制实用手册．北京：中国计划出版社，2003

4 徐占发主编．工程量清单计价编制与实例详解（市政、园林绿化工程）．北京：中国建材工业出版社，2004

5 北京广联达慧中软件技术有限公司工程量清单专家顾问委员会．工程量清单的编制与投标报价．北京：中国建材工业出版社，2003

6 全国建设工程造价专业人员培训系列教材．安装工程计价应用与案例．北京：中国建筑工业出版社，2004

7 中华人民共和国国家标准．全国统一市政工程预算定额（GYD301 ~ GYD309—1999、2001）．北京：中国计划出版社，1999

8 中华人民共和国国家发展计划委员会．工程建设项目施工招标投标办法．北京：中国建筑工业出版社，2002

9 闫文周主编．建筑工程造价管理．西安：西安地图出版社，2000

10 深圳清华斯维尔公司编．“清单计价 2003”工程量清单计价软件使用手册．北京：中国建筑工业出版社，2003